해설

la Vida 생명과학 I

기출 문제집 (상)편

반승현

la Vida 생명과학 I

기출 문제집 (상)편

목차

Ⅰ 개념 문항 모음 ··· 008

Ⅱ 세포분열

Part 1) 기출 문제 ··· 094
Part 2) 고난도 N제 ··· 136

Ⅲ 사람의 유전 (1) - 멘델/다인자/복대립

Part 1) 기출 문제 ··· 162
Part 2) 고난도 N제 ··· 207

I. 개념 문항

번호	정답	번호	정답	번호	정답	번호	정답	번호	정답
01	③	36	③	71	①	106	①	141	①
02	⑤	37	⑤	72	①	107	①	142	①
03	②	38	③	73	①	108	②	143	①
04	⑤	39	②	74	④	109	①	144	③
05	③	40	①	75	⑤	110	⑤	145	④
06	①	41	①	76	⑤	111	①	146	④
07	③	42	①	77	④	112	③	147	④
08	③	43	③	78	⑤	113	⑤	148	②
09	③	44	②	79	⑤	114	①	149	①
10	⑤	45	②	80	⑤	115	⑤	150	④
11	⑤	46	⑤	81	⑤	116	①	151	④
12	⑤	47	③	82	②	117	①	152	④
13	⑤	48	④	83	④	118	①	153	⑤
14	⑤	49	④	84	①	119	②	154	②
15	②	50	④	85	③	120	④	155	④
16	④	51	②	86	①	121	②	156	⑤
17	④	52	④	87	③	122	②	157	⑤
18	⑤	53	①	88	②	123	④	158	②
19	②	54	④	89	④	124	⑤	159	⑤
20	⑤	55	②	90	⑤	125	②	160	④
21	④	56	⑤	91	③	126	③	161	④
22	③	57	①	92	④	127	③	162	④
23	④	58	④	93	④	128	①	163	①
24	③	59	③	94	⑤	129	⑤	164	④
25	①	60	①	95	①	130	④	165	④
26	③	61	③	96	⑤	131	③	166	⑤
27	①	62	③	97	①	132	⑤	167	22
28	④	63	③	98	①	133	①	168	③
29	④	64	①	99	②	134	③	169	⑤
30	②	65	③	100	①	135	④	170	①
31	⑤	66	①	101	②	136	④	171	④
32	①	67	③	102	①	137	①	172	①
33	⑤	68	②	103	③	138	⑤	173	①
34	③	69	④	104	①	139	①	174	②
35	①	70	⑤	105	①	140	⑤	175	②

빠른 정답

176 ②	191 ①	206 ②	221 ①	236 ④
177 ⑤	192 ②	207 ②	222 ④	237 ④
178 ②	193 ④	208 ③	223 ①	238 ①
179 ②	194 ①	209 ④	224 ①	239 ⑤
180 ①	195 ⑤	210 ②	225 ③	240 ①
181 ③	196 ③	211 ③	226 ②	241 ②
182 ③	197 ⑤	212 ④	227 ⑤	242 ④
183 ①	198 ⑤	213 ④	228 ⑤	243 ⑤
184 ①	199 ①	214 ④	229 ④	244 ⑤
185 ②	200 ④	215 ④	230 ①	245 ②
186 ④	201 ④	216 ②	231 ④	246 ①
187 ③	202 ①	217 ②	232 ②	247 ⑤
188 ④	203 ⑤	218 ⑤	233 ③	248 ④
189 ③	204 ③	219 ④	234 ②	249 ③
190 ⑤	205 ③	220 ③	235 ①	250 ⑤

빠른 정답

Ⅱ. 세포분열

1) Part 1

01 ③
02 ③
03 ①
04 ⑤
05 ①
06 ②
07 ③
08 ①
09 ②
10 ④
11 ③
12 ①
13 ②
14 ③
15 ④
16 ①
17 ②
18 ①
19 ①
20 ③
21 ④
22 ④
23 ④
24 ①
25 ③
26 ①
27 ⑤
28 ⑤
29 ⑤
30 ①
31 ③
32 ③
33 ⑤
34 ⑤
35 ②
36 ②
37 ④
38 ②
39 ①
40 ①
41 ①
42 ②
43 ③
44 ①
45 ⑤
46 ②
47 ⑤
48 ④
49 ④
50 ③
51 ⑤
52 ③
53 ①
54 ②
55 ②
56 ④
57 ②
58 ①
59 ④
60 ③
61 ③
62 ②
63 ②
64 ③
65 ④
66 ⑤
67 ②
68 ③

2) Part 2

01 0 / × / ○
02 ○ / × / ㉢
03 × / ㉠ / 1
04 ㉠, ㉢, ㉣ / ○ / ×
05 남자 / × / 0
06 Q / eeff / ×
07 ○ / × / 1
08 2n / ○ / ㉢, ㉣, ㉤
09 ⓑ / ○ / HhRrTT
10 ㉣ / × / ○
11 × / n / ×
12 ○ / × / ㉡
13 1 / × / ×
14 (가) / ○ / ×
15 × / ○ / 2
16 (라) / 2 / D
17 ○ / 1 / 4
18 ㉡ / 1 / Ⅱ, Ⅳ
19 2 / × / ○
20 ○ / 남자 / ㉤
21 2 / × / ○
22 2n / × / ×
23 Ⅰ / X / 0
24 × / ○ / 1
25 × / × / 2
26 ㉤ / 남자 / ○
27 × / 1 / ○
28 ○ / X / ○
29 (나) / ○ / ×
30 0 / Ⅱ, Ⅲ / ×
31 2 / P / 상

빠른 정답

Ⅲ. 사람의 유전 (1) - 멘델/다인자/복대립

1) Part 1

01	⑤	16	②	31	⑤	46	$\frac{1}{4}$	61	①
02	⑤	17	④	32	①	47	①	62	$\frac{1}{4}$
03	⑤	18	$\frac{3}{8}$	33	①	48	오류	63	①
04	$\frac{5}{32}$	19	④	34	$\frac{2}{3}$	49	⑤	64	$\frac{3}{16}$
05	④	20	$\frac{3}{4}$	35	⑤	50	$\frac{1}{8}$	65	⑤
06	①	21	①	36	10	51	②	66	$\frac{1}{4}$
07	③	22	①	37	$\frac{1}{8}$	52	③	67	①
08	④	23	⑤	38	③	53	⑤	68	$\frac{3}{16}$
09	③	24	②	39	⑤	54	①	69	④
10	⑤	25	⑤	40	④	55	⑤	70	$\frac{1}{16}$
11	$\frac{5}{8}$	26	⑤	41	$\frac{1}{4}$	56	④	71	④
12	⑤	27	$\frac{3}{16}$	42	①	57	④	72	⑤
13	①	28	②	43	$\frac{1}{8}$	58	$\frac{1}{8}$	73	③
14	②	29	②	44	$\frac{1}{8}$	59	$\frac{1}{32}$		
15	⑤	30	③	45	7	60	④		

2) Part 2

01	× / 8 / $\frac{5}{8}$	06	× / 5 / $\frac{1}{16}$	11	× / 0 / $\frac{1}{16}$	16	× / aaBbDdEE / $\frac{1}{8}$
02	$\frac{3}{8}$	07	ⓒ / DE / 0	12	Aa / × / $\frac{1}{8}$	17	○ / × / 15
03	○ / × / $\frac{1}{2}$	08	$\frac{1}{4}$	13	8	18	0
04	$\frac{3}{16}$	09	× / × / $\frac{3}{8}$	14	$\frac{5}{8}$	19	$\frac{1}{4}$
05	× / AaBb, Aabb / $\frac{1}{2}$	10	○ / AABBDdEe / 0	15	× / AabbDdEe / $\frac{1}{8}$		

I 개념 문항

주말 아침마다 같은 시간에 같은 버스를 타는 남자가 있다.
요즘 그와 계속 눈이 마주치는 것 같다. 그 마주침이 불편하다.
'날 좋아하나?' 이런 같잖은 생각까지 든다.
수능이나 빨리 끝나면 좋겠다.

버스를 탈 때마다 그 남자도 있는지 찾아보게 된다.
오늘도 그 남자는 같은 자리에 있었고, 우리는 또 눈이 마주쳤다.

정말 내가 착각하는 걸까?
마주칠 때마다 묘하게 떨리는 것 같은 기분은, 아 아니다. 정신 차리자.
키 좀 크고, 얼굴 좀 잘생겼지만, 그래도 말 한 번 안 해본 사람한테 떨리는 게 가능할 리 없다.
그냥 수능 공부만 하다 보니 외로워서 그런 것 같다.

이런 말을 하면서도 자꾸 그 남자를 보게 되고, 벌써 열 번 넘게 눈빛이 마주쳤다.
너무 답답하다. 괜히 말을 꺼냈다가 아니면 나만 창피해지겠단 생각만 든다.
이런 생각을 하는 도중에도 또 마주쳤다.
피하고 싶지 않다. 이번엔 계속 보기로 다짐했다.

"이거, 착각하는 거 아니죠?"

마음속으로 곱씹던 말이 무심코 입 밖으로 나와버렸다.
너무 놀란 마음에 열 세 정거장이나 남았음에도 허겁지겁 버스를 내렸다.
앞으로 그 버스를 타고 다닐수 있을지 고민이 앞선다.

01 〉 20학년도 4월 1번 | 정답 ③

선지 해설

ㄱ 아메바는 단세포 생물이므로 물질대사를 합니다.

ㄴ 바이러스는 핵산을 갖습니다.

ㄷ 박테리오파지는 바이러스이므로 비세포 구조입니다. 따라서 세포 분열로 증식하지 않습니다.

☑ comment

> 아메바가 단세포 생물임은 지엽적인 내용이지만 출제되었으므로 아시는 것을 권장합니다.
> 실제 평가원 시험에서도 짚신벌레가 단세포 생물임을 알려주지 않은 채 출제한 문항(16학년도 9월 1번)이 있습니다.

02 〉 22학년도 수능 1번 | 정답 ⑤

문항 해설

1. 자료 해석

(가)는 '적응과 진화'에 대한 자료입니다.
(나)에서 ㉠은 물질 대사에 대한 자료입니다.
(다)는 발생과 생장에 대한 자료입니다.

선지 해설

ㄱ ㄴ ㄷ

03 〉 22학년도 10월 1번 | 정답 ②

문항 해설

1. 자료 해석

(가)는 물질대사, (나)는 적응과 진화에 해당하는 내용입니다.

04 〉 23학년도 수능 1번 | 정답 ⑤

문항 해설

1. 자료 해석

㉡은 자극에 대한 반응을 나타냅니다.

선지 해설

ㄱ

ㄴ ⓐ에서 독이 분비되므로 물질대사가 일어남을 알 수 있습니다.

ㄷ

05 〉 22학년도 6월 20번 | 정답 ③

문항 해설

1. 자료 해석

(가)

가설 : A가 P를 뜯어 먹으면 P의 가시의 수가 많아질 것이다.

(다)

P의 가시의 수 : Ⅰ〉Ⅱ

(라)

A가 P를 뜯어 먹으면 P의 가시의 수가 많아진다는 결론을 내렸으므로 실험 결과가 가설을 지지함을 알 수 있습니다.

따라서 ㉡이 Ⅰ이고, ㉠이 Ⅱ입니다.

선지 해설

ㄱ

ㄴ 가설을 설정한 후 실험적으로 검증했으므로 연역적 탐구 방법에 해당합니다.

ㄷ P의 가시의 수는 종속변인에 해당합니다.
조작 변인은 A의 접근 여부입니다.

comment

이런 문항의 경우 (다)처럼 결론을 통해 역으로 추론해야 하는 상황의 문항이 자주 출제됩니다.
처음 읽을 때는 (다)를 건너뛴 후, (라)를 읽고 다시 (다)를 읽으면 시간을 아낄 수 있음을 인지해두고 있는 게 좋습니다.

06 〉 22학년도 9월 3번 | 정답 ①

문항 해설

1. 자료 해석

(가) : 가설 설정,
(나)&(다) : 탐구 설계 및 수행,
(라) : 결과 정리,
(마) : 결론입니다.

(마)에서 짝짓기 상대로 같은 먹이를 먹고 자란 개체를 선호한다는 결론을 내렸습니다.
따라서 Ⅰ이 같은 먹이를 먹고 자란 개체에서의 빈도임을 알 수 있습니다. → Ⅰ=㉠ / Ⅱ=㉡

* 조작 변인 : 먹이의 종류
* 종속변인 : 짝짓기 빈도

실험군 : ㉠
대조군 : ㉡

선지 해설

ㄱ ㄴ ㄷ

comment

이런 문항의 경우 (라)처럼 결론을 통해 역으로 추론해야 하는 상황의 문항이 자주 출제됩니다.
처음 읽을 때는 (라)를 건너뛴 후, (마)를 읽고 다시 (라)를 읽으면 시간을 아낄 수 있음을 인지해두고 있는 게 좋습니다.

07 〉 22학년도 수능 6번 | 정답 ③

문항 해설

1. 자료 해석

(가)는 관찰,
(나)는 가설 설정,
(다)는 실험,
(라)는 결과 정리,
(마)는 결론입니다.

(마)에서 바다 달팽이가 갉아 먹은 갈조류에서 X의 생성이 촉진된다는 결론을 내렸으므로, ⓑ가 갈조류를 갉아 먹은 집단입니다.

* 조작 변인 : 갈조류를 갉아 먹을 수 있는지
* 종속변인 : X의 양

* 실험군 : ⓑ
* 대조군 : ⓐ

선지 해설

ㄱ ㄴ ㄷ̸

☑ comment

> 이런 문항의 경우 (라)처럼 결론을 통해 역으로 추론해야 하는 상황의 문항이 자주 출제됩니다.
> 처음 읽을 때는 (라)를 건너뛴 후, (마)를 읽고 다시 (라)를 읽으면 시간을 아낄 수 있음을 인지해두고 있는 게 좋습니다.

08 〉 16학년도 9월 1번 | 정답 ③

문항 해설

1. 자료 해석

짚신벌레는 단세포 생물입니다.

선지 해설

ㄱ 바이러스는 비세포 구조이므로 '세포로 되어 있다.'는 ㉠에 해당합니다.

ㄴ 짚신벌레와 바이러스 모두 핵산을 갖고 있으므로 '핵산을 가지고 있다.'는 ㉡에 해당합니다.

ㄷ̸ 바이러스는 독립적으로 물질대사를 하지 못 합니다.

☑ comment

> 아메바와 짚신벌레가 단세포 생물임은 아시는 것을 권장합니다.

09 〉 17학년도 3월 1번 | 정답 ③

문항 해설

1. 자료 해석

대장균은 세균이고, 박테리오파지는 바이러스입니다.

선지 해설

ㄱ 세포 분열은 A와 B 중 A만 하므로 맞는 선지입니다.

ㄴ 핵산은 세균과 바이러스 모두 갖고 있으므로 맞는 선지입니다.

ㄷ̸ 대장균도 효소를 갖고 있으므로 틀린 선지입니다.
(* 생명과학 I 범위에서 바이러스가 효소를 갖고 있는지

판단하기는 애매하다고 생각됩니다. 다만 20학년도 수능 비문학 레트로바이러스 지문을 통해 효소가 있는 바이러스가 있음을 알 수 있습니다.)

10 〉 22학년도 9월 7번 ▎ 정답 ⑤

선지 해설

ㄱ) 녹말은 다당류, 포도당은 단당류이므로 (가)에서 이화 작용이 일어납니다.

ㄴ)

ㄷ) 모든 물질대사에는 효소가 이용됩니다.

11 〉 23학년도 6월 2번 ▎ 정답 ⑤

문항 해설

1. 자료 해석

ⓐ는 O_2, ⓑ는 H_2O이고, ㉠은 ADP, ㉡은 ATP입니다.

선지 해설

ㄱ)

ㄴ) (* 입김을 생각해 보세요!)

ㄷ)

12 〉 22학년도 7월 3번 ▎ 정답 ⑤

선지 해설

ㄱ) Ⅰ은 이화 작용에 해당하므로 맞습니다.

ㄴ) 암모니아는 간에서 요소로 전환됩니다. (* 참고로 이는 동화 작용입니다.)

ㄷ) 모든 물질대사에는 효소가 관여합니다.

13 〉 23학년도 수능 3번 ▎ 정답 ⑤

문항 해설

1. 자료 해석

(나)에서 ㉠은 ATP이고, ㉡은 ADP입니다.

선지 해설

ㄱ) ㄴ) ㄷ)

14 〉 14학년도 수능 12번 ▎ 정답 ⑤

문항 해설

1. 자료 해석

(가)는 영양소를 흡수하고 흡수되지 않은 물질을 배출하므로 소화계,

(나)는 O_2를 흡수하고 CO_2를 방출하므로 호흡계,

(다)는 오줌을 배출하므로 배설계입니다.

선지 해설

ㄱ) ㄴ)

ㄷ) 모든 계에는 기관이 있고, 기관은 세포로 이루어져 있습니다. 일반적으로 세포에서 물질대사가 일어나므로 항상 맞는 선지입니다.

15 〉 15학년도 수능 12번 | 정답 ②

문항 해설

1. 자료 해석

㉠은 폐로 들어가고 있으므로 폐동맥,
㉡은 대동맥입니다.

A는 간, B는 콩팥입니다.

선지 해설

~~ㄱ~~ ㉠은 조직 세포에서 기체가 교환된 후이므로 O_2가 적고 CO_2가 많습니다.
㉡은 폐에서 기체가 교환된 후이므로 O_2가 많고 CO_2가 적습니다.
따라서 단위 부피당 산소량은 ㉡이 많습니다.

ㄴ) 간은 소화계에 속합니다.

~~ㄷ~~ 암모니아가 요소로 전환되는 기관은 간입니다.

16 〉 18학년도 9월 5번 | 정답 ④

문항 해설

1. 자료 해석

세포 호흡은 포도당을 산화시켜 에너지를 얻는 것이므로 ⓐ가 O_2이고, ⓑ가 CO_2입니다.

선지 해설

ㄱ)

~~ㄴ~~ 분압 차에 의한 확산으로 이동합니다. 확산은 ATP를 이용하지 않습니다.

ㄷ) 모든 물질대사에는 효소가 필요합니다.

17 〉 19학년도 7월 3번 | 정답 ④

문항 해설

1. 자료 해석

단백질을 흡수하는 A는 소장,
오줌을 배설하는 B는 콩팥입니다.

㉠은 아미노산, ㉡은 CO_2, ㉢은 요소입니다.

선지 해설

~~ㄱ~~ 소장은 소화계에 속합니다.

ㄴ)

ㄷ) 간에서 요소가 생성되고, 간은 소화계에 속합니다.

18 〉 21학년도 9월 2번 | 정답 ⑤

문항 해설

1. 자료 해석
(가)는 소화계, (나)는 호흡계입니다.
A는 간, B는 폐입니다.

선지 해설

ㄱ 간에서도 여러 물질을 합성하므로 동화 작용이 일어납니다.

ㄴ

ㄷ (가)에서 흡수된 영양소 중 일부는 순환계를 통해 (나)로 이동하여 (나)에서 사용됩니다.

19 〉 20학년도 10월 2번 | 정답 ②

선지 해설

~~ㄱ~~ ㉠은 종속 변인입니다.

ㄴ 효모의 세포 호흡 결과 CO_2가 발생합니다.

~~ㄷ~~ 이산화 탄소가 많이 발생할수록 맹관부에 모이는 기체의 양이 많아지게 됩니다. 맹관부에 모인 기체의 양이 많을수록 맹관부 수면의 높이는 낮아지므로 B가 A보다 낮습니다.

20 〉 21학년도 수능 1번 | 정답 ⑤

문항 해설

1. 자료 해석
㉠은 포도당이 분해되어 형성되는 분해 산물이므로 암모니아가 아닌 이산화 탄소입니다.
따라서 ㉡은 암모니아입니다.

선지 해설

ㄱ 다당류인 탄수화물이 단당류인 포도당으로 분해되었으므로 이화 작용이 일어남을 알 수 있습니다.

ㄴ ㄷ

21 〉 21학년도 4월 9번 | 정답 ④

문항 해설

1. 자료 해석
㉢은 (나)에서만 만들어지는 노폐물이므로 (나)가 단백질이고, ㉢은 암모니아임을 알 수 있습니다.
(* 남은 (가)는 지방입니다.)

표에서 ㉠에는 산소(O)만 있으므로, ㉠은 물(H_2O)과 이산화 탄소(CO_2) 중 물임을 알 수 있습니다.
따라서 남은 ㉡은 이산화 탄소입니다.

선지 해설

~~ㄱ~~

ㄴ 호흡계를 통해 물(H_2O)과 이산화 탄소(CO_2)가 몸 밖으로 배출됩니다.

ㄷ 간에서 암모니아가 요소로 전환됩니다.

22 〉 23학년도 6월 5번 ▎ 정답 ③

문항 해설

1. 자료 해석

㉠은 폐, ㉡은 간, ㉢은 콩팥입니다.

선지 해설

ㄱ ㄴ

~~ㄷ~~ 콩팥은 배설계에 속합니다.

23 〉 22학년도 7월 17번 ▎ 정답 ④

문항 해설

1. 자료 해석

(가)에서 ㉠과 O_2를 세포 호흡에 이용하므로 ㉠은 포도당이고, 세포 호흡 결과 생성된 노폐물 중 하나인 ㉡은 CO_2입니다.

선지 해설

ㄱ ㄴ

~~ㄷ~~ 이화 작용에 해당합니다.

24 〉 13학년도 4월 10번 ▎ 정답 ③

선지 해설

~~ㄱ~~ 감각 뉴런은 신경 세포체가 축삭 돌기의 중간 부분에 있습니다.

~~ㄴ~~ (나)에는 말이집이 없으므로 도약 전도가 일어나지 않습니다.

ㄷ (다)에서 축삭 돌기 말단은 (나) 방향이므로 전달 방향은 (다)→(나)이고,
(나)에서 축삭 돌기 말단은 (가) 방향이므로 전달 방향은 (나)→(가)입니다.
따라서 맞는 선지입니다.

25 〉 16학년도 7월 9번 ▎ 정답 ①

선지 해설

ㄱ A에는 축삭 돌기의 중간 부분에 신경 세포체가 있으므로 감각 뉴런입니다.

~~ㄴ~~ (나) 그래프에서 염분 자극이 없을 때도 활동 전위가 발생했음을 알 수 있습니다.

~~ㄷ~~ 활동 전위의 크기는 일정합니다.

26 〉 21학년도 6월 4번 | 정답 ③

문항 해설

1. 자료 해석

X에 시냅스 소포가 있으므로 X가 B의 축삭 돌기 말단입니다.
Y에는 신경 전달 물질 수용체가 있으므로 Y가 A의 가지 돌기입니다.

선지 해설

㉠ ㉡

~~ㄷ~~ 전달은 축삭 돌기에서 가지 돌기 방향으로 한 방향으로만 일어납니다. 따라서 d_1에서의 자극은 d_2 방향으로 전달될 수 없습니다.

27 〉 13학년도 3월 14번 | 정답 ①

문항 해설

1. 자료 해석

물질 X를 처리해도 탈분극은 정상적으로 일어났지만 재분극 과정에 이상이 생겼음을 알 수 있습니다.
따라서 X는 K^+의 이동을 억제하는 물질임을 알 수 있습니다.

선지 해설

㉠ Na^+는 탈분극 시기에 이온 통로를 통해 세포 외부에서 내부로 유입됩니다.

~~ㄴ~~ b 구간은 재분극 구간이므로 K^+ 통로는 대부분 열려 있습니다.

~~ㄷ~~

28 〉 13학년도 10월 9번 | 정답 ④

문항 해설

1. 자료 해석

전도가 전달보다 빠르므로 (가)의 결과를 통해
㉠=B, ㉡=A, ㉢=C임을 알 수 있습니다.

(나)에서 ㉢의 막전위 변화가 일어나지 않았으므로 전달되지 못했음을 알 수 있습니다.

선지 해설

~~ㄱ~~ ㉡ ㉢

29 〉 14학년도 수능 15번 | 정답 ④

문항 해설

1. 자료 해석

막 투과도가 먼저 높아지는 A가 Na^+이고,
뒤늦게 막 투과도가 올라가는 B는 K^+입니다.

선지 해설

~~ㄱ~~ Na^+은 세포 밖에서 안으로 확산됩니다.

㉡ 통로를 통한 확산은 농도 차에 의해 일어나므로 K^+의 농도는 세포 안이 밖보다 높음을 알 수 있습니다.

㉢ 펌프는 ATP가 사용되므로 맞는 선지입니다.

☑ comment

세포 '안'과 '밖'을 틀리게 하는 선지 구성이 많으므로 주의해야 합니다.

30 〉 15학년도 6월 8번 | 정답 ②

문항 해설

1. 자료 해석

(나)에서 K^+ 통로를 통해 K^+이 이동하므로
㉠이 세포 안이고 ㉡이 세포 밖임을 알 수 있습니다.

선지 해설

ㄱ̸ 펌프를 통해 항상 Na^+의 이동이 있습니다.
(* 사실 통로도 일부는 열려 있으므로 통로를 통한 이동도 있습니다.)

ㄴ 농도 차에 의한 확산입니다.

ㄷ̸ t_1일 때 X는 탈분극 중이므로 Na^+ 통로를 통해 Na^+이 세포 밖에서 안으로 들어옵니다. 따라서 ㉡에서 ㉠으로 이동합니다.

31 〉 15학년도 수능 10번 | 정답 ⑤

문항 해설

1. 자료 해석

조건 Ⅰ일 때 자극 A를 주었을 때는 막전위 변화가 나타나지 않았으므로 A는 역치 미만의 자극임을 알 수 있습니다. 반대로 자극 B를 주었을 때는 활동 전위가 발생했으므로 B는 역치 이상의 자극입니다.

조건 Ⅱ일 때 물질 X를 첨가하자 막전위 변화가 일어났으므로 물질 X는 활동 전위를 발생시키는 물질임을 알 수 있습니다.

조건 Ⅲ일 때 자극 B를 주었는데 Y를 첨가하자 탈분극 과정이 약화됐음을 알 수 있습니다.

선지 해설

ㄱ̸ ㉡은 말이집이므로 활동 전위가 발생하지 않습니다.

ㄴ 펌프는 항상 작동합니다.

ㄷ ㉣에서의 막전위 변화가 나타났으므로 구간 b 동안 전달이 일어났음을 알 수 있습니다.

32 〉 16학년도 6월 19번 | 정답 ①

문항 해설

1. 자료 해석

전달은 축삭 돌기 방향에서 가지 돌기 방향으로 한 방향으로만 일어나므로 A에서 P에 준 자극은 Q에 도달할 수 없습니다.
따라서 막전위 변화가 없는 Ⅲ이 A입니다.

말이집 신경이 민말이집 신경보다 전도 속도가 더 빠르므로 t_1일 때 활동 전위가 발생한 Ⅰ이 C입니다.
남은 Ⅱ는 B입니다.

선지 해설

ㄱ 시냅스 소포는 축삭 돌기 말단에 많이 있습니다.

ㄴ̸ 구간 ㉠에서 K^+은 K^+ 통로를 통해 세포 안에서 밖으로 이동합니다. 농도 차에 의한 확산으로 이동하므로 세포 안에서의 농도가 더 높음을 알 수 있습니다.

ㄷ̸

33 〉 15학년도 7월 12번 | 정답 ⑤

문항 해설

1. 자료 해석

펌프를 통해 Na^+과 K^+이 이동할 때,
Na^+은 세포 안에서 밖으로 이동하고,
K^+은 세포 밖에서 안으로 이동합니다.
따라서 Ⅰ은 세포 안이고, Ⅱ는 세포 밖입니다.

선지 해설

ㄱ) 일반적으로 세포 안이 밖에 비해 상대적으로 음전하이므로 맞는 선지입니다.

ㄴ) 펌프를 통해 이온이 이동할 때는 ATP가 사용됩니다.
(* 통로를 통해 이온이 이동할 때는 ATP가 사용되지 않습니다.)

ㄷ) 세포 호흡을 통해 ATP가 합성됩니다.

34 〉 16학년도 9월 14번 | 정답 ③

문항 해설

1. 자료 해석

먼저 막 투과도가 빠르게 변한 ㉠이 Na^+이고,
조금 나중에 변한 ㉡이 K^+입니다.

선지 해설

ㄱ) ㉠은 세포 밖의 농도가 안의 농도보다 높고,
㉡은 세포 안의 농도가 밖의 농도보다 높습니다.
따라서 ㉠은 분모는 크고 분자는 작지만, ㉡은 분모가 작고 분자가 크므로 ㉡이 더 큼을 알 수 있습니다.

ㄴ) t_1일 때 Na^+의 막 투과도는 상대적으로 높고 K^+의 막 투과도는 상대적으로 낮은데,
t_2일 때 Na^+의 막 투과도는 상대적으로 낮고 K^+의 막 투과도는 상대적으로 높습니다.

따라서 분모가 작고 분자가 큰 t_2일 때가 t_1일 때보다 큽니다.

~~ㄷ~~ 통로를 통한 이동은 확산이므로 ATP가 사용되지 않습니다.

35 〉 15학년도 10월 20번 | 정답 ①

문항 해설

1. 자료 해석

(가)~(라) 모두에 활동 전위가 발생한 경우가 없으므로 A, B, D는 (나), (다), (라)와 1:1 대응 됨을 알 수 있습니다. 따라서 C는 (가)입니다.

A, B, D 중 (가)가 없으므로 표에서 (다)는 (다)를 자극했을 때만 활동 전위가 발생합니다.
A와 B에 자극을 주었을 때 (다)와 (라)에서 활동 전위가 발생했으므로 A와 B는 (다)와 (라) 중 하나입니다.
A와 D에 자극을 주었을 때도 (다)에 활동 전위가 발생했으므로 A가 (다)이고, B는 (라)가 됩니다.

D에 자극을 주었을 때 (나)와 (라)에 활동 전위가 발생했으므로 D는 (나)입니다.
(* 또는 D만 남았으므로 남은 D는 (나)라 생각해도 괜찮습니다.)

선지 해설

ㄱ)

~~ㄴ~~ C에 자극을 주지 않았으므로 (가)는 -입니다.

~~ㄷ~~ A에 역치 이상의 자극을 주었을 때, (다)에서만 활동 전위가 발생하므로 A만 활동 전위가 발생합니다.

36 〉 18학년도 9월 9번 ❙ 정답 ③

문항 해설

1. 자료 해석

그래프를 해석할 때는 X축과 Y축을 먼저 확인해야 하고, X축이 원인이고 Y축이 결과입니다.

(나)에서 구간 Ⅰ은 P로부터의 거리가 크게 바뀌지 않았지만 시간이 오래 걸렸고,
구간 Ⅱ는 P로부터의 거리가 크게 바뀌었는데 시간이 거의 걸리지 않았음을 알 수 있습니다.

따라서 구간 Ⅰ이 말이집이 없는 부분이고, 구간 Ⅱ가 말이집이 있는 부분임을 알 수 있습니다.

선지 해설

㉠ Na^+은 세포 밖이 안보다 많고, K^+은 세포 안이 밖보다 많으므로 분모가 작고 분자가 큰 K^+이 더 큽니다.

㉡ 구간 Ⅰ은 말이집이 없는 부분이므로 활동 전위가 발생합니다.

~~ㄷ~~ Ⅱ에는 말이집이 있는 부분이므로 슈반 세포가 존재합니다.
(* 슈반 세포가 뉴런의 축삭 돌기를 반복적으로 감아 형성된 구조가 말이집입니다.)

37 〉 21학년도 수능 11번 ❙ 정답 ⑤

문항 해설

1. 자료 해석

먼저 막 투과도가 빠르게 변한 ㉠이 Na^+이고,
조금 나중에 변한 ㉡이 K^+입니다.

선지 해설

㉠

㉡ 세포 안에서 K^+의 농도가 더 높기에 세포 밖으로 확산이 일어납니다.

㉢

38 〉 14학년도 예비시행 5번 ❙ 정답 ③

문항 해설

1. 자료 해석

액틴 필라멘트가 마이오신 필라멘트 사이로 미끄러져 들어가면서 근수축이 일어납니다.
따라서 Z선에서 M선까지의 길이인 a는 감소하게 됩니다.

마이오신 필라멘트의 길이는 항상 일정하므로 b는 일정합니다.

액틴 필라멘트가 마이오신 필라멘트 사이로 미끄러져 들어가게 되면 I대의 길이가 감소하게 되므로 I대만 나타나 있는 c의 길이는 감소하게 됩니다.

39 〉 13학년도 4월 12번 | 정답 ②

문항 해설

1. 자료 해석

그림을 봤을 때 아래의 그림이 위의 그림에 비해 액틴 필라멘트가 마이오신 필라멘트쪽으로 더 들어가 있음을 알 수 있습니다. 따라서 (가)는 수축, (나)는 이완입니다.

선지 해설

ㄱ (X) 액틴 필라멘트입니다.

ㄴ (O)

ㄷ (X) A대의 길이와 마이오신 필라멘트의 길이는 같습니다. 액틴 필라멘트와 마이오신 필라멘트의 길이는 변하지 않습니다.

40 〉 14학년도 9월 8번 | 정답 ①

문항 해설

1. 자료 해석

X의 길이는 ㉠보다 ㉡이 더 깁니다.
따라서 ㉠에서 ㉡이 된 거라면 이완이고,
㉡에서 ㉠이 된 거라면 수축입니다.

(가)~(다)에서 두꺼운 동그라미는 마이오신 필라멘트의 단면이고, 얇은 동그라미는 액틴 필라멘트의 단면입니다.
(* 마이오신 필라멘트가 액틴 필라멘트보다 두꺼운 건 알고 계셔야 합니다.)
따라서 (가)는 액틴 필라멘트와 마이오신 필라멘트가 겹친 구간이고, (나)는 H대, (다)는 I대의 단면입니다.

선지 해설

ㄱ (O) 골격근이 수축할 땐 ATP가 소모됩니다.

ㄴ (X)

ㄷ (X) 액틴 필라멘트와 마이오신 필라멘트 모두 시점에 상관없이 길이가 항상 일정합니다.

41 〉 13학년도 10월 7번 | 정답 ①

선지 해설

ㄱ (O)

ㄴ (X) (가)는 골격근의 수축/이완과 관계 없이 길이가 항상 일정합니다.
하지만 (나)는 골격근이 수축할 때 액틴 필라멘트가 마이오신 필라멘트 사이로 미끄러져 들어가므로 길이가 줄어듭니다.
따라서 골격근이 수축할 때 $\frac{(나)의\ 길이}{(가)의\ 길이}$는 감소합니다.

ㄷ (X) (가)가 더 어둡게 관찰됩니다.

42 〉 14학년도 6월 7번 | 정답 ①

선지 해설

ㄱ (O) 구부렸을 때 ㉠은 수축되므로 구부렸을 때가 폈을 때보다 짧습니다.

ㄴ (X) 액틴 필라멘트의 길이는 항상 일정합니다.

ㄷ (X) 팔을 구부릴 경우 H대 양쪽의 액틴 필라멘트가 미끄러져 들어오므로 H대의 길이는 짧아집니다.

43 〉 14학년도 4월 11번 | 정답 ③

선지 해설

ㄱ

ㄴ 마이오신 필라멘트가 있는 부분은 상대적으로 어두운 부분이고, 액틴 필라멘트만 있는 부분은 상대적으로 밝은 부분입니다. 따라서 밝고 어두운 부분이 반복되어 나타납니다.

ㄷ A대의 길이는 마이오신 필라멘트의 길이와 같으므로 항상 일정합니다. 골격근이 수축할 때 근육 원섬유 마디의 길이는 줄어드므로 $\frac{\text{A대의 길이}}{\text{근육 원섬유 마디의 길이}}$에서 분모는 감소하고 분자는 일정합니다.
따라서 $\frac{\text{A대의 길이}}{\text{근육 원섬유 마디의 길이}}$의 값은 증가합니다.

44 〉 14학년도 예비시행 13번 | 정답 ②

문항 해설

1. 자료 해석

A는 신경 세포체가 축삭 돌기의 중간 부분에 있으므로 구심성 뉴런(감각 뉴런)이고, B는 원심성 뉴런(운동 뉴런)입니다.
C는 골격근입니다.

선지 해설

ㄱ 일반적으로 감각 뉴런은 말이집 뉴런입니다.

ㄴ A가 직접 자극을 받아들여 연합 뉴런으로 전달한 후, B로 전달됩니다.

ㄷ 다리가 올라갈 때 C는 이완되고, C의 위쪽에 있는 근육(A와 연결된 근육)이 수축됩니다.

45 〉 14학년도 6월 5번 | 정답 ②

문항 해설

1. 자료 해석

대뇌와 연결된 대부분의 신경은 연수에서 신경이 교차됩니다.
따라서 좌반구의 운동령은 오른쪽 운동에 관여하고,
우반구의 감각령은 왼쪽 감각에 관여합니다.

선지 해설

ㄱ A는 운동령이므로 감각에는 이상이 없습니다.

ㄴ 좌반구이므로 오른손의 손가락이 움직입니다.

ㄷ 무릎 반사는 척수에서 일어납니다. 따라서 뇌에 자극을 주었을 때는 무릎 반사가 일어나지 않습니다.

46 〉 13학년도 7월 6번 | 정답 ⑤

선지 해설

ㄱ 체성 신경은 감각 신경과 운동 신경으로 나뉘어 있습니다.
다만 2015 개정 교육과정에서 체성 신경은 체성 운동 신경만 배우므로 참고만 해주시기 바랍니다.

ㄴ 내장 기관은 자율 신경에 의해 조절되므로 대뇌의 영향을 직접 받지 않습니다.

ㄷ

47 〉 15학년도 수능 14번 | 정답 ③

문항 해설

1. 자료 해석

A는 신경절 이전 뉴런이 신경절 이후 뉴런보다 짧으므로 교감 신경,
B는 신경절 이전 뉴런이 신경절 이후 뉴런보다 복습용 부교감 신경입니다.

㉠은 ㉡에 비해 심장 박출량과 호흡수가 적으므로 평상시이고 ㉡은 운동 시입니다.

선지 해설

ㄱ) A의 활동 전위 발생 횟수는 운동 시 늘어나므로 ㉠이 ㉡보다 적습니다.

ㄴ) 연수는 심장 박동, 호흡 운동, 소화 운동, 소화액 분비 등을 조절하는 중추입니다.

ㄷ) 폐포의 모세 혈관에서 폐포로의 이산화 탄소 이동은 분압 차에 의한 확산입니다.
운동 시에 세포 호흡이 많이 일어나 이산화 탄소의 농도가 더 높아지므로 이산화 탄소 이동 속도가 빨라집니다.
따라서 ㉡이 ㉠보다 빠릅니다.

48 〉 15학년도 4월 4번 | 정답 ④

문항 해설

1. 자료 해석

A와 B는 시냅스가 있으므로 자율 신경입니다.
신경절 이전 뉴런이 신경절 이후 뉴런보다 긴 A는 부교감 신경,
신경절 이전 뉴런이 신경절 이후 뉴런보다 짧은 B는 교감 신경입니다.

C는 골격근과 연결되어 있으므로 체성 신경입니다.

선지 해설

ㄱ) 자율 신경은 대뇌의 영향을 직접 받지 않습니다.

ㄴ) B는 교감 신경이므로 소화액 분비를 억제합니다.

ㄷ)

49 〉 15학년도 7월 17번 | 정답 ④

문항 해설

1. 자료 해석

대뇌와 연결된 대부분의 신경은 연수에서 신경이 교차됩니다.
따라서 좌반구의 운동령은 오른쪽 운동에 관여하므로 ㉠은 오른쪽 무릎에 연결된 대뇌 겉질 부위입니다.

선지 해설

ㄱ) 무릎 반사는 척수에서 일어나므로 뇌의 손상 여부와는 상관이 없습니다.
(* ㉠이 우반구 운동령에 있었더라도 틀린 선지입니다.)

ㄴ) A는 축삭 돌기 중간에 신경 세포체가 있으므로 감각 뉴런이고, 골격근에 연결된 C는 체성 운동 신경입니다.
이는 모두 말초 신경계에 속합니다.

ㄷ) B는 연합 뉴런이고 무릎 반사가 일어날 때 관여하는 연합 뉴런이므로 척수에 존재합니다.

50 〉 16학년도 수능 13번 | 정답 ④

문항 해설

1. 자료 해석

부교감 신경이 심장과 연결된 A는 연수,
방광에 연결된 B는 척수,
부교감 신경이 눈에 연결된 C는 중뇌입니다.
(* 방광은 교감 신경이든 부교감 신경이든 신경절 이전 뉴런의 신경 세포체는 척수에 있습니다.)

선지 해설

ㄱ̸ 항상성 유지의 중추는 간뇌 시상 하부입니다.

ㄴ ㄷ

51 〉 17학년도 6월 6번 | 정답 ②

선지 해설

ㄱ̸ A는 축삭 돌기 중간에 신경 세포체가 있으므로 감각 뉴런입니다. 따라서 자율 신경계에 속하지 않습니다.

ㄴ

ㄷ̸ 액틴 필라멘트의 길이는 항상 일정합니다.

52 〉 16학년도 7월 12번 | 정답 ④

문항 해설

1. 자료 해석

(가)에서 Ⅰ과 연결된 뉴런은 신경절 이전 뉴런이 신경절 이후 뉴런보다 길므로 부교감 뉴런이 연결되어 있고,
Ⅱ와 연결된 뉴런은 신경절 이전 뉴런이 신경절 이후 뉴런보다 짧으므로 교감 뉴런이 연결되어 있음을 알 수 있습니다.

소장 근육의 수축력은 소화가 촉진될수록 세지고, 소화가 억제될수록 약해짐을 추론할 수 있습니다.
(나)에서 뉴런을 자극했을 때 소장 근육의 수축력이 약해졌으므로 소화가 억제됨을 알 수 있습니다. 따라서 B에 자극을 주었음을 알 수 있습니다.

선지 해설

ㄱ̸

ㄴ 교감 신경의 신경절 이전 뉴런의 신경 세포체는 척수의 속질(회색질)에 존재합니다.

ㄷ A는 부교감 신경의 신경절 이후 뉴런이므로 아세틸콜린이 분비되고, B는 교감 신경의 신경절 이전 뉴런이므로 아세틸콜린이 분비됩니다.

53 〉 17학년도 9월 10번 | 정답 ①

문항 해설

1. 자료 해석

자료가 이런 식으로 주어져있을 경우, (가)를 보며 찾기보다는 아래와 같이 나타내어 ○와 ×를 스스로 채운 후 찾는 게 풀이 속도가 훨씬 빠릅니다.

실전에서 문제를 풀 때는 ○와 ×만 사용하고, 한글은 전혀 적지 않습니다.
특징1은 '부교감 신경이 나온다.'이고
특징2는 '뇌줄기를 구성한다.'이고
특징3은 '동공 반사의 중추이다.'입니다.

	특징1	특징2	특징3
소뇌	×	×	×
연수	○	○	×
중뇌(중간뇌)	○	○	○
척수	○	×	×

(* 척수는 대부분 교감 신경이 나오지만, 방광과 연결된 부교감 신경도 나옵니다.)

A~D 매칭
○가 3개인 중뇌는 B만 가능합니다.
○가 0개인 소뇌는 C만 가능합니다.
○가 2개인 연수는 D만 가능합니다.
○가 1개인 척수는 A만 가능합니다.

따라서 표의 ?를 채웠을 때,
㉠은 ○가 2개, ×가 2개이므로 특징2입니다.
㉡은 ○가 3개, ×가 1개이므로 특징1입니다.
㉢은 ○가 1개, ×가 3개이므로 특징3입니다.

선지 해설

ㄱ ㄴ ㄷ

54 〉 17학년도 수능 6번 | 정답 ④

문항 해설

1. 자료 해석

E는 대뇌, A는 간뇌, B는 중뇌, C는 연수, D는 척수입니다.
그림만 보고 위치 판단은 할 수 있으셔야 합니다.

① 간뇌에는 시상이 존재합니다.
② 중뇌는 동공 반사의 중추입니다.
③ 연수는 뇌줄기에 속합니다.
④ 척수에서 나온 운동 신경 다발은 전근을 이룹니다. 감각 신경 다발이 후근을 이룹니다.
⑤ 대뇌의 겉질은 주로 회색질이며 신경 세포체가 모여 있습니다.

55 〉 17학년도 4월 12번 | 정답 ②

문항 해설

1. 자료 해석

연수, 중뇌, 척수 중 뇌줄기에 속하는 것은 연수와 중뇌입니다.
따라서 C는 척수입니다.

연수와 중뇌 중 동공 반사의 중추인 것은 중뇌입니다.
따라서 A는 중뇌, B는 연수입니다.

56 18학년도 6월 9번 | 정답 ⑤

문항 해설

1. 자료 해석
A는 간, B는 위, C는 소장입니다.

선지 해설

ㄱ 간에서 암모니아가 요소로 전환됩니다.

ㄴ 위에는 교감 신경과 부교감 신경이 모두 연결되어 있습니다.

ㄷ

57 17학년도 10월 7번 | 정답 ①

문항 해설

1. 자료 해석
A가 교감 신경이든 부교감 신경이든 신경절 이전 뉴런이므로 말단에서 분비되는 신경 전달 물질은 아세틸콜린입니다.
따라서 신경절 이전 뉴런인 ㉣에서도 아세틸콜린이 분비되므로 B가 부교감 신경이고 A는 교감 신경임을 알 수 있습니다.

선지 해설

ㄱ ㉡은 교감 신경의 신경절 이후 뉴런이므로 맞는 선지입니다.

~~ㄴ~~ 홍채에 연결된 부교감 신경의 신경 세포체는 중뇌에 있습니다.

~~ㄷ~~ B는 부교감 신경이므로 ㉢이 ㉣보다 깁니다.

58 18학년도 수능 13번 | 정답 ④

문항 해설

1. 자료 해석
㉠이 ㉡보다 길므로 ㉠과 ㉡은 부교감 신경,
㉢이 ㉣보다 짧으므로 ㉢과 ㉣은 교감 신경,
㉤은 골격근과 연결되어 있으므로 체성 운동 신경입니다.

선지 해설

ㄱ 부교감 신경의 신경절 이전 뉴런인 ㉠의 신경 세포체는 연수에 있습니다.

ㄴ 모두 아세틸콜린으로 같습니다.

~~ㄷ~~ 전근을 통해 나옵니다.

59 19학년도 6월 13번 | 정답 ③

선지 해설

ㄱ 부교감 신경은 신경절 이전 뉴런이 이후 뉴런보다 깁니다.

~~ㄴ~~ 아드레날린(노르에피네프린)입니다.

ㄷ 교감 신경의 신경절 이전 뉴런의 신경 세포체는 모두 척수에 존재하고,
방광의 경우 부교감 신경의 신경절 이전 뉴런의 신경 세포체도 척수에 존재합니다.

60 〉 19학년도 4월 6번 | 정답 ①

선지 해설

ㄱ) A는 축삭 돌기 중간에 신경 세포체가 있으므로 감각 뉴런입니다. 따라서 척수의 후근을 이룹니다.

ㄴ) B는 시냅스가 없고 골격근과 연결되어 있으므로 자율 신경이 아닌 체성 운동 신경입니다.

ㄷ) ㉠은 수축합니다.

61 〉 20학년도 6월 11번 | 정답 ③

문항 해설

1. 자료 해석

(가)에서 A는 신경절 이전 뉴런이 신경절 이후 뉴런보다 짧으므로 교감 신경이고,
B는 신경절 이전 뉴런이 신경절 이후 뉴런보다 길므로 부교감 신경입니다.

(나)의 그래프에서 자극 후 심장 세포에서 활동 전위 발생 빈도가 높아졌으므로 교감 신경(A)를 자극했음을 알 수 있습니다.

선지 해설

ㄱ) 체성 신경과 자율 신경은 모두 말초 신경계에 속합니다.

ㄴ) B는 부교감 신경이므로 신경절 이전 뉴런의 신경 세포체는 연수에 있습니다.

ㄷ)

62 〉 20학년도 9월 8번 | 정답 ③

문항 해설

1. 자료 해석

학생 A : 척수에는 연합 뉴런이 있으므로 맞습니다.
학생 B : 뇌 신경과 척수 신경 모두 말초 신경계에 속하므로 맞는 선지입니다.
학생 C : 척수 신경은 31쌍으로 이루어져 있고, 뇌 신경이 12쌍으로 이루어져 있습니다. 따라서 틀린 선지입니다.

☑ comment

> 평가원에서 이런 문제가 출제되었으므로 이제 뇌 신경과 척수 신경이 각각 12쌍, 31쌍임은 반드시 외워두셔야 합니다. 12월 31일로 외우면 외우기 쉽습니다.

63 〉 20학년도 수능 9번 | 정답 ③

선지 해설

ㄱ)

ㄴ) ㉡은 운동 신경이므로 전근을 통해 나옵니다.

ㄷ)

64 〉 21학년도 6월 3번 ┃ 정답 ①

문항 해설

1. 자료 해석

위에 부교감 신경이 작용할 때 소화 작용은 촉진됩니다. 따라서 ⓐ는 '촉진됨'입니다.

선지 해설

ㄱ

자율 신경은 운동 신경에 속합니다.

ㄴ

ㄷ ㉡은 교감 신경의 신경절 이후 뉴런이므로 심장 박동이 촉진됩니다.

65 〉 20학년도 7월 16번 ┃ 정답 ③

문항 해설

1. 자료 해석

(가)에서 A는 대뇌, B는 연수, C는 척수입니다.
(* 그림만 보고 알 수 있어야 합니다.)

(나)에서 ㉠은 신경절 이전 뉴런이 신경절 이후 뉴런보다 길므로 부교감 신경의 신경절 이전 뉴런이고,
㉡은 신경절 이전 뉴런이 신경절 이후 뉴런보다 짧으므로 교감 신경의 신경절 이후 뉴런입니다.

선지 해설

ㄱ 대뇌 겉질은 신경 세포체가 모인 회색질이고, 대뇌 속질은 주로 축삭 돌기가 모인 백색질입니다.
(* 척수는 속질이 신경 세포체로 이루어진 회색질이고, 겉질이 주로 축삭 돌기로 이루어진 백색질입니다.)

ㄴ 심장과 연결된 부교감 신경의 신경절 이전 뉴런의 신경 세포체는 연수에 존재합니다. 따라서 B에 존재합니다.

66 〉 21학년도 9월 16번 ┃ 정답 ①

문항 해설

1. 자료 해석

(가)에서 ㉠은 신경절 이전 뉴런이므로 ㉠의 말단에서 분비되는 신경 전달 물질은 아세틸콜린입니다.
신경절 이후 뉴런인 ㉣에서 아세틸콜린이 분비되므로 ㉢과 ㉣은 부교감 신경을 이루고, ㉠과 ㉡이 교감 신경을 이룸을 알 수 있습니다.

선지 해설

ㄱ

ㄴ ㉡은 교감 신경의 신경절 이후 뉴런이므로, ㉡의 말단에서 분비되는 신경 전달 물질(아드레날린(노르에피네프린))이 많으면 동공의 크기는 커지게 됩니다. 따라서 빛의 세기가 약한 P_1일 때가 빛의 세기가 강한 P_2일 때보다 아드레날린(노르에피네프린)이 많이 나오게 됩니다.

ㄷ

67 〉 22학년도 6월 7번 ┃ 정답 ③

문항 해설

1. 자료 해석

(가)에서 자극 전에 비해 자극 후 심장 세포에서 활동 전위가 발생하는 빈도가 늘어났음을 알 수 있습니다. 따라서 A는 교감 신경입니다.
(나)에서 ㉠의 주사량이 증가할수록 대체로 심장 박동 수도 증가함을 알 수 있습니다.

선지 해설

ㄱ A는 교감 신경이므로, 신경절 이후 뉴런의 축삭 돌기 말단에서 아드레날린(노르에피네프린)이 분비됩니다.

ㄴ ㄷ

68 22학년도 10월 7번 | 정답 ②

문항 해설

1. 자료 해석

문제에서 ㉠과 ㉡의 말단에서 분비되는 신경 전달 물질이 다르다고 제시되어 있으므로 교감 신경임을 알 수 있습니다.
(* 부교감 신경일 경우, ㉠과 ㉡의 말단에서 분비되는 신경 전달 물질이 아세틸콜린으로 동일합니다.)

㉠의 말단에서 분비되는 신경 전달 물질은 아세틸콜린이고, ㉡의 말단에서 분비되는 신경 전달 물질은 아드레날린(노르에피네프린)입니다.

선지 해설

ㄱ 교감 신경이므로 신경 세포체는 척수에 있습니다.

ㄴ 교감 신경이므로 신경절 이후 뉴런인 ㉡이 ㉠보다 더 깁니다.

ㄷ

69 22학년도 수능 10번 | 정답 ④

문항 해설

1. 자료 해석

㉠은 간뇌, ㉡은 중간뇌, ㉢은 소뇌, ㉣은 대뇌입니다.

선지 해설

ㄱ ㄴ ㄷ

70 23학년도 6월 8번 | 정답 ⑤

문항 해설

1. 자료 해석

체온 조절 중추가 있는 기관은 간뇌이므로 B는 간뇌입니다.
교감 신경의 신경절 이전 뉴런의 신경 세포체는 척수에 있으므로 C는 척수입니다.
따라서 A는 연수입니다.
(* 뇌줄기에 간뇌가 포함되는지는 조금 애매합니다.
다만 A를 간뇌라고 출제하게 될 경우, 논란의 여지가 생기므로 시험장에서 정말 모르겠다면 연수라 하고 푸는 게 합리적일 것 같습니다.
물론 엄밀한 풀이는 위와 같이 B와 C를 찾은 후, 나머지를 A라 하는 게 맞습니다.)

선지 해설

ㄱ ㄴ ㄷ

71 〉 22학년도 7월 12번 | 정답 ①

문항 해설

1. 자료 해석

(가)에서 ⓐ는 ⓑ에 비해 길이가 짧으므로 ⓐ와 ⓑ는 교감 신경, ⓒ는 ⓓ에 비해 길이가 길므로 ⓒ와 ⓓ는 부교감 신경입니다.

(나)에서 ㉠에 자극을 주었을 때 방광의 부피가 상대적으로 줄어듦을 알 수 있습니다.
따라서 ㉠은 부교감 신경이므로 ㉠은 ⓓ입니다.

선지 해설

㉠

ㄴ 척수의 전근을 이룹니다.

ㄷ ⓑ에서는 노르에피네프린이, ⓒ에서는 아세틸콜린이 분비됩니다.

72 〉 23학년도 9월 13번 | 정답 ①

문항 해설

1. 자료 해석

심장 Ⅰ에서 자극을 준 후 활동 전위 발생 빈도가 줄어들었으므로 A는 부교감 신경이며, ㉮는 아세틸콜린임을 알 수 있습니다.

이후 ㉡에서도 활동 전위 발생 빈도가 줄어들었으므로 아세틸콜린이 ㉠에서 ㉡으로 이동했음을 추론할 수 있습니다.

선지 해설

㉠ 자율 신경은 말초 신경계에 속합니다.

ㄴ

ㄷ 활동 전위 발생 빈도가 감소합니다. 노르에피네프린을 처리해야 활동 전위 발생 빈도가 증가합니다.

73 〉 22학년도 10월 13번 | 정답 ①

문항 해설

1. 자료 해석

A는 신경 세포체가 축삭돌기 중간 부분에 있으므로 감각 뉴런, 골격근과 연결된 B와 C는 운동 뉴런(체성 신경)입니다.

선지 해설

㉠ A와 B는 모두 척수와 연결되어 있으므로 척수 신경입니다.

ㄴ B와 C는 골격근과 연결되어 있으므로 체성 신경입니다.

ㄷ C는 운동 뉴런이므로 전근을 이룹니다.

74 〉 23학년도 수능 5번 | 정답 ④

문항 해설

1. 자료 해석

A는 신경 세포체가 축삭돌기 중간 부분에 있으므로 감각 뉴런, B는 연합 뉴런, 골격근과 연결된 C는 운동 뉴런(체성 신경)입니다.

선지 해설

ㄱ ㄴ ㄷ

75 〉 16학년도 6월 2번 | 정답 ⑤

문항 해설

1. 자료 해석

A는 간, B는 이자, C는 콩팥입니다.

선지 해설

ㄱ 간에서 암모니아가 요소로 전환되므로 간에서 요소가 생성됩니다.

ㄴ ㄷ

76 〉 17학년도 9월 3번 | 정답 ⑤

문항 해설

1. 자료 해석

(가)는 영양소를 흡수하므로 소화계,
(나)는 O_2를 흡수하고 CO_2를 방출하므로 호흡계입니다.

선지 해설

ㄱ (가)에서 영양소를 흡수할 때, 탄수화물, 단백질, 지방을 단당류, 아미노산, 지방산과 모노글리세리드 등으로 분해한 후 흡수합니다. 따라서 맞는 선지입니다.
(* 소화계, 순환계, 호흡계, 배설계 어디든 일반적으로 세포에서 동화 작용과 이화 작용이 일어나므로 항상 맞는 선지입니다.)

ㄴ ㄷ

77 〉 18학년도 9월 14번 Ⅰ 정답 ④

문항 해설

1. 자료 해석

표 (가)를 아래의 표와 같이 만들 수 있습니다.
(* 실제 시험장에서 문제를 풀 때는 표를 만들고 계시면 안 되고, 빈 공간에 ○와 ×만 표시하셔야 합니다.)

특징1은 '소화계에 속한다.'이고
특징2는 '교감 신경의 조절을 받는다.'이고,
특징3은 '암모니아가 요소로 전환되는 기관이다.'입니다.

	특징1	특징2	특징3
간	○	○	○
위	○	○	×
부신	×	○	×

(* 현재 교육과정은 아니지만, 부신은 내분비계에 속합니다.)

이를 원래의 표 (가)와 비교할 때,
간은 ○가 3개여야 하므로 B입니다.

특징2는 ○가 3개여야 하므로 ㉠이고
위는 ○가 2개여야 하므로 A이고,
남은 C는 부신입니다.

특징1은 ○가 2개여야 하므로 ㉡이고
남은 특징3은 ㉢입니다.

선지 해설

ㄱ ㉡

㉢ 부신 겉질에서 코르티코이드를 분비합니다.

78 〉 18학년도 수능 9번 Ⅰ 정답 ⑤

문항 해설

1. 자료 해석

표 (가)를 아래의 표와 같이 만들 수 있습니다.
(* 실제 시험장에서 문제를 풀 때는 표를 만들고 계시면 안 되고, 빈 공간에 ○와 ×만 표시하셔야 합니다.)

특징1은 '부신에서 분비된다.'이고
특징2는 '혈당량을 증가시킨다.'이고,
특징3은 '순환계를 통해 표적 기관으로 운반된다.'입니다.

	특징1	특징2	특징3
인슐린	×	×	○
글루카곤	×	○	○
에피네프린	○	○	○

이를 원래의 표 (가)와 비교할 때,
인슐린은 ○가 1개이므로 A이고, A에서 ㉠은 ×입니다.
특징3은 ○가 3개이므로 ㉢만 가능하며, C에서 ㉢은 ○입니다.
C는 ○가 3개가 됐으므로 에피네프린이고, 남은 B는 글루카곤이 됩니다.

○가 2개인 ㉠은 특징2, ○가 1개인 ㉡은 특징1입니다.

선지 해설

㉠ ㉡ ㉢

79 〉 20학년도 9월 9번 | 정답 ⑤

문항 해설

1. 자료 해석

(가)에서 시상 하부 온도가 높아진다는 것은 더워진다는 뜻이므로 열 발산량이 증가해야 합니다. 따라서 ㉠은 열 발산량입니다.

선지 해설

㉠

ㄱ. (X) 교감 신경의 신경절 이후 뉴런의 축삭 돌기 말단에서 분비되는 신경 전달 물질은 아드레날린(노르에피네프린)입니다.

ㄷ. 추울 때 (나)의 과정이 일어나므로 피부 근처 모세 혈관으로 흐르는 혈액량이 감소합니다. 따라서 상대적으로 시상 하부 온도가 높은 T_2일 때가 T_1일 때보다 피부 근처 모세 혈관으로 흐르는 혈액량이 많습니다.

80 〉 19학년도 10월 5번 | 정답 ⑤

문항 해설

1. 자료 해석

영양소를 흡수하는 A는 소화계,
오줌을 배설하는 B는 배설계입니다.

선지 해설

㉠ ㉡

ㄷ. 폐를 이동하며 혈액에는 O_2가 많아지지만, 조직 세포는 세포 호흡을 통해 O_2가 적어지고 CO_2가 많아집니다. 따라서 O_2의 양은 ㉠ 방향으로 이동하는 혈액에서 더 많습니다.

81 〉 21학년도 6월 5번 | 정답 ⑤

문항 해설

1. 자료 해석

저온 자극일 때 ㉠은 줄어들고 고온 자극일 때 ㉠은 증가하므로 피부 근체 모세 혈관을 흐르는 단위 시간당 혈액량임을 알 수 있습니다.

선지 해설

ㄱ ㉡

ㄷ. 체온 조절 뿐만 아니라 항상성 유지 중추는 간뇌 시상 하부입니다.

82 〉 21학년도 6월 8번 | 정답 ②

문항 해설

1. 자료 해석

탄수화물 섭취 후 혈중 포도당 농도가 증가할 때, B는 호르몬 X의 농도도 함께 증가했으므로 X가 인슐린임을 알 수 있습니다.

이때, X의 농도에 큰 변화가 없는 A는 당뇨병 환자임을 알 수 있습니다.

선지 해설

ㄱ ㉡

ㄷ. (X) 혈중 포도당 농도가 상대적으로 더 높은 t_1일 때 글루카곤의 분비량은 상대적으로 적습니다.

83 〉 21학년도 9월 3번 | 정답 ④

문항 해설

1. 자료 해석

㉠은 TRH, ㉡은 TSH입니다.

선지 해설

ㄱ) ㉠은 순환계를 통해 표적 세포로 이동합니다.

~~ㄴ~~ ㄷ)

84 〉 21학년도 9월 7번 | 정답 ①

문항 해설

1. 자료 해석

(가)에서 저온 자극을 받았을 때, 피부 근처 혈관은 교감 신경의 자극을 받아 수축합니다. 따라서 ㉠은 피부 근처 혈관 수축입니다.

선지 해설

ㄱ)

~~ㄴ~~ ADH의 농도가 증가하면 수분 재흡수량이 증가하므로 오줌으로 만들어지는 수분량이 감소합니다. 따라서 오줌의 삼투압은 증가합니다

~~ㄷ~~ 항상성 유지의 중추는 간뇌 시상 하부입니다. 따라서 (가)와 (나)에서 조절 중추는 모두 간뇌 시상 하부입니다.

85 〉 21학년도 9월 8번 | 정답 ③

문항 해설

1. 자료 해석

탄수화물을 섭취한 후 A는 혈중 인슐린 농도가 거의 변하지 않으므로 인슐린이 정상적으로 생성되지 못하는 당뇨병 환자임을 알 수 있습니다. 따라서 A의 당뇨병은 (가)에 해당합니다.
(* 만약 A의 당뇨병이 (나)에 해당했다면 혈중 인슐린 농도는 정상인과 비슷하지만 혈당량 감소 속도가 정상인에 비해 느려야 합니다.)

선지 해설

ㄱ)

ㄴ) 인슐린은 간에서 글리코젠 합성을 촉진하거나 세포로의 포도당 흡수를 촉진하여 혈당량을 낮춥니다.

~~ㄷ~~ 혈중 '포도당' 농도는 인슐린이 거의 분비되지 않는 A가 더 높습니다.

86 〉 21학년도 수능 7번 | 정답 ①

문항 해설

1. 자료 해석

그림에서 A는 인슐린을 주사했음에도 혈중 포도당 농도가 B에 비해 낮아지지 않고 있으므로 표적 세포가 인슐린에 반응하지 못하는 당뇨병 환자임을 알 수 있습니다. 따라서 (나)에 해당합니다.

B는 인슐린에 의해 포도당 농도가 낮아졌으므로 인슐린을 정상적으로 생성하지 못하는 당뇨병 환자임을 알 수 있습니다. 따라서 (가)에 해당합니다.

표에서 ㉠은 β 세포입니다.

선지 해설

ㄱ ㄴ̸

ㄱ̸ 혈중 포도당 농도가 증가하면 포도당 농도를 낮추기 위해 인슐린의 분비가 촉진됩니다.

87 21학년도 수능 19번 | 정답 ③

문항 해설

1. 자료 해석

㉠의 농도는 B와 C의 갑상샘을 제거한 후 ㉠의 농도를 측정한 자료입니다.
갑상샘을 제거하면 티록신을 만들 수 없으므로 티록신의 농도는 매우 낮아지게 되고, 음성 피드백에 의하여 TRH와 TSH의 농도는 높게 됩니다.
B와 C의 ㉠의 농도가 A보다 낮으므로 ㉠은 티록신임을 알 수 있습니다.

(다)에서 B와 C 중 한 생쥐에만 ㉠(티록신)을 주사한 후 ㉡(TSH)의 농도를 측정했습니다.
티록신을 주사한 생쥐의 경우 음성 피드백에 의하여 TRH의 분비가 줄어들고, 따라서 TSH의 분비도 줄어들어 TSH의 농도가 낮아져야 합니다.
따라서 C가 ㉠을 주사한 생쥐입니다.

선지 해설

ㄱ ㄴ̸ ㄷ

88 21학년도 3월 7번 | 정답 ②

문항 해설

1. 자료 해석

그림에서 T_1일 때보다 T_2일 때 피부 근처 모세혈관이 확장되어 있으므로 온도는 $T_1 < T_2$임을 알 수 있습니다.
따라서 T_1이 20℃이고 T_2는 40℃입니다.

골격근의 떨림은 상대적으로 추울 때 발생하므로 T_1일 때 발생했음을 알 수 있습니다.

선지 해설

ㄱ̸ ㄴ̸ ㄷ

89 21학년도 3월 13번 | 정답 ④

문항 해설

1. 자료 해석

포도당 용액을 섭취한 후 농도가 오르는 ㉠은 인슐린입니다.
(* 포도당 용액을 섭취하면 혈당량이 증가하므로 이를 낮추기 위해 인슐린 분비가 촉진됩니다.
* 글루카곤은 포도당 용액을 섭취할 경우 반대로 농도가 낮아집니다.)

선지 해설

ㄱ̸ ㄴ ㄷ

90 〉 21학년도 4월 5번 | 정답 ⑤

문항 해설

1. 자료 해석

TSH를 분비하는 A는 뇌하수체,
티록신을 분비하는 B는 갑상샘입니다.

선지 해설

ㄱ ㄴ ㄷ

91 〉 22학년도 6월 12번 | 정답 ③

문항 해설

1. 자료 해석

체온 조절 중추(시상 하부)에 고온 자극을 주면 음성 피드백에 의해 체온은 내려가고, 저온 자극을 주면 체온은 올라갑니다.
따라서 ㉠은 저온 자극, ㉡은 고온 자극임을 알 수 있습니다.
(* 체온과 체온 조절 중추(시상 하부)를 구분하셔야 합니다.)

선지 해설

~~ㄱ~~

~~ㄴ~~ 저온 자극(㉠)을 주었을 때 피부 근처 혈관이 수축됩니다.

ㄷ 체온 조절 뿐만 아니라, 혈당량 등 항상성 유지 중추는 간뇌 시상 하부입니다.

92 〉 21학년도 7월 3번 | 정답 ④

문항 해설

1. 자료 해석

(가)에서
글리코젠을 포도당으로 분해하는 A는 글루카곤,
포도당을 글리코젠으로 합성하는 B는 인슐린입니다.

(나)에서 ㉠을 처리했을 때, 세포 밖 포도당 농도가 높아짐에 따라 세포 안 포도당 농도가 높아지는 것으로 보아 ㉠은 B(인슐린)입니다.

선지 해설

ㄱ

ㄴ 글루카곤은 이자의 α 세포에서, 인슐린은 이자의 β 세포에서 분비됩니다.

~~ㄷ~~ 세포 안 포도당 농도가 상대적으로 더 높은 S_2일 때가 더 많습니다.

93 〉 22학년도 9월 13번 | 정답 ④

선지 해설

ㄱ

ㄴ 구간 Ⅰ과 Ⅱ를 비교할 때,
구간 Ⅱ는 시상 하부에 설정된 온도보다 체온이 더 낮은 상태이므로 시상 하부에 설정된 온도 수준으로 체온을 높이기 위해 열 발생량이 증가하는 구간입니다.
따라서, 구간 Ⅱ에서 열 발생량은 구간 Ⅰ보다 크고, 열 발산량은 구간 Ⅱ에서가 구간 Ⅰ에서보다 작습니다.
결과적으로 $\frac{\text{열 발생량}}{\text{열 발산량}}$은 분모는 더 작고, 분자는 더 큰 구간 Ⅱ에서가 Ⅰ에서보다 더 큽니다.

~~ㄷ~~

94 21학년도 10월 3번 | 정답 ⑤

문항 해설

1. 자료 해석

A는 콩팥, B는 간, C는 소장입니다.

선지 해설

ㄱ ㄴ ㄷ

95 21학년도 10월 16번 | 정답 ①

문항 해설

1. 자료 해석

㉠이 주어지면 피부 근처 혈관이 수축되므로 ㉠은 저온 자극임을 알 수 있습니다.

선지 해설

ㄱ

ㄴ 열 발산량은 감소합니다.

ㄷ 저온 자극이 주어질 경우, 근육 떨림 등이 증가해 열 발생량이 증가합니다. 따라서 A에서 분비되는 신경 전달 물질의 양은 증가합니다.

96 23학년도 6월 6번 | 정답 ⑤

문항 해설

1. 자료 해석

갑상샘에서 분비되는 A는 티록신이고, 뇌하수체 후엽에서 분비되는 B는 ADH입니다.

선지 해설

ㄱ ㄴ ㄷ

97 23학년도 6월 16번 | 정답 ①

문항 해설

1. 자료 해석

탄수화물을 섭취한 후 증가하는 ㉠은 인슐린, 감소하는 ㉡은 글루카곤입니다.

인슐린이 분비되는 X는 β 세포이고, 글루카곤이 분비되는 Y는 α 세포입니다.

선지 해설

ㄱ

ㄴ 이는 인슐린에 대한 설명입니다.

ㄷ

98 23학년도 9월 7번 | 정답 ①

문항 해설

1. 자료 해석

(가)에서 TSH가 분비되는 기관은 뇌하수체 전엽이므로 ㉠은 뇌하수체 전엽입니다.
(나)에서 피부 근처 혈관이 수축되므로 ⓐ는 저온 자극입니다.
체온 조절 중추인 ㉡은 간뇌 시상 하부입니다.

선지 해설

㉠

ㄴ 간뇌 시상 하부가 뇌줄기에 속하는지 애매합니다. 다만 뇌하수체는 확실히 뇌줄기에 속하지 않으므로 틀린 선지입니다.

ㄷ

99 23학년도 9월 10번 | 정답 ②

문항 해설

1. 자료 해석

글루카곤 농도가 높아지는 Ⅰ이 '혈중 포도당 농도가 낮은 상태'이고,
글루카곤 농도가 낮아지는 Ⅱ가 '혈중 포도당 농도가 높은 상태'입니다.

선지 해설

ㄱ ㉡

ㄷ Ⅰ에서가 Ⅱ에서보다 혈중 글루카곤 농도는 높고, 혈중 인슐린 농도는 낮습니다.
따라서 Ⅰ에서가 분모는 크고 분자는 작으므로 $\frac{\text{혈중 인슐린 농도}}{\text{혈중 글루카곤 농도}}$는 작습니다.

100 23학년도 수능 10번 | 정답 ①

문항 해설

1. 자료 해석

시간에 따라 호르몬 농도가 급격하게 변하는 Ⅱ가 인슐린을 투여한 사람임을 알 수 있습니다.
이때 ㉡이 증가하므로 ㉡이 글루카곤 농도이고, ㉠이 혈중 포도당 농도임을 알 수 있습니다.

선지 해설

㉠ ㄴ

ㄷ Ⅰ의 혈중 글루카곤 농도는 거의 일정합니다.
따라서 Ⅱ의 혈중 글루카곤 농도를 비교하면 되는데, t_2일 때가 t_1일 때보다 높습니다.
따라서 분모가 t_2일 때 더 크므로 t_2일 때가 t_1일 때보다 더 작습니다.

101 22학년도 수능 15번 | 정답 ②

문항 해설

1. 자료 해석

(가)에서 ㉠일 때 체온이 올라갔으므로 ㉠이 '체온보다 높은 온도의 물에 들어갔을 때'입니다.
남은 ㉡은 '체온보다 낮은 온도의 물에 들어갔을 때'입니다.
(* 단순하게 생각하면, 온탕에 들어가면 체온이 높아진다는 것과 같은 말입니다.
이를 오해하여 받아들이면, '저온 자극' → '체온 상승'으로 ㉠을 '체온보다 낮은 온도의 물에 들어갔을 때'로 착각할 수도 있습니다. 주의해주세요.)

(나)에서 ㉠일 때 증가하고 있는 A는 땀 분비량이고, 낮아지는 B는 열 발생량입니다.

선지 해설

ㄱ ㄴ (crossed out)

ㄷ 체온을 낮추기 위해 땀 분비량을 증가시킵니다.

102 14학년도 수능 14번 | 정답 ①

문항 해설

1. 자료 해석

(가)에서 혈장 삼투압이 증가함에 따라 뇌하수체 후엽에서 분비되는 호르몬 X의 농도가 증가하므로 X는 ADH임을 알 수 있습니다.

선지 해설

ㄱ 항상성 유지의 중추는 간뇌 시상 하부이므로 시상 하부는 X의 분비도 조절합니다.

ㄴ (crossed out) 땀을 많이 흘리면 체내 수분량이 감소하므로 혈장 삼투압은 증가하게 됩니다. 따라서 혈중 X의 농도는 증가합니다.

ㄷ (crossed out) 구간 Ⅰ은 물을 먹은 후 혈장 삼투압과 혈중 ADH 농도가 모두 낮은 상황입니다. 따라서 수분 재흡수가 적으므로 오줌 생성량은 많아지고 오줌 삼투압은 낮아집니다.
구간 Ⅱ는 시간이 지남에 따라 혈장 삼투압이 비교적 정상 상태로 돌아와 오줌 생성량이 상대적으로 적어져 오줌 삼투압이 증가한 상황입니다.
따라서 생성되는 오줌의 양은 Ⅰ에서가 Ⅱ에서보다 많습니다.

103 14학년도 3월 20번 | 정답 ③

문항 해설

1. 자료 해석

(가)에서 ㉠의 표적 기관은 콩팥이므로 ADH이고, ㉠이 나오는 곳은 뇌하수체 후엽입니다.
㉡의 표적 기관은 갑상샘이므로 TSH이고, ㉡이 나오는 곳은 뇌하수체 전엽입니다.

선지 해설

ㄱ

ㄴ S_2에서가 S_1에서보다 ADH의 농도가 높으므로 맞는 선지입니다.

ㄷ (crossed out) 갑상샘을 제거하면 혈중 티록신의 농도가 매우 낮아지게 되므로 음성 피드백에 의하여 TRH의 분비가 증가하게 되고, 따라서 TSH의 분비도 증가하게 됩니다.

104 15학년도 9월 10번 | 정답 ①

문항 해설

1. 자료 해석

X는 ADH입니다.

선지 해설

㉠

ㄱ. t_1일 때는 오줌 삼투압이 낮아지고 있으므로 오줌 생성량이 많아지고 있는 상황임을 알 수 있습니다. 이는 물을 먹은 후 체내 혈액량이 증가하여 혈장 삼투압과 혈중 ADH 농도가 낮은 상황임을 알 수 있습니다.
t_3일 때는 오줌 삼투압이 증가하고 있으므로 오줌 생성량이 t_1일 때에 비해 적음을 알 수 있습니다. 이는 체내 혈액량이 t_1일 때에 비해 감소하여 혈장 삼투압이 비교적 정상 상태로 되돌아가고 있음을 뜻합니다.
따라서 체내 수분량은 t_1일 때가 t_3일 때보다 많습니다.

ㄴ. t_2일 때는 물 섭취 시점보다 오줌 삼투압이 낮으므로 혈중 ADH의 농도가 낮아 오줌 생성량이 많은 상황임을 알 수 있습니다. 따라서 콩팥에서 단위 시간당 수분 재흡수량은 t_2에서가 물 섭취 시점에서보다 적습니다.

105 15학년도 수능 5번 | 정답 ①

문항 해설

1. 자료 해석

(가)에서 ㉠이 증가할 때 ADH의 농도는 감소하므로 ㉠은 전체 혈액량임을 알 수 있습니다.
(* 전체 혈액량이 많을 때 ADH가 많이 나오게 되면, 체내 수분량이 너무 많아져 혈압이 너무 높아져 죽습니다.)

(나)에서 ㉡이 증가할 때 ADH의 농도는 증가하므로 ㉡은 혈장 삼투압입니다.
(* 혹시 전체 혈액량도 많은데 혈장 삼투압도 높으면 어떻게 되는지 궁금하신가요? 뒤에 그런 유형의 문제가 있으니 잘 생각해서 풀어보세요.)

선지 해설

㉠

ㄱ. t_1일 때는 전체 혈액량이 적은 상황이므로 일반적으로 혈장 삼투압은 높은 상황입니다. 따라서 수분 재흡수를 많이 해야 하므로 ADH의 분비가 많아지고, 오줌으로 가는 물의 양은 적어집니다. 오줌으로 가는 물의 양이 적어지므로 오줌의 삼투압은 높아집니다.

ㄴ. t_2일 때가 안정 상태일 때보다 ADH의 농도가 더 높으므로 수분 재흡수량은 t_2일 때가 더 많습니다.

106 〉 16학년도 9월 10번 Ⅰ 정답 ①

선지 해설

ㄱ

✓ p_2일 때가 p_1일 때보다 혈중 ADH의 농도가 더 높으므로 수분 재흡수량이 더 많습니다. 따라서 p_2일 때 오줌으로 가는 물의 양은 더 적으므로 오줌의 삼투압은 더 높습니다.

✗ 오줌 생성량이 많다는 뜻은 혈장 삼투압과 혈중 ADH 농도가 낮다는 뜻이고, 오줌 생성량이 적다는 뜻은 혈장 삼투압과 혈중 ADH의 농도가 높다는 뜻입니다.
Ⅰ에서가 Ⅱ에서보다 오줌 생성량이 더 많으므로 혈장 삼투압은 더 낮은 상황입니다.

107 〉 17학년도 9월 12번 Ⅰ 정답 ①

문항 해설

1. 자료 해석

X는 뇌하수체 후엽에서 분비되는 호르몬이고, X를 투여했을 때 오줌 생성량이 감소했으므로 ADH임을 알 수 있습니다.

선지 해설

ㄱ

✓ t_1은 평상시이고, t_2는 물 섭취 후 혈장 삼투압이 낮아져 오줌 생성량이 많은 시점입니다.

✗ t_2일 때보다 t_3일 때 오줌 생성량이 더 적으므로 생성되는 오줌의 삼투압은 t_3일 때가 t_2일 때보다 높습니다.

108 〉 16학년도 10월 8번 Ⅰ 정답 ②

문항 해설

1. 자료 해석

소금물을 주입할 경우 혈장 삼투압이 더 높아지게 되므로 오줌 생성량이 줄어들고, 증류수를 주입할 경우 혈장 삼투압이 낮아져 오줌 생성량이 증가합니다.
따라서 A가 증류수를 주입한 생쥐이고, B가 소금물을 주입한 생쥐입니다.

선지 해설

ㄱ t_1일 때는 증류수 주입으로 인해 ADH 분비가 주입 시점보다 더 적습니다.
(* 주입하자마자 흡수되는 건 아니므로, 주입 시점은 주입하지 않았을 때와 동일한 상태입니다.)

✓ ㄷ

109 〉 17학년도 수능 10번 Ⅰ 정답 ①

문항 해설

1. 자료 해석

혈중 ADH의 농도가 높아질수록 혈장 삼투압은 감소하고 오줌 삼투압은 증가합니다.
(가) 그래프는 증가하는 개형을 보이므로 ㉠이 오줌, ㉡이 혈장입니다.
(* 분모가 감소하고 분자가 증가해야 그래프의 개형이 증가하는 꼴일 수 있습니다. 반대의 경우 감소하는 개형이 나타납니다.)

선지 해설

ㄱ ✓

✗ 구간 Ⅰ은 물 섭취 후 혈장 삼투압이 낮아 오줌 생성량이 많은 구간이고,

구간 Ⅱ는 어느 정도 시간이 지난 후 혈장 삼투압이 Ⅰ에 비해 높고, 오줌 생성량은 적어진 구간입니다.
따라서 구간 Ⅰ에서가 Ⅱ에 비해 분모는 크고 분자는 작으므로 분수 값은 Ⅰ이 Ⅱ보다 작습니다.

110

18학년도 9월 16번 | 정답 ⑤

문항 해설

1. 자료 해석

(가)에서 ㉠은 전체 혈액량이 증가한 상태입니다.
(* 105번 해설 참고)
혈장 삼투압이 증가함에 따라 증가하는 호르몬 X는 ADH입니다.

선지 해설

ㄱ

ㄴ p_1일 때 ADH 농도가 p_2일 때보다 낮으므로 오줌 생성량은 p_1일 때가 더 많습니다.

ㄷ t_1일 때는 물 섭취 후 체내 수분량이 많아 혈장 삼투압과 혈중 ADH 농도가 낮은 상태입니다. 이후 시간이 지남에 따라 혈장 삼투압이 정상화되면서 ADH의 농도는 증가하게 됩니다.
t_2일 때는 소금물을 섭취해서 혈장 삼투압이 이전에 비해 높아진 상태입니다. 따라서 ADH의 농도는 이전에 비해 높아졌습니다.
따라서 ADH의 농도는 t_2일 때가 더 높습니다.

111

19학년도 6월 14번 | 정답 ①

선지 해설

ㄱ 구간 Ⅱ는 물 섭취 후 혈장 삼투압과 혈중 항이뇨 호르몬의 농도가 낮은 상태입니다. 따라서 물 섭취 전인 Ⅰ이 Ⅱ보다 혈중 항이뇨 호르몬 농도가 더 높습니다.

~~ㄴ~~ 구간 Ⅱ는 물 섭취 후 혈장 삼투압이 낮은 상태이고, 구간 Ⅲ은 오줌 생성량이 적으므로 시간이 지남에 따라 비교적 혈장 삼투압이 정상화된 시점입니다. 따라서 혈장 삼투압은 Ⅲ이 Ⅱ보다 높습니다.

~~ㄷ~~ 땀을 많이 흘리면 체내 수분량이 감소하므로 혈장 삼투압은 증가합니다. 혈장 삼투압이 증가하면 혈중 ADH의 농도는 증가하여 수분 재흡수량이 많아집니다. 따라서 오줌으로 가는 물의 양이 감소하므로 오줌 삼투압은 증가합니다.

112

18학년도 7월 5번 | 정답 ③

문항 해설

1. 자료 해석

혈장 삼투압이 높아질수록 ADH의 분비량이 증가해 혈중 ADH의 농도가 증가하고, 그 결과 오줌으로 가는 물의 양이 감소하므로 오줌의 삼투압도 증가하게 됩니다.

(가)에 비해 (나)는 오줌의 삼투압 증가가 비교적 덜 나타나므로 ADH의 분비가 (가)에 비해 적음을 알 수 있습니다.

선지 해설

ㄱ 항상성 유지 중추는 간뇌 시상 하부입니다.

~~ㄴ~~ P_2일 때가 P_1일 때보다 혈장 삼투압이 높으므로 혈중 ADH 농도가 더 높고, 그 결과 오줌 생성량은 더 적게 됩니다.

ㄷ

113 18학년도 10월 6번 | 정답 ⑤

문항 해설

1. 자료 해석

혈장 삼투압이 증가함에 따라 증가하는 X는 ADH입니다.

선지 해설

㉠

㉡ 일반적으로 혈장 삼투압이 높아짐에 따라 ADH는 증가하고, 혈중 ADH의 농도가 증가함에 따라 오줌 생성량은 감소하므로 오줌 삼투압은 증가합니다. 따라서 혈장 삼투압은 P_1일 때가 P_2일 때보다 낮으므로 오줌 삼투압도 P_1일 때가 더 낮습니다.

㉢ 혈장 삼투압이 증가할수록 혈중 ADH의 농도와 갈증의 강도 모두 증가합니다.
따라서 갈증의 강도가 더 높을 때 혈중 ADH의 농도도 더 높음을 알 수 있습니다.
혈중 ADH의 농도가 높으면 수분 재흡수량이 많아지므로 ㉠일 때가 ㉡일 때보다 많습니다.

114 20학년도 9월 7번 | 정답 ①

문항 해설

1. 자료 해석

㉠은 전체 혈액량이 정상보다 감소한 상태입니다.
(* 105번 해설 참고)

선지 해설

㉠ ㄴ̸

ㄷ̸ 정상 상태일 때 혈중 ADH의 농도는 p_2에서가 p_1에서보다 높으므로 콩팥에서 단위 시간당 수분 재흡수량은 p_2일 때가 더 많습니다.

115 20학년도 10월 9번 | 정답 ⑤

문항 해설

1. 자료 해석

물 섭취 후, 혈장 삼투압과 혈중 ADH 농도는 모두 감소합니다.
그 결과 수분 재흡수량이 줄어들게 되므로 오줌 생성량은 늘어나고, 오줌 삼투압은 감소합니다.

선지 해설

㉠ ㉡ ㉢

116 21학년도 수능 8번 | 정답 ①

문항 해설

1. 자료 해석

(가)에서 전체 혈액량이 증가할 때 혈중 ADH 농도는 감소하고, 혈장 삼투압이 증가할 때 혈중 ADH 농도는 증가하므로 ㉠은 혈장 삼투압입니다.

선지 해설

ㄱ

~~ㄴ~~ p_1일 때 혈중 ADH 농도가 안정 상태일 때보다 더 높으므로 오줌 생성량이 더 적습니다. 따라서 오줌 삼투압은 p_1일 때가 안정 상태일 때보다 큽니다.

~~ㄷ~~

117 23학년도 9월 5번 | 정답 ①

문항 해설

1. 자료 해석

X는 뇌하수체에서 분비되는 호르몬인데, 자극 ⓐ를 준 후 Ⅱ에서 오줌 생성량이 크게 감소하므로 X는 ADH이고, ㉠이 뇌하수체 후엽임을 알 수 있습니다.

선지 해설

ㄱ

~~ㄴ~~ Ⅱ에서 ADH의 농도가 더 높으므로 Ⅱ에서가 Ⅰ에서보다 많습니다.

~~ㄷ~~ ADH를 주사하면 생성되는 오줌의 양이 줄어드므로 생성되는 오줌의 삼투압은 증가합니다.

118 23학년도 수능 8번 | 정답 ①

문항 해설

1. 자료 해석

같은 혈액량일 때 Ⅱ가 Ⅰ보다 혈중 ADH 농도가 더 높으므로 Ⅱ가 ADH가 과다하게 분비되는 사람임을 알 수 있습니다.

선지 해설

ㄱ ~~ㄴ~~

~~ㄷ~~ V_2일 때 V_1일 때보다 전체 혈액량이 많고, ADH 농도가 더 낮으므로 단위 시간당 생성되는 오줌량도 더 많습니다.

119 14학년도 3월 17번 | 정답 ②

문항 해설

1. 자료 해석

고혈압, 독감, 결핵 중 감염성 질병이 아닌 것은 고혈압이므로 ㉠은 고혈압입니다.
독감의 병원체는 바이러스이고, 결핵의 병원체는 세균이므로 세포 구조를 갖는 병원체는 결핵입니다.
따라서 ㉡은 독감, ㉢은 결핵입니다.

선지 해설

~~ㄱ~~

~~ㄴ~~ 바이러스도 단백질을 갖고 있습니다.

ㄷ 세균성 질병 치료에는 항생제를 사용합니다.

120 14학년도 수능 11번 | 정답 ④

문항 해설

1. 자료 해석

결핵의 병원체는 세균이고, 독감의 병원체는 바이러스입니다.
따라서 (가)는 결핵의 병원체이고, (나)는 독감의 병원체입니다.
(* 그림을 통해 판단할 수 있어야 합니다.)

선지 해설

ㄱ) 세균은 생명체이므로 물질대사가 일어납니다.

ㄴ̸ (나)는 바이러스이므로 비세포 구조입니다.

ㄷ) 세균과 바이러스 모두 핵산을 갖고 있습니다.

121 14학년도 7월 4번 | 정답 ②

문항 해설

1. 자료 해석

결핵의 병원체는 세균, 독감의 병원체는 바이러스입니다.
당뇨병은 비감염성 질병입니다.

병원체가 없는 (가)는 당뇨병입니다.
병원체가 핵산과 세포막을 모두 갖고 있는 (나)는 결핵입니다.
병원체가 핵산은 있지만 세포막은 없는 (다)는 독감입니다.

선지 해설

ㄱ̸ ㄴ)

ㄷ̸ 바이러스는 유전 물질은 가지고 있지만, 스스로 분열하여 증식할 수 없습니다.

122 15학년도 9월 13번 | 정답 ②

문항 해설

1. 자료 해석

혈우병, 결핵, 독감 중 비감염성 질병인 것은 혈우병밖에 없으므로 C는 혈우병입니다.
결핵의 병원체는 세균, 독감의 병원체는 바이러스이므로 병원체가 세포 구조로 되어 있는 건 세균입니다.
따라서 A는 결핵, B는 독감입니다.

123 15학년도 수능 19번 | 정답 ④

문항 해설

1. 자료 해석

독감을 유발하는 병원체 A는 바이러스,
결핵을 유발하는 병원체 B는 세균입니다.

선지 해설

ㄱ̸ ㉢에 해당합니다.

ㄴ) 세균과 바이러스 모두 핵산을 가지고 있습니다.

ㄷ)

124 〉 16학년도 6월 14번 | 정답 ⑤

선지 해설

ㄱ 결핵, 독감, 홍역, 고혈압 중 비감염성 질병인 것은 고혈압만 해당하므로 적절합니다.

ㄴ 결핵의 병원체는 세균이고, 독감과 홍역의 병원체는 바이러스이므로 이 중 독립적으로 물질대사를 하는 병원체는 결핵입니다. 따라서 적절합니다.

ㄷ 세균 치료 시에는 항생제를 사용합니다.

125 〉 15학년도 7월 4번 | 정답 ②

문항 해설

1. 자료 해석

폐결핵을 일으키는 병원체 A는 세균,
후천성 면역 결핍증(에이즈)를 일으키는 병원체 B는 바이러스,
독감을 일으키는 병원체 C는 바이러스입니다.

선지 해설

~~ㄱ~~ 핵은 세균과 바이러스 모두 갖고 있지 않습니다.

ㄴ 단백질은 세균과 바이러스 모두 갖고 있습니다.

~~ㄷ~~ (가)에 해당합니다.

126 〉 15학년도 10월 15번 | 정답 ③

문항 해설

1. 자료 해석

낫 모양 적혈구 빈혈증은 다른 사람에게 전염될 수 없으므로 C가 낫 모양 적혈구 빈혈증입니다.
병원체가 세포인 것은 결핵이므로 B가 결핵이고 A는 후천성 면역 결핍증(에이즈)입니다.
(* 결핵의 병원체는 세균이고 에이즈의 병원체는 바이러스입니다.)

선지 해설

ㄱ

ㄴ 세균의 치료에는 항생제가 사용됩니다.

~~ㄷ~~ 유전자 돌연변이에 의해 나타납니다.
(* 이 부분은 4단원에서 배우게 됩니다. 따라서 (상)권보다 (하)권을 먼저 학습하고 있는 학생의 경우 모르는 게 정상입니다.)

127 〉 17학년도 9월 14번 | 정답 ③

선지 해설

ㄱ 고혈압과 혈우병은 비감염성 질병입니다.

ㄴ 탄저병과 파상풍의 병원체는 세균이므로 맞는 선지입니다.

~~ㄷ~~ 광견병과 독감의 병원체는 바이러스이므로 독립적으로 물질대사를 할 수 없습니다.
(* 광견병과 광우병을 헷갈려하는 학생들이 있습니다. 광견병의 병원체는 바이러스이고, 광우병의 병원체는 프라이온입니다.)

128 17학년도 10월 14번 | 정답 ①

문항 해설

1. 자료 해석

결핵을 일으키는 병원체 A는 세균,
에이즈를 일으키는 병원체 B는 바이러스,
무좀을 일으키는 병원체 C는 균류입니다.

표를 아래의 표와 같이 만들 수 있습니다.
(* 실제 시험장에서 문제를 풀 때는 표를 만들고 계시면 안 되고, 빈 공간에 ○와 ×만 표시하셔야 합니다.)

특징1은 '세포 구조이다.'이고
특징2는 '핵막이 있다.'이고,
특징3은 '핵산이 있다.'입니다.

	세균	바이러스	균류
특징1	○	×	○
특징2	×	×	○
특징3	○	○	○

(* 세균은 핵이 없는 단세포 원핵생물입니다. 핵이 없으므로 핵막도 당연히 없습니다.)

이를 원래의 표와 비교할 때, ㉠은 ○이고,
바이러스는 ○가 1개여야 하므로 (가)가 특징3입니다.
세균은 특성1과 특성3이 ○인데 특성3이 (가)이므로 특징1은 (나)입니다.
남은 특징2는 (다)입니다.

선지 해설

ㄱ ✗

✗ 바이러스는 비세포 구조입니다.

129 19학년도 6월 3번 | 정답 ⑤

선지 해설

ㄱ (* 현재 교육 과정에는 부합하지 않다고 판단되지만, 상식선에서 판단하기에 큰 무리가 없다 판단되어 그대로 실었습니다. 이전 교육 과정에서도 이 부분을 공부해서 맞힌 학생은 거의 없었고 상식선에서 맞혔습니다.)

ㄴ 바이러스는 스스로 물질대사를 하지 못합니다.

ㄷ 푸른곰팡이는 균류이므로 유전 물질을 갖고 있습니다. 따라서 푸른곰팡이와 바이러스 모두 유전 물질을 가지고 있습니다.

130 18학년도 7월 3번 | 정답 ④

문항 해설

1. 자료 해석

독감의 병원체는 바이러스이고,
결핵의 병원체는 세균이고,
당뇨병은 비감염성 질병입니다.

병원체의 '세포벽' 형성을 억제하는 것은 세포벽을 갖고 있어야 가능하므로 (가)는 결핵입니다.
(* 세균은 세포벽을 갖고 있습니다. 이 사실을 모르더라도 독감, 결핵, 당뇨병 중 병원체가 세균인 게 결핵밖에 없으므로 결핵임을 찾을 수 있습니다.)

병원체를 갖고 있는 건 바이러스와 세균인데,
(가)가 결핵이므로 (나)는 바이러스입니다.
남은 (다)는 당뇨병입니다.

선지 해설

✗ 세균은 핵이 없는 단세포 원핵생물입니다. 핵이 없으므로 핵막도 당연히 없습니다.

ㄴ 세균과 바이러스 모두 단백질을 갖고 있습니다.

ㄷ

131 21학년도 6월 6번 | 정답 ③

문항 해설

1. 자료 해석

학생 A : 무좀의 병원체는 곰팡이가 맞습니다.
학생 B : 말라리아는 모기를 매개로 전염됩니다.
학생 C : 독감의 병원체는 바이러스이므로 세포 분열을 하지 않고, 스스로 증식도 할 수 없습니다.

132 20학년도 10월 12번 | 정답 ⑤

문항 해설

1. 자료 해석

말라리아의 병원체는 원생생물이고,
헌팅턴 무도병은 유전자 돌연변이에 의한 유전병입니다.

따라서 A는 헌팅턴 무도병, B는 말라리아입니다.

선지 해설

ㄱ ㄴ

ㄷ 에이즈의 병원체는 바이러스이므로 '병원체는 스스로 물질대사를 하지 못한다.'는 ㉠에 해당합니다.

133 14학년도 예비시행 15번 | 정답 ①

선지 해설

ㄱ 체액성 면역이 시작하기 전인 Ⅰ에서 바이러스 X의 농도가 감소하고 있으므로 맞는 선지입니다.

ㄴ X에 대한 항체가 분비되고 있으므로 구간 Ⅱ에는 X에 대한 형질 세포가 '있'습니다.

ㄷ 바이러스 X에 감염되자마자 면역 단백질 Y의 농도가 급증했으므로 비특이적으로 작용하는 면역 단백질임을 알 수 있습니다.
(* 처음 감염이 아니라면, 기억 세포에 의해 이럴 수 있지만, 처음으로 감염된 상태에서 이러한 변화가 나타났으므로 특이적으로 작용하지 않습니다.)

134 14학년도 예비시행 17번 | 정답 ③

선지 해설

ㄱ

ㄴ X_2에는 항체 Ⅰ과 Ⅲ에 맞는 항원이 있으므로 항체 Ⅰ과 Ⅲ은 X_2에 결합합니다.

ㄷ 병원체 X_1을 이용하여 만든 백신의 항원은 X_1과 거의 같습니다. 따라서 해당 백신은 항체 Ⅰ을 생산하는 기억 세포의 형성을 유도합니다.

135 13학년도 3월 20번 | 정답 ④

선지 해설

ㄱ̸ 세포 (가)는 항체를 생성하므로 형질 세포입니다.

ㄴ

ㄷ 1차 침입 시에는 항체 A가 없으므로 비만 세포에 결합한 항체 A도 없습니다. 따라서 알레르기 증상이 나타나지 않습니다.

136 14학년도 9월 16번 | 정답 ④

문항 해설

1. 자료 해석

A는 세균 X에 감염된 후 계속해서 X의 수가 가파르게 증가하므로 대식세포가 결핍된 생쥐이고,
B는 처음에 세균 X의 수가 느리게 증가하지만 지속적으로 증가하므로 림프구가 결핍된 생쥐이고,
C는 X의 수가 느리게 증가하며 이후 면역 반응으로 X의 수가 감소하므로 정상 생쥐입니다.

선지 해설

ㄱ̸

ㄴ A는 대식세포가 결핍된 생쥐이므로 대식세포가 정상인 B에서 식균 작용이 활발합니다.

ㄷ B는 림프구가 결핍된 생쥐이므로 항체 농도는 C에서 높습니다.

137 13학년도 10월 10번 | 정답 ①

문항 해설

1. 자료 해석

㉠을 분리하여 백신으로 만들었으므로 ㉠은 항원이 포함된 단백질입니다.

선지 해설

ㄱ̸ 바이러스는 스스로 증식할 수 없습니다.

ㄴ 사람의 체내에서 항원으로 작용하기에 백신으로 사용할 수 있습니다.

ㄷ̸ 백신은 치료할 때 사용하는 게 아닌, 예방을 위해 사용합니다.

138 13학년도 10월 18번 | 정답 ⑤

선지 해설

ㄱ 대식세포가 병원체를 삼킨 후 항원 조각을 보조 T 림프구에게 제시해서 보조 T 림프구를 활성화시킵니다. 이후 보조 T 림프구에 의해 B 림프구가 형질 세포나 기억 세포로 분화되고, 형질 세포에 의해 항체가 형성됩니다. 구간 Ⅰ은 병원체가 침입한 시점과 항체 X의 농도가 생기는 시점 사이의 구간이므로 보조 T 림프구가 활성화되었음을 알 수 있습니다.

ㄴ 항체 X의 농도가 더 높은 t_2일 때 형질 세포의 수가 더 많습니다.

ㄷ 항원 X가 2차 침입하였을 때 항체 X의 농도가 급격하게 올라갔으므로 1차 침입 때 기억 세포가 형성되었음을 알 수 있습니다. 2차 침입 때 모든 기억 세포가 형질 세포로 분화되는 것은 아니므로 t_3에도 항원 X에 대한 기억 세포가 존재합니다.

139 14학년도 수능 13번 | 정답 ①

문항 해설

1. 자료 해설

㉠은 보조 T 림프구에 의해 형질 세포나 기억 세포로의 분화가 촉진되므로 B 림프구입니다.

선지 해설

ㄱ 혈액을 떠다니는 항원과 항체가 결합함으로써 항원을 제거하는 면역 반응이므로 체액성 면역 반응입니다.

ㄴ B 림프구는 골수에서 성숙됩니다.
(* B 림프구와 T 림프구 모두 골수에서 생성되지만, 성숙되는 장소는 다릅니다. T 림프구는 가슴샘에서 성숙되고, B 림프구는 골수에서 성숙됩니다.)

ㄷ 항체는 형질 세포에서 생성됩니다.

140 14학년도 3월 15번 | 정답 ⑤

문항 해설

1. 자료 해설

백신 X를 주사하자마자 항체 a의 농도는 급격하게 상승했으므로 항원 A에 대한 기억 세포가 있었던 사람임을 알 수 있습니다.

선지 해설

ㄱ 기억 세포가 있으므로 이전에 항원 A에 노출된 적이 있던 사람임을 알 수 있습니다.

ㄴ 대식세포의 식균 작용이 있었기에 이후 항체 b가 형성될 수 있었습니다.
(* 대식세포의 식균 작용 → 보조 T 림프구 활성화 → B 림프구 분화 → 형질 세포에서 항체 생성)

ㄷ (* 이 선지는 판단 불가능한 선지입니다. 실제로 기억 세포는 안 생길 수도 있습니다. 평가원에서는 이렇게 출제하지 않습니다.)

141 14학년도 7월 16번 | 정답 ①

문항 해설

1. 자료 해설

항원 X가 '처음' 침입했을 때이므로 X에 대한 기억 세포가 없음을 알 수 있습니다.
따라서 일정 시간이 지난 후 농도가 증가하는 ㉡이 X에 대한 항체입니다. ㉠은 면역 단백질 Y입니다.

(나)는 항원 항체 반응을 나타내므로 항체가 있는 구간 Ⅱ에서 나타납니다.

선지 해설

ㄱ

ㄴ 2차 면역 반응은 기억 세포가 빠르게 분화하여 기억 세포와 형질 세포를 만들고, 그 형질 세포가 많은 양의 항체를 빠른 속도로 만드는 것을 나타냅니다. 항원 X는 처음 침입했으므로 기억 세포가 없었습니다. 따라서 구간 Ⅱ에서 X에 대한 2차 면역 반응은 일어나지 않습니다.

142 〉 15학년도 9월 16번 | 정답 ①

문항 해설

1. 자료 해석

(가)에서 혈청 X에는 p에 대한 항체가 있을 가능성이 있고, 혈청 Y에는 p에 대한 항체가 없을 가능성이 높습니다.
(* '가능성'이 높다고 서술한 이유는, p에 감염된 적은 없지만 p가 갖고 있는 항원과 동일한 항원을 갖고 있는 다른 병원체에 감염이 됐을 경우 p가 갖고 있는 항원과 결합할 수 있는 항체를 보유하고 있을 수도 있기 때문입니다.)

(나)에서 B 림프구가 형질 세포로 분화되는 기능이 상실된 쥐들로 실험을 했으므로 스스로 항체를 만들 수 없는 상황임을 알 수 있습니다.
그런데 X와 세균 p를 주사했을 때 P가 발병하지 않았지만, 열처리한 X와 p를 주사했을 때는 P가 발병했으므로 혈청 X에는 p에 대한 항체가 있었음을 알 수 있습니다.
(* 항체는 단백질로 이루어져 있습니다. 따라서 열처리를 할 경우 항체는 제 기능을 할 수 없습니다.)

열처리 안 한 Y와 p를 주사했을 때 P가 발병했으므로 Y에는 p에 대한 항체가 없거나 매우 적음을 알 수 있습니다.
(* 실제 시험장에서 문제를 풀 때는 그냥 없다고 생각하고 풀면 됩니다.)

열처리한 X를 주사할 때, X는 고려할 필요 없으므로 Y와 세균 p를 주사한 것과 같습니다. 따라서 ㉠은 발병함입니다.
마찬가지로 실험 Ⅴ에서 열처리한 Y는 고려할 필요 없으므로 열처리 안 한 X와 p를 주사했다고 생각할 수 있습니다. 따라서 ㉡은 발병 안 함입니다.

선지 해설

ㄱ) ✓

ㄴ) ✗ (* 사실 열처리 안 한 Y에 극소량의 p에 대한 항체가 있을 경우 체액성 면역이 일어난다고 볼 수도 있습니다. 문항 오류입니다.)

143 〉 15학년도 수능 8번 | 정답 ①

선지 해설

ㄱ) Ⅰ에서 세균 X가 침입하면 백혈구가 모세 혈관 확장 물질을 분비하여 염증 반응이 나타납니다.

ㄴ) ✗ Ⅱ에는 대식세포, 보조 T 림프구, B 림프구, 형질 세포가 있습니다.

ㄷ) ✗ 형질 세포는 기억 세포로 분화되지 않습니다.

144 〉 18학년도 6월 6번 | 정답 ③

선지 해설

ㄱ)

ㄴ) 항체는 단백질로 구성되어 있습니다. 형질 세포에서 항체를 합성하므로, 형질 세포에서는 단백질을 합성함을 추론할 수 있습니다.

ㄷ) ✗ 인슐린은 간에서 '포도당'을 '글리코젠'으로 합성을 촉진합니다. 방향이 반대입니다.

145 　19학년도 6월 16번 ┃ 정답 ④

문항 해설

1. 자료 해석

t_1일 때 A와 B에 대한 항체가 모두 있으므로 ⓐ도 ○입니다.

선지 해설

ㄱ

ㄴ 구간 Ⅰ에서 B에 대한 항체가 증가하였으므로 B에 대한 특이적 면역 작용이 일어났음을 알 수 있습니다.

ㄷ 항체는 형질 세포로부터 생성됩니다.

146 　19학년도 9월 10번 ┃ 정답 ④

문항 해설

1. 자료 해석

실험 결과에서 생쥐 ㉡은 X를 주사했을 때 항체 농도가 생쥐 ㉢에 비해 급격히 높아졌으므로 2차 면역이 일어났음을 알 수 있습니다. 따라서 ⓐ는 기억 세포입니다.

ⓑ를 주사했을 때 ㉢에서 X에 대한 항체가 있으므로 ⓑ가 X에 대한 혈청입니다.

선지 해설

ㄱ  

147 　18학년도 10월 10번 ┃ 정답 ④

문항 해설

1. 자료 해석

혈청 ⓑ는 X, Y, Z 모두와 항원 항체 반응이 나타났으므로 두 종류의 항원에 대한 항체가 모두 있음을 알 수 있습니다.
이런 항체를 만들 수 있으려면 ㉠을 주사해야 하므로, ㉠이 Y입니다.
(* 또는 병원체 ㉠은 ㉠, ㉡, ㉢ 중 어떤 병원체로부터 만들어진 항체든 응집이 되므로 Y임을 알 수 있습니다.)

X와 Z가 ㉡과 ㉢ 중 무엇인지는 확정할 수 없습니다.

선지 해설

ㄱ

ㄴ ⓑ와 ⓒ는 혈청이므로 항체만 있습니다. 항원이 없으므로 항원 항체 반응이 나타날 수 없습니다.

ㄷ (나)의 B에는 두 종류의 항원에 대한 기억 세포가 모두 있으므로 ㉢을 주사하면 ㉢에 대한 기억 세포가 형질 세포로 분화됩니다.

148 19학년도 수능 10번 | 정답 ②

문항 해설

1. 자료 해석

(다)의 생쥐 Ⅱ에서 물질 ㉡을 넣었을 때 A에 대한 항체가 생성되었으므로 ㉡은 세균 A에 대한 항원임을 알 수 있습니다.

선지 해설

ㄱ. (X) 혈청에 세포는 들어있지 않습니다.

ㄴ. (O) 항원과 항체가 모두 있으므로 체액성 면역 반응이 일어납니다.

ㄷ. (X) 2차 면역 반응은 기억 세포가 빠르게 분화하여 기억 세포와 형질 세포를 만들고, 그 형질 세포가 많은 양의 항체를 빠른 속도로 만드는 것을 나타냅니다. (마)의 Ⅴ에는 A에 대한 기억 세포가 없으므로 2차 면역 반응이 일어나지 않습니다.

149 20학년도 6월 9번 | 정답 ①

문항 해설

1. 자료 해석

대식세포에게 항원을 제시 받는 ㉠은 보조 T 림프구이고, 형질 세포로 분화하는 ㉡은 B 림프구입니다.

선지 해설

ㄱ. (O) 대식세포의 식균 작용이 나타나므로 비특이적 면역 반응이 일어났음을 알 수 있습니다.

ㄴ. (X) B 림프구는 골수에서 성숙됩니다. 가슴샘에서 성숙되는 건 T 림프구입니다.

ㄷ. (X) (나)는 세균 X가 처음 침입했을 때, B 림프구가 형질 세포로 분화되어 X에 대한 항체를 분비하고 있음을 나타내고 있습니다. 따라서 1차 면역 반응이 일어나게 됩니다.

150 20학년도 9월 10번 | 정답 ④

문항 해설

1. 자료 해석

생쥐 Ⅳ에서가 Ⅱ에서보다 B에 대한 항체 농도가 급격하게 높아졌으므로 Ⅳ에서 B에 대한 2차 면역이 일어났음을 알 수 있습니다.

이 기억 세포는 생쥐 Ⅲ에게 받은 기억 세포이므로, ㉡은 B이고, ㉠은 C입니다.

선지 해설

ㄱ. (O) ㄴ. (O)

ㄷ. (X) 형질 세포는 기억 세포로 분화되지 않습니다.

151 〉 19학년도 10월 9번 | 정답 ④

문항 해설

1. 자료 해석

A의 항원은 ㉠, ㉡
B의 항원은 ㉡, ㉢
C의 항원은 ㉢입니다.

실험 결과에서, 생쥐 1은 X를 주사했을 때 시간이 얼마 지나지 않아 항체 농도가 급격히 높아졌으므로 2차 면역이 일어났음을 알 수 있습니다.
A의 항원은 ㉠과 ㉡이므로, 2차 면역이 일어나려면 ㉡에 대한 2차 면역만 가능하므로 ㉡에 대한 2차 면역이 일어났고, Ⓟ는 B이고, Ⓡ는 C입니다.
(* ㉢에 대한 항원을 주사했을 때는 저렇게 급격하게 높아지는 게 1차 면역일 수도 있다고 생각할 수 있습니다. 그러나 B와 C 모두 ㉢에 대한 항원을 갖고 있는데, 생쥐 1과 생쥐 2를 비교할 때, 항체 농도가 상승하는 정도가 다르므로 아님을 알 수 있습니다. 따라서 ㉢ 때문에 급격하게 높아진 게 아니므로 ㉡에 대한 2차 면역 때문임을 확정할 수 있습니다.)

선지 해설

ㄱ. Ⓡ는 C이므로 한 가지 항원(㉢)만 있습니다.

ㄴ.

ㄷ. Ⅱ에서 항체 농도가 높아지고 있으므로 항원 항체 반응이 일어나고 있음을 알 수 있습니다.

152 〉 21학년도 6월 15번 | 정답 ④

문항 해설

1. 자료 해석

표 (가)를 아래의 표와 같이 만들 수 있습니다.
(* 실제 시험장에서 문제를 풀 때는 표를 만들고 계시면 안 되고, 빈 공간에 ○와 ×만 표시하셔야 합니다.)

특징1은 '특이적 방어 작용에 관여한다.'이고
특징2는 '가슴샘에서 성숙된다.'이고,
특징3은 '병원체에 감염된 세포를 직접 파괴한다.'입니다.

	특징1	특징2	특징3
보조 T	○	○	×
독성 T	○	○	○
형질 세포	○	×	×

(* B 림프구와 T 림프구 모두 골수에서 생성되지만, T 림프구는 가슴샘에서 성숙합니다. B 림프구는 성숙도 골수에서 합니다.)

이를 원래의 표 (가)와 비교할 때,
세포독성 T 림프구는 ○가 3개이므로 Ⅰ이 세포 독성 T 림프구입니다.
보조 T 림프구는 ○가 2개이므로 Ⅲ이 보조 T 림프구입니다.
형질 세포는 ○가 1개이므로 Ⅱ가 형질 세포입니다.

특징1은 ○가 3개이므로 ㉡이 특징1입니다.
특징2는 ○가 2개이므로 ㉠이 특징2입니다.
특징3은 ○가 1개이므로 ㉢이 특징3입니다.

선지 해설

ㄱ.

ㄴ. 형질 세포에서 항체가 분비됩니다.

ㄷ.

153 22학년도 6월 10번 | 정답 ⑤

문항 해설

1. 자료 해석

B에서 ㉡을 분리하여 D에 주사했는데,
(라)에서 ㉡을 주사한 시점에 X에 대한 항체 농도가 0이 아니므로 B에서 특이적 방어 작용이 일어났으며,
㉠이 기억 세포, ㉡이 혈장임을 알 수 있습니다.
(* 또는 (라)에서 X를 주사했을 때 C와 D에서 X의 항체 농도를 비교하여 알 수도 있습니다.)

선지 해설

  ㄷ

154 22학년도 9월 1번 | 정답 ②

문항 해설

1. 자료 해석

(나)는 병원체가 세포 구조로 되어 있으므로 (나)는 결핵의 병원체(세균)입니다.
따라서 (가)는 AIDS의 병원체(바이러스)입니다.

선지 해설

ㄱ

ㄴ 세균은 원핵생물입니다.
(* 세균은 단세포 + 원핵이고, 원생동물은 단세포 + 진핵입니다.)

ㄷ

155 22학년도 9월 18번 | 정답 ④

문항 해설

1. 자료 해석

(가)~(라)를 통해
원래 병원체 P를 주사하면 죽고,
(마)에서
Ⅰ : ㉠에 대한 무언가
Ⅱ : ㉡에 대한 항체&기억 세포
Ⅴ : ㉡에 대한 기억 세포
가 있음을 알 수 있습니다.

그런데, (마)에서 P를 주사했는데 Ⅰ은 죽었지만,
Ⅱ와 Ⅴ는 살았으므로 백신 후보 물질로는 ㉡이 더 적합함을 알 수 있습니다.

선지 해설

ㄱ

ㄴ 생쥐들은 유전적으로 모두 동일한데, Ⅲ에 ㉡에 대한 기억 세포가 있으므로 Ⅱ에서도 형질 세포와 기억 세포가 만들어졌음을 추론할 수 있습니다. 따라서 (다)의 Ⅱ에서 ㉡에 대한 1차 면역 반응이 일어났음을 알 수 있습니다.

ㄷ 원래 P를 주사하면 죽어야 하는데, (마)의 Ⅴ는 P를 주사했음에도 살았으므로 ㉡에 대한 기억 세포가 형질 세포로 분화되어 면역 반응이 나타났음을 알 수 있습니다.

156 〉 22학년도 7월 2번 | 정답 ⑤

문항 해설

1. 자료 해석

각 질병의 특징을 정리하면 다음과 같습니다.

	결핵	말라리아	헌팅턴 무도병
비감염성 질병	×	×	○
병원체가 원생 생물	×	○	×
병원체가 세포 구조	○	○	×

(○ : 있음, × : 없음)

따라서 '병원체가 세포 구조로 되어 있다.'만 ○가 2개이므로 ㉠이 '병원체가 세포 구조로 되어 있다.'이고, ㉠에서 C는 ×입니다. 또한, C는 헌팅턴 무도병임을 알 수 있습니다.

C에서 ㉡이 ○이므로 ㉡이 '비감염성 질병이다.'이고
남은 ㉢은 '병원체가 원생생물이다.'이고
A는 말라리아, B는 결핵입니다.

선지 해설

  ㉢

157 〉 23학년도 9월 14번 | 정답 ⑤

문항 해설

1. 자료 해석

ⓐ에는 색소가 있으므로 ⓐ가 항체에 결합하면 해당 부위에 색소에 의한 띠가 형성되게 됩니다.
그림을 통해 Ⅰ에는 X에 대한 항체(㉠)가, Ⅱ에는 ⓐ에 대한 항체(㉡)가 있음을 알 수 있습니다.

따라서 시료에 X가 충분히 많다면 실험 (나)에서 B와 같이 Ⅰ과 Ⅱ 모두에 ⓐ가 결합되어 색소에 의한 띠가 형성되고, 시료에 X가 없다면 A와 같이 Ⅱ에만 ⓐ가 결합되어 Ⅱ에만 색소에 의한 띠가 형성됨을 추론할 수 있습니다.

선지 해설

㉠

㉡ B에는 Ⅰ에도 띠가 형성되었으므로 시료에 X가 있음을 알 수 있습니다.

㉢

☑ comment

> 해당 과정에 대해 더 자세한 내용이 궁금하다면, 2019학년도 6월 모의평가 국어 영역 35~38번 지문을 참고하세요.

158 23학년도 수능 14번 | 정답 ②

문항 해설

1. 자료 해석

(나)에서 X를 주사한 생쥐는 사는데, Y를 주사한 생쥐는 죽었으므로 ㉮에 대한 백신으로 X가 더 적합함을 알 수 있습니다.

선지 해설

ㄱ ㄴ

ㄷ 기억 세포가 형질 세포로 분화됩니다.

159 17학년도 7월 9번 | 정답 ⑤

문항 해설

1. 자료 해석

응집원 ㉠이 A인지 B인지는 해당 자료만으로는 파악할 수 없습니다.
따라서 ㉠을 A라 고정한 상태로 해설하겠습니다.

구성원 1과 3은 응집원 A가 있으므로 1과 3 중 한 명은 A형, 다른 한 명은 AB형이고, 2와 4는 A를 가지면 안 됩니다.
(* 서로 다른 세 사람이 A를 갖고 있으면, 셋의 혈액형이 모두 다를 수는 없습니다.)

그런데 1과 3 모두 응집소 ㉡이 없으므로 ㉡은 α임을 알 수 있습니다.
(* A형은 β를 갖고 있습니다.)

구성원 2는 A를 가지면 안 되는데 ABO식 혈액형에 대한 유전자형이 이형 접합성입니다.
따라서 2의 ABO식 혈액형에 대한 유전자형은 BO임을 알 수 있습니다.

남은 구성원 4의 혈액형은 O형이어야 하므로, 유전자형은 OO이고 1의 ABO식 혈액형에 대한 유전자형은 AO로 확정됩니다.
따라서 3은 AB형입니다.

선지 해설

ㄱ 4는 O형이므로 4의 혈구에는 응집원이 없습니다. 따라서 응집 반응이 일어나지 않습니다.

ㄴ

ㄷ 1은 AO, 2는 BO이므로 A를 가질 확률은 AB, AO로 $\frac{2}{4}$입니다. 따라서 맞습니다.

160 16학년도 10월 14번 | 정답 ④

문항 해설

1. 혈액형 표 해석

혈장인 ㉠, ㉡, ㉢이 각각 한 번 이상 응집됐고, 응집 반응 결과가 모두 다르므로 응집소 구성이 모두 다름을 알 수 있습니다.
따라서 하나는 α만 있고, 다른 하나는 β만 있고, 남은 하나는 α와 β가 모두 있음을 알 수 있습니다.

그런데 α와 β가 모두 있을 경우 α에서 응집된 것과 β에서 응집된 것들이 모두 응집되어야 합니다.
㉠은 (나)에서 응집되지 않았고, ㉢은 (다)에서 응집되지 않았으므로 α와 β가 모두 있는 혈장은 ㉡이고, ⓐ는 +, ⓑ는 −입니다.

이렇게 표만 주어진 경우 α와 β는 확정할 수 없으므로 해설의 편의를 위해 ㉠을 α가 있는 혈장, ㉡을 β가 있는 혈장이라 하겠습니다.

그러면 응집 반응 결과를 통해 (가)는 O형, (나)는 B형, (다)는 A형, (라)는 AB형임을 알 수 있습니다.

2. 부모님 혈액형 찾기

가족 구성원 4명의 혈액형이 모두 달라야 합니다.

그런데 부모님의 혈장이 ㉠~㉢ 중 하나이므로 부모님의 혈액형은 A형, B형, O형 중 하나입니다.

AB형인 자녀가 태어날 수 있어야 하므로 부모님 중 한 명은 A형, 다른 한 명은 B형임을 알 수 있습니다.
(* 물론 가족 4명의 혈액형이 모두 다르려면 부모님이 각각 A형, B형이거나 AB형, O형임을 사전에 외우고 있었다면 더 쉽게 판단할 수 있습니다.)

선지 해설

  ㉢

161 19학년도 4월 18번 | 정답 ④

문항 해설

1. 자료 해석

그림에서 (가)의 혈액은 α에만 응집되므로 (가)는 A형임을 알 수 있습니다.
또한, (나)의 혈장에는 α가 있습니다.
(* α만 있는지 α와 β가 모두 있는지는 알 수 없습니다.)

(다)의 혈장과 (나)의 적혈구가 응집했으므로 (나)는 O형이 아닙니다. 따라서 (나)의 혈장에는 α만 있으며 (나)는 B형입니다.

(가)는 A형, (나)는 B형이므로 AB형과 O형만 남았는데, AB형은 응집소가 없습니다.
그런데 (다)의 혈장과 (나)의 적혈구는 응집됐으므로 (다)의 혈장에는 응집소가 있습니다.
따라서 (다)가 O형이고 남은 (라)는 AB형입니다.

선지 해설

ㄱ (다)는 O형이므로 (다)의 혈장에는 α도 있습니다. 따라서 A형인 (가)의 적혈구와 응집 반응이 나타납니다.

㉡ ㉢

162 19학년도 7월 17번 | 정답 ④

문항 해설

1. 자료 해석

(다)의 혈구를 (나)의 혈장과 섞으면 응집 반응이 일어나므로 (나)의 혈장에는 응집소가 있음을 알 수 있습니다.
그런데 (나)는 응집원 A를 갖고 있으므로, 응집소는 β만 갖고 있을 수 있습니다.
따라서 (나)는 A형이고, (나)의 혈장과 응집된 (다)는 B를 갖고 있음을 알 수 있습니다.

표에서 ㉠과 ㉡은 각각 A와 β 중 하나입니다.
그런데 (가)도 ㉠을 갖고 있으므로 A와 β 중 하나를 갖고 있어야 하는데, β를 갖고 있었다면 (가)의 혈장과 (다)의 혈구를 섞었을 때 응집 반응이 나타나야 했습니다. 그런데 나타나지 않았으므로 ㉠이 A, ㉡이 β입니다.

(가)와 (나)의 혈액형이 다른데, (가)는 A를 갖고 있으므로 (가)가 AB형이고, ㉢은 B, ㉣은 α가 됩니다.
B를 갖고 있는 (다)는 B형이됩니다.

선지 해설

㉠  ㄷ

163 20학년도 7월 19번 | 정답 ①

문항 해설

1. 자료 해석

주어진 표만으로는 A형과 B형을 구분할 수 없습니다.
따라서 어머니의 혈장에는 적어도 응집소 α가 있다는 전제하에 해설하겠습니다.
(* 어머니의 혈장이 아버지의 혈구와 응집되었으므로 응집소가 있음은 확실합니다. 다만, α만 있는지, α와 β가 모두 있는지, β만 있는지는 알 수 없습니다. 따라서 일단 적어도 α는 있다고 고정시킨 겁니다.)

철수의 혈장에는 α가 없으므로 철수는 응집원 A를 갖고 있습니다.
그런데 어머니에게 A를 받을 수는 없으므로 아버지도 A를 가짐을 알 수 있습니다.

따라서 철수와 아버지는 한 명은 A형, 다른 한 명은 AB형이어야 하는데, 철수의 혈장과 아버지의 혈구가 응집되면 안 되므로 철수가 AB형이고 아버지가 A형임이 확정됩니다.
(* 가족의 혈액형이 모두 다르다는 조건 때문입니다.)

철수의 B는 어머니에게 받아야 하므로 어머니는 B형임이 확정됩니다.
(* 가족의 혈액형이 모두 다르다는 조건 때문입니다.)
(* 참고로 처음에 어머니의 혈장에 있는 응집소를 β라 하고 문제를 풀었다면, 어머니는 A형, 아버지는 B형이 됩니다.)

선지 해설

ㄱ̸ ㄴ

ㄷ̸ 철수는 AB형이므로 혈장에 응집소가 없습니다.

164 20학년도 10월 10번 | 정답 ④

문항 해설

1. 표 (가) 해석

응집원 B와 β를 모두 갖고 있으면 죽습니다.
따라서 구성원 Ⅰ은 β가 없고,
구성원 Ⅱ는 β가 없으므로 B가 있고,
Ⅲ은 β가 있으므로 B가 없습니다.

구성원의 혈액형은 모두 다르다 했으므로 Ⅰ, Ⅱ 중 한 명은 B형, 다른 한 명은 AB형입니다.
Ⅲ은 A형 또는 O형입니다.

2. 표 (나) 해석

AB형은 혈청에 응집소가 없으므로 +가 나타날 수 없습니다.
㉡과 ㉢에서 +가 나타났으므로 ㉠은 AB형의 혈청입니다.

Ⅲ의 혈액에서 응집 반응이 나타났으므로 Ⅲ은 O형일 수 없습니다. 따라서 Ⅲ은 A형이고, ㉡에는 α가 있음을 알 수 있습니다. 따라서 ㉡은 B형의 혈청입니다.
남은 ㉢은 항 B 혈청입니다.

Ⅱ의 혈액은 ㉡과 ㉢ 모두에 응집되었으므로 Ⅱ는 AB형입니다.
남은 Ⅰ은 B형입니다.

선지 해설

㉠ ㉡ ㄷ̸

165 〉 13학년도 7월 15번 | 정답 ④

문항 해설

1. 그림 자료 해석

영희는 A형이므로 응집소 β를 갖고 있습니다.
그런데 영희와 철수의 혈액을 섞었을 때 영희의 적혈구에서는 응집 반응이 나타났으므로 철수는 α를 갖고 있고, 철수의 적혈구는 응집 반응이 나타나지 않았으므로 응집원 B가 없음을 알 수 있습니다.
따라서 철수는 α가 없고 B가 없으므로 O형입니다.
(* 응집원 A가 없으면 α가 있고, A가 있으면 α가 없습니다.
마찬가지로 B가 없으면 β가 있고, B가 있으면 β가 없습니다.
따라서 철수는 α와 β가 모두 있으므로 O형입니다.)

2. 표 해석

영희의 혈구에는 A가, 혈장에는 β가 있으므로
(가)는 B형, (나)는 O형, (다)는 AB형, (라)는 A형임을 알 수 있습니다.

선지 해설

ㄱ

ㄴ 그림에서 응집소 ㉠은 영희의 적혈구와 응집 반응이 나타났으므로 α입니다. 따라서 응집소 ㉡은 β입니다.
β를 가진 학생 수 = B가 없는 학생 수 = A형+O형 학생 수 = 18명입니다.

ㄷ

166 〉 14학년도 9월 13번 | 정답 ⑤

문항 해설

1. 자료 해석

응집소 ㉠과 응집소 ㉡을 모두 갖고 있는 학생이 있으므로 ㉠이 A라면 ㉡은 β이고, ㉠이 B라면 ㉡은 α입니다.
(* 또는 응집원 ㉠을 가진 게 38명이고, ㉡을 가진 게 55명인데 합이 100명이 아니므로 ㉠과 ㉡이 A, α 또는 B, β가 아님을 알 수도 있습니다.)
따라서 표만으로는 응집원 ㉠이 A인지 B인지 확정할 수 없고, 추가적인 조건이 없으므로 아무거나 하나로 고정한 후 풀어도 됩니다.

다만 좀 더 일반적으로 풀기 위해 다음과 같은 벤다이어그램을 생각할 수 있습니다.

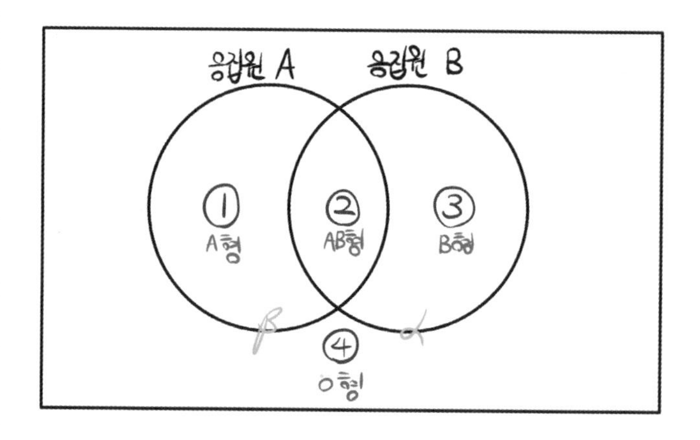

* 응집원 A가 없으면 α가 있고, A가 있으면 α가 없다.
* 응집원 B가 없으면 β가 있고, B가 있으면 β가 없다.

위 사실을 알고 있으므로, 응집원 A와 B를 위 그림과 같이 고정시켰을 때, ①과 ④는 모두 B가 없으므로 있으므로 경계선에 β를 쓰고, ③과 ④의 경계선엔 A가 없으므로 α를 씁니다.
따라서 A 밑에 β, B 밑에 α를 쓰면 각 위치의 혈액형이 고정됩니다.

그림대로 원래 문제의 조건들을 정리하면 아래와 같습니다.

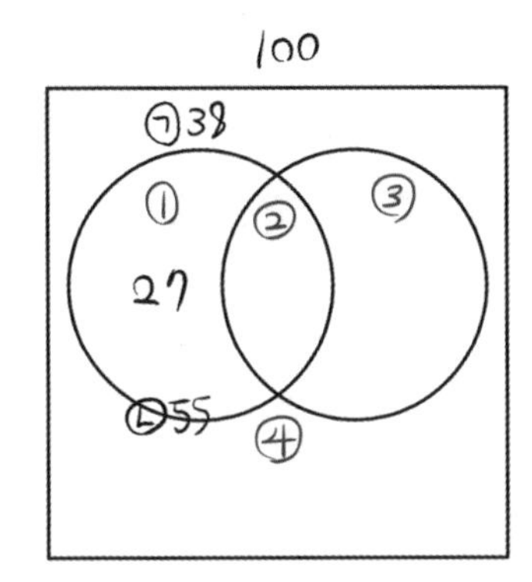

이제 적당히 더하기와 빼기를 통해 남은 구역을 채우면 됩니다.
(* 위의 100은 전체 학생 수입니다.)

예를 들어, ㉡은 총 55명인데 27명이 ①에 있으므로 ④는 28명이고, ㉠은 총 38명인데 ①에 27명이 있으므로 ②은 11명입니다.
그럼 남은 학생 수를 100명에서 빼면 ③은 34명입니다.

다만 처음에는 위와 같이 연습하시는 게 좋지만, 나중에는 아래 그림의 구역에 위치를 고정시켜놓고 간략하게만 표시해 푸는 게 좋습니다.

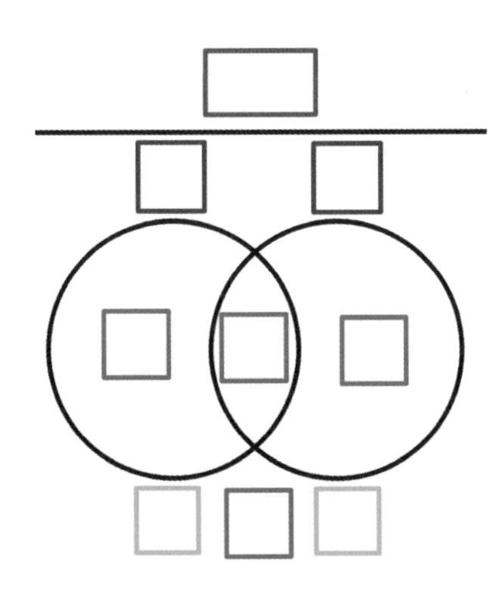

분홍색 네모는 총 학생 수,
빨간색 네모는 응집원 합,
민트색 네모는 위/아래 응집소 합,
파란색은 실제 A, B, AB, O형 학생 수로 위치를 고정시켜두는 겁니다.

실제로 풀 때는 이렇게만 표기합니다.

① 조건 옮겨 적기

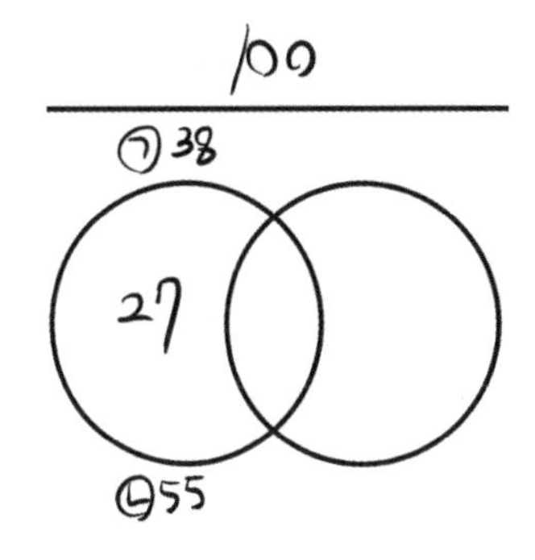

② 적당히 덧셈/뺄셈해서 채우기

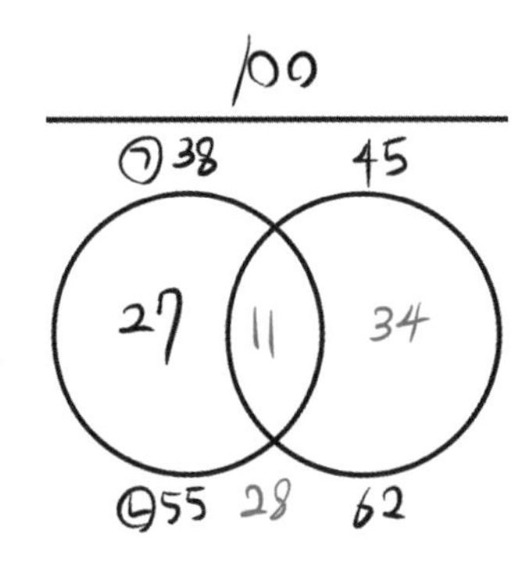

(* 예를 들어,
(㉡55 = 27 + O형) 이므로 O형은 28명,
(㉠38 = 27 + AB형) 이므로 AB형은 11명
이런 식으로 구하면 됩니다.)

처음에는 조금 헷갈릴 수 있는데 익숙해지면 굉장히 빨라집니다.

선지 해설

ㄱ. 28명이므로 가장 많지는 않습니다. 34명인 혈액형이 가장 많습니다.

ㄴ. 항 A 혈청과 항 B 혈청 모두에 응집이 되는 건 AB형이므로 11명입니다.

ㄷ. 항 B 혈청에 응집되는 혈액은 β를 가지고 있지 않은 학생이고, 항 B 혈청에 응집되지 않는 혈액은 β를 가지고 있는 학생을 뜻합니다. 따라서 이 둘의 합은 항상 100명이어야 합니다.

β가 ㉡이면 β가 있는 학생은 55명, β가 없는 학생은

45명입니다.
㉡이 α면 β가 있는 학생은 62명, β가 없는 학생은 38명입니다.

따라서 어떤 경우든 β에 응집되지 않는 학생의 수가 더 많습니다.

167 16학년도 9월 15번 | 정답 22

문항 해설

1. 자료 해석

그림에서 철수는 항 A 혈청과 항 B 혈청에 모두 응집되었으므로 AB형임을 알 수 있습니다.

표의 조건을 166번 문항의 해설처럼 나타내면 다음과 같습니다.

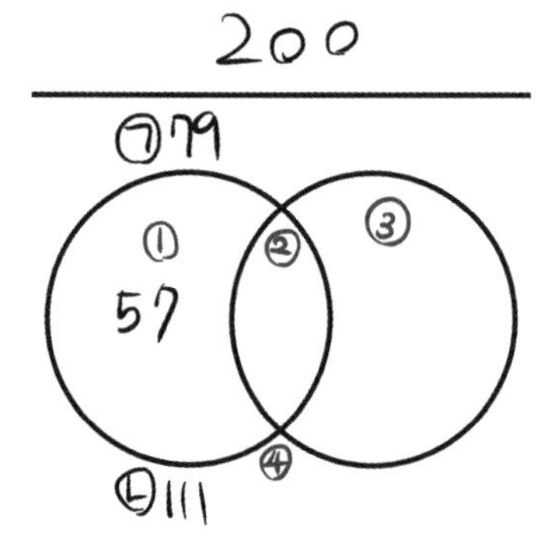

(* 문제에서 응집원 ㉠과 응집소 ㉡이 모두 있는 사람이 있으므로 ㉠과 ㉡은 위 그림처럼 설정됩니다.)

㉠ 79 = ①+② 이므로 ② = 22입니다.
㉡ 111 = ①+④ 이므로 ④ = 54입니다.
③ = 200 - ①+②+④ = 200 - 133 = 67입니다.

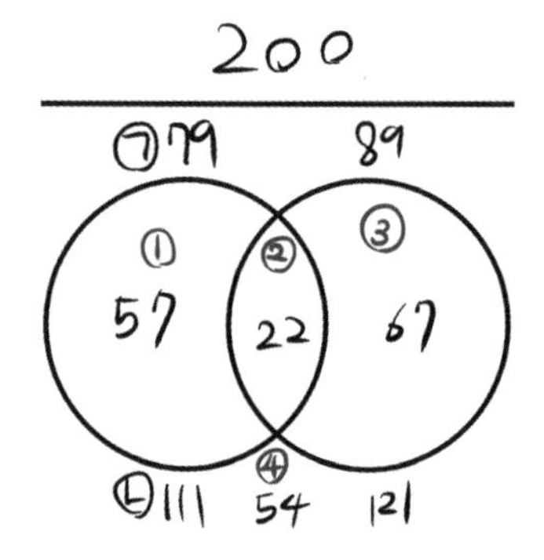

여기서 AB형은 ②이므로 철수와 혈액형이 같은 사람의 수는 22명입니다.

168 17학년도 4월 10번 | 정답 ③

문항 해설

1. 그림 해석

그림에서 영희의 적혈구가 응집됐으므로 철수는 α를 갖고 있고, ㉠은 α입니다.
그런데 철수의 적혈구도 응집됐으므로 철수는 응집원 B를 갖고 있고, ㉡은 β입니다.
따라서 철수는 α와 B를 모두 갖고 있으므로 B형입니다.

2. 표 해석

표에서 주어진 정보를 표의 조건을 166번 문항의 해설처럼 나타내면 다음과 같습니다.

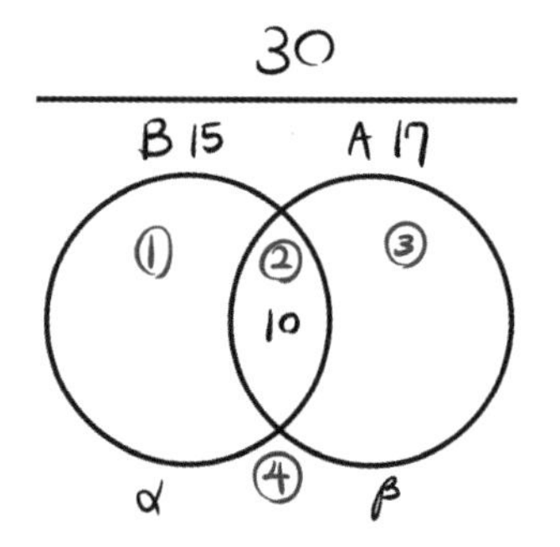

(* 이 문제에서는 α와 β가 확정되었으므로 위와 같이 나타냈습니다. 표는 α를 '갖고' 있는 사람 수가 아닌, α와 '응집' 반응이 나타나는 사람의 수 등을 나타낸 자료입니다.)

B 15 = ①+② 이므로 ① = 5
A 17 = ②+③ 이므로 ③ = 7
30 = ①+②+③+④ = 5+10+7+④ 이므로 ④ = 8

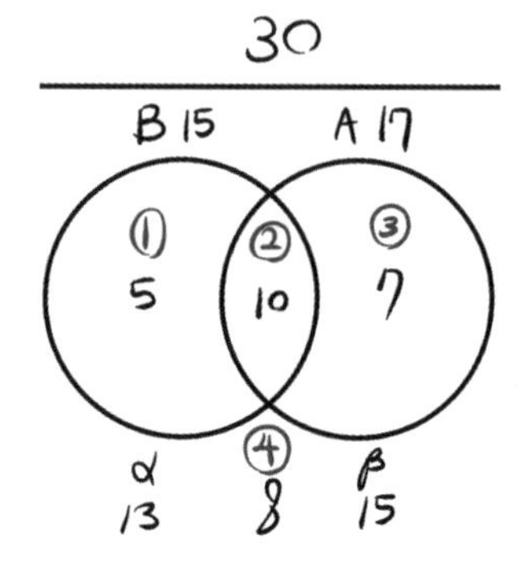

선지 해설

ㄱ ㄴ

~~ㄷ~~ ⓒ을 가진 학생이 15명이고, ⓐ을 가진 학생은 ①+④ = 13명입니다.

169 17학년도 6월 17번 | 정답 ⑤

문항 해설

1. 자료 해석

붉은털 원숭이는 Rh 응집원을 갖고 있고, 토끼는 Rh 응집원이 없습니다.
따라서 붉은털 원숭이의 적혈구를 토끼에게 주사하면 Rh 응집소가 형성됩니다.
따라서 (나)에서 얻은 혈청(ⓒ)을 사람의 혈액과 섞어 Rh식 혈액형을 판정합니다.

선지 해설

~~ㄱ~~

ㄴ ⓐ에는 Rh 응집원이 있고, ⓒ에는 Rh 응집소가 있으므로 응집 반응이 일어납니다.

ㄷ 응집되었으므로 Rh 응집원이 존재합니다.

170 18학년도 6월 16번 | 정답 ①

문항 해설

1. ABO식 혈액형 해석하기

Rh^+와 Rh^-는 마지막에 고려하면 되므로 일단 ABO식 혈액형을 먼저 조사해봅니다.

표에서 주어진 정보를 표의 조건을 166번 문항의 해설처럼 나타내면 다음과 같습니다.

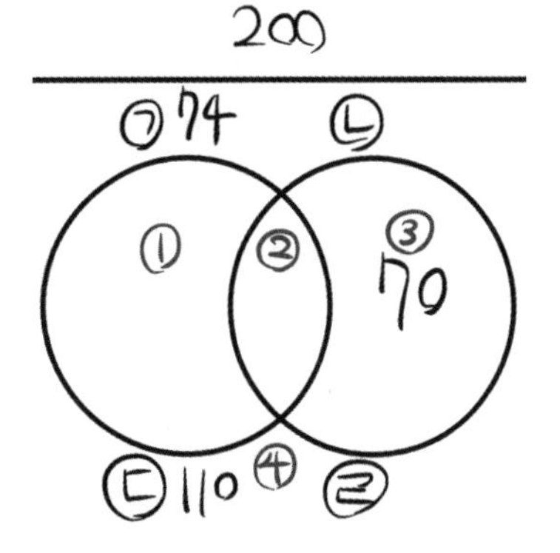

200 = ㉠+㉣이므로 ㉣ = 126
200 = ㉡+㉢이므로 ㉡ = 90
㉡ 90 = ②+③이므로 ② = 20
㉣ 126 = ③+④이므로 ④ = 56
㉠ 74 = ①+②이므로 ① = 54

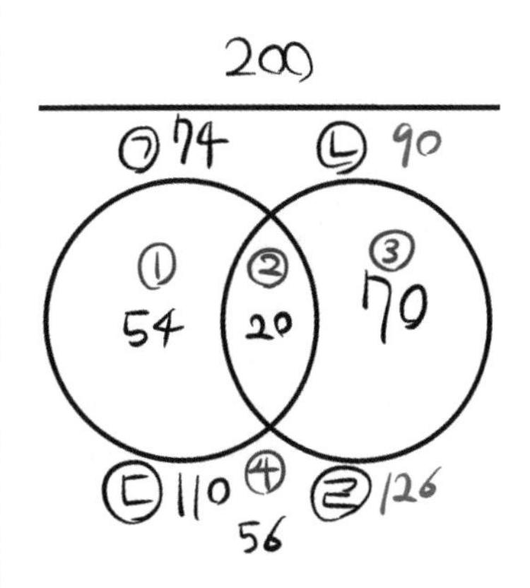

이때, A형인 학생이 O형인 학생보다 많으므로 ③이 A형입니다.
따라서 ㉠은 B, ㉡은 A, ㉢은 α, ㉣은 β입니다.

2. Rh식 혈액형 해석하기

Rh^-형은 A형 1명, AB형 1명이므로

혈액형	Rh^+	Rh^-	합
A	69	1	70
B	54	0	54
AB	19	1	20
O	56	0	56
합	198	2	200

위와 같음을 알 수 있습니다.

선지 해설

(ㄱ)

항 A 혈청에 응집되는 혈액을 가진 학생 = A가 있는 학생 = ㉡ = 90
항 A 혈청에 응집되지 않는 혈액을 가진 학생 = α가 있는 학생 = ㉢ = 110이므로 아닙니다.

171 18학년도 7월 18번 | 정답 ④

문항 해설

1. 자료 해석

㉠~㉣ 중 Rh^-형인 사람의 혈장에 Rh 응집소가 없다고 제시되어 있으므로 표를 해석할 때 Rh 응집소는 고려할 필요 없습니다.

그림에서 ㉠과 ㉡은 Ⅰ과 Ⅱ 중 하나씩만 응집되므로 둘 중 한 명은 항 A 혈청과 항 B 혈청에 응집되지 않고 Rh 응집소에 응집됐다는 소리이므로 Rh^+ O형이고, 다른 한 명은 Rh^- B형입니다.

표에서 ㉠의 혈구는 ㉡의 혈장과 응집되었으므로 O형일 수 없습니다. 따라서 ㉡이 O형이고 ㉠은 B형이므로 Ⅰ은 항 B 혈청이고, Ⅱ가 항 Rh 혈청입니다.

㉢과 ㉣은 A형 또는 AB형인데, ㉣의 혈장과 ㉢의 혈구가 응집되지 않았으므로 ㉣이 AB형이고, ㉢이 A형입니다.

혈장 \ 혈구	㉠ (B)	㉡ (O)	㉢ (A)	㉣ (AB)
㉠ α		?×	?○	○
㉡ α, β	○		?○	?○
㉢ β	?○	×		?○
㉣ ø	?×	?×	×	

(○: 응집됨, ×: 응집 안 됨)

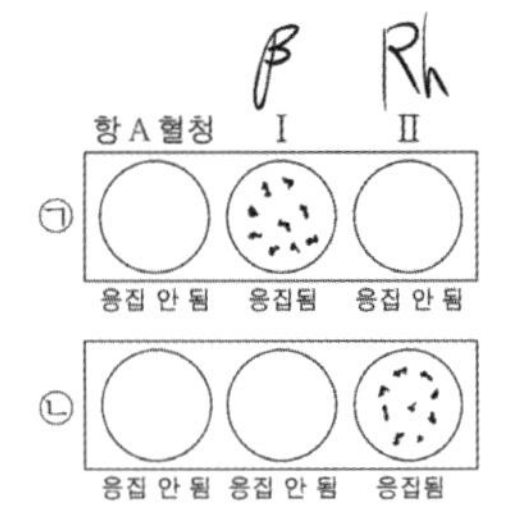

선지 해설

(ㄴ) ㉡과 ㉢의 혈장에는 모두 β가 있습니다.

(ㄷ) Ⅰ에 있는 β가 ㉣의 적혈구 B와 응집 반응이 일어납니다.

172 14학년도 9월 7번 | 정답 ①

문항 해설

1. 자료 해석

(가)는 염색체,
(나)는 염색사,
(다)는 DNA와 ㉠히스톤 단백질입니다.

선지 해설

(ㄱ) G_1기에는 염색사가 관찰됩니다.

(나)가 (가)로 응축되는 시기는 M기입니다.

(다)의 ㉠은 히스톤 단백질입니다.

173 15학년도 4월 3번 | 정답 ①

선지 해설

ㄱ

간기는 G_1기, S기, G_2기가 모두 포함됩니다. (가)에서 간기에 소요되는 시간은 총 14시간, (나)에서 간기에 소요되는 시간은 총 26시간입니다. 따라서 (나)가 더 깁니다.

세포 주기 소요시간은
(가) : 1+10.5+2.5+3 = 17
(나) : 12+6+8+2 = 28
(다) : 8+7+4+1 = 20
입니다.
따라서 세포 주기는 (가)가 가장 짧고, (나)가 가장 깁니다.

174 15학년도 7월 10번 | 정답 ②

문항 해설

1. 시기 판단

DNA가 복제되는 시기인 (가)는 S기입니다.
세포의 생장이 가장 활발한 시기인 (나)는 G_1기입니다.
염색체가 관찰되는 시기인 (다)는 분열기(M기)입니다.
방추사를 구성하는 단백질이 합성되는 시기인 (라)는 G_2기입니다.

2. 시간 판단

각 시기별 소요 시간을 다음과 같은 근거로 판단합니다.
① 관찰되는 세포 수와 세포 주기의 길이는 비례하므로, 이를 토대로 비례식을 세우면 다음과 같습니다.
▶ G_1기 길이 : S기 길이 : G_2기+M기 길이 = 5 : 4 : 3
② (가) 시기인 S기는 M기의 4배라고 하였으므로, 이를 반영하여 비례식을 다시 세우면 다음과 같습니다.
▶ G_1기 길이 : S기 길이 : G_2기 길이 : M기 길이 = 5 : 4 : 2 : 1
이를 제대로 반영한 그림은 ②입니다.

175 16학년도 수능 3번 | 정답 ②

문항 해설

1. 자료 해석

㉠은 G_1기, ㉡은 G_2기, 세포 ⓐ는 M기 중기, ⓑ는 M기 후기에 해당하는 세포입니다.

선지 해설

ㄱ ㉡ 시기는 G_2기의 세포입니다. 이 시기는 염색체로 응축된 상태가 아닌, 염색사로 존재하는 상태입니다. 따라서 염색 분체가 관찰되지 않습니다.

ㄴ ⓑ는 염색 분체가 분리된 상태가 맞습니다.

ㄷ S기를 거치기 전 ㉠에서 T의 수는 1인데, ⓐ 시기는 S기를 거쳤으므로 T의 수가 2입니다. 따라서 ⓐ 시기가 ㉠ 시기의 2배입니다.

176 17학년도 9월 5번 | 정답 ②

선지 해설

ㄱ 2가 염색체는 상동 염색체가 접합했을 때를 뜻합니다. ㉠은 하나의 염색체이므로 2가 염색체가 아닙니다.

ㄴ ㉡은 염색사이고, ㉠은 염색체입니다. 염색사에서 염색체로의 응축은 간기가 아닌 분열기에 일어납니다. S기는 간기에 해당하므로 적절하지 않습니다.

ㄷ ⓒ는 DNA로, DNA의 기본 단위는 뉴클레오타이드입니다.

177 16학년도 10월 5번 | 정답 ⑤

문항 해설

1. 자료 해석

(가)에서 이 개체의 유전자형이 Tt이므로,
감수 1분열이 끝난 ⓒ에는 T 또는 t만 있음을 알 수 있습니다.

그런데 ⓡ과 난자가 수정되어 ⓜ이 형성되었는데, ⓜ의 유전자형이 tt이므로 ⓡ과 ⓜ에는 t가 있었음을 알 수 있습니다.

따라서 ⓒ에도 t가 있어야 함을 알 수 있습니다.

선지 해설

ㄱ (나)는 핵상이 n이고 복제된 세포이므로 ⓒ입니다.

ㄴ ⓜ의 염색체 수는 2n이고, ⓒ의 염색체 수는 n이므로 ⓜ이 ⓒ의 2배입니다.

ㄷ ㉠에 있는 t의 수는 1, ⓒ에 있는 t의 수는 2입니다.
ⓡ에 있는 t의 수는 1, ⓛ에 있는 t의 수는 2입니다.
따라서 $\frac{1}{2}$로 같습니다.

178 18학년도 9월 12번 | 정답 ②

문항 해설

1. 자료 해석

구간 Ⅰ에는 G_1기 세포가 있고, 구간 Ⅱ에는 G_2기 또는 M기의 세포가 있습니다.
세포 ⓐ는 염색체들이 중앙에 배열되어 있으므로 M기 중기의 세포이고, 세포 ⓑ는 염색 분체의 분리가 일어나고 있으므로 M기 후기의 세포입니다.

선지 해설

~~ㄱ~~ Ⅰ 시기의 세포는 G_1기 세포이므로 DNA가 복제되기 전의 상태이고, 세포 ⓑ는 M기 세포이므로 DNA가 복제된 상태입니다. 따라서 ⓑ가 Ⅰ 시기의 세포의 2배입니다.

ㄴ Ⅱ 시기의 세포는 G_2기 또는 M기의 세포이므로 핵상이 2n인 세포가 관찰됩니다.

~~ㄷ~~ '체세포 분열'이므로 2가 염색체가 관찰되지 않습니다.

☑ comment

이런 유형의 문제에서 체세포 분열 또는 감수 분열임이 발문에 제시되어 있다면 반드시 체크하는 습관을 들이는 게 좋습니다.

179 17학년도 10월 8번 | 정답 ②

문항 해설

1. 자료 해석

그래프의 각 구간을 분석하면 다음과 같습니다.

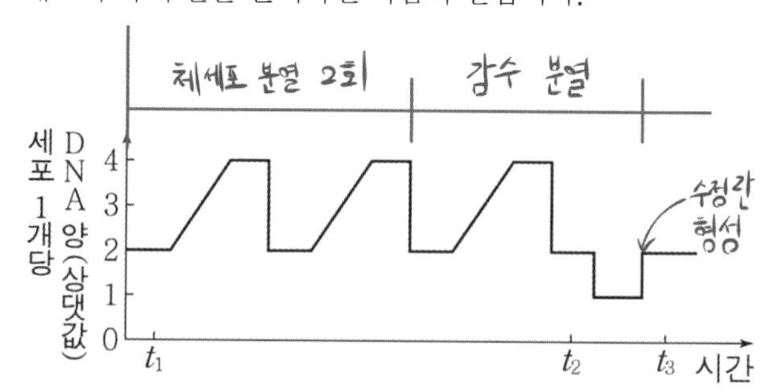

선지 해설

~~ㄱ~~ t_1~t_3에서 체세포 분열은 2회 일어났습니다.

ㄴ t_2일 때는 감수 1분열이 끝난 이후이므로 핵상이 n이고, t_3일 때는 수정란이 형성된 이후이므로 핵상이 2n입니다.

따라서 서로 다릅니다.

✗ 세포 1개당 H의 수는 t_1일 때는 1이고, t_2일 때는 2 또는 0입니다. 따라서 같을 수 없습니다.

180 18학년도 3월 7번 | 정답 ①

선지 해설

ㄱ 구간 Ⅰ은 G_1기 세포이므로, 핵막이 있습니다.

✗ B의 세포는 M기에서 머무르고 있는 경우입니다.
따라서 G_1기에서 S기로 넘어가는 것을 억제한 것은 아닙니다.

✗ C의 세포는 대부분 S기에 있습니다.

181 18학년도 7월 6번 | 정답 ③

문항 해설

1. 자료 해석

정자, 남자의 체세포, 여자의 체세포 중
남자의 체세포'만' 15번 염색체, X 염색체, Y 염색체를 모두 가질 수 있습니다.
따라서 C가 남자의 체세포임을 알 수 있습니다.

정자는 15번 염색체를 갖고, X 염색체와 Y 염색체 중 1개를 갖습니다.
여자의 체세포는 15번 염색체와 X 염색체를 갖습니다.
A와 B는 정자와 여자의 체세포 중 하나인데 ㉡을 공통적으로 가지고 있으므로 ㉡은 15번 염색체입니다.

그림에서 ㉡이 15번 염색체임이 밝혀졌으므로
㉠과 ㉢ 중 하나는 X 염색체, 다른 하나는 Y 염색체입니다.
사람이므로 X 염색체가 Y 염색체가 더 커야합니다.

따라서 크기가 더 큰 ㉢이 X 염색체이고, ㉠은 Y 염색체입니다.

표에서 Y 염색체는 ㉠을 갖고 있는 B가 정자이고, A는 여자의 체세포임을 알 수 있습니다.

선지 해설

ㄱ ㉠은 Y 염색체가 맞습니다.

ㄴ A는 여자의 체세포이므로 염색체 수는 2n이고,
B는 정자이므로 염색체 수는 n입니다.
따라서 A의 염색체 수가 B의 염색체 수의 2배입니다.

✗ C는 남자의 체세포이므로, ㉡(15번 염색체)은 2개 있지만 ㉢(X 염색체)은 1개입니다.

182 19학년도 수능 8번 | 정답 ③

선지 해설

ㄱ 구간 Ⅰ은 S기의 세포입니다. 간기에는 S기, G_1기, G_2기가 포함되므로 옳은 선지입니다.

ㄴ 구간 Ⅱ에는 G_2기 세포와 M기 세포가 있습니다. ㉠ 시기는 M기에 해당하므로 옳은 선지입니다.

✗ ⓐ와 상동 염색체 관계에 있는 염색체에 R이 있고, 이 개체의 특정 형질에 대한 유전자형은 Rr이므로 ⓐ에는 r이 있습니다.

183 21학년도 10월 5번 | 정답 ①

문항 해설

1. 자료 해석

Ⅰ에는 G_1기,

Ⅱ에는 S기,

Ⅲ에는 G_2+M기의 세포가 있습니다.

선지 해설

ㄱ

ㄴ (틀림) 구간 Ⅰ의 세포 수가 Ⅲ의 세포 수보다 더 많으므로 틀린 선지입니다.

ㄷ (틀림) 동원체에 방추사가 결합하는 시기는 체세포 분열 중기이므로 Ⅲ에서 많습니다.

184 22학년도 수능 3번 | 정답 ①

문항 해설

1. 자료 해석

ⓐ는 중기, ⓑ는 전기 세포입니다.

선지 해설

ㄱ 뉴클레오솜은 항상 존재합니다.

ㄴ (틀림) 체세포 분열이므로 상동 염색체의 접합은 일어나지 않습니다.

ㄷ (틀림) Ⅰ은 G_1기이고, ⓑ는 분열기에 해당하므로 관찰되지 않습니다.

185 23학년도 6월 4번 | 정답 ②

선지 해설

ㄱ (틀림) Ⅰ은 복제가 되기 전인 G_1기 세포이므로 아닙니다.

ㄴ (나)는 염색 분체가 분리되고 있으므로 체세포 분열 후기입니다. 따라서 맞는 선지입니다.

ㄷ (틀림) ⓐ와 ⓑ는 부모 중 한 사람에게서 받은 염색체가 복제되어 형성된 것입니다.

comment

> 상동 염색체와 염색 분체의 구분은 세포 분열에서 자주 나오는 소재입니다. 그림과 문제의 조건(체세포가~, 감수 분열 과정에서~)을 체크하며 읽는 습관을 들이는 게 좋습니다!

186 23학년도 9월 6번 | 정답 ④

선지 해설

ㄱ (틀림) A에서가 B에서보다 S기 세포의 수는 더 많고, G_1기 세포의 수는 더 적습니다.
따라서 A에서가 B에서보다 분자는 크고, 분모는 작으므로 틀렸습니다.

ㄴ 체세포 분열이든 감수 분열이든 뉴클레오솜은 항상 있습니다.

ㄷ 구간 Ⅱ에는 G_2기 세포와 M기 세포가 있으므로 핵막을 갖는 세포도 있습니다.

187 23학년도 수능 6번 | 정답 ③

문항 해설

1. 자료 해석

	G_1	S	G_2	M
핵막 소실	×	×	×	○
히스톤 단백질	○	○	○	○
방추사 동원체 부착	×	×	×	○
핵에서 DNA 복제	×	○	×	×
특징의 개수	1	2	1	3

위 표와 같으므로 ㉠은 S기, ㉢은 M기이고
㉡과 ㉣은 G_1기와 G_2기 세포 중 하나입니다.
(* 확정 못합니다.)

선지 해설

ㄱ

ㄴ 체세포의 세포 주기이므로 염색 분체의 분리가 일어납니다.

~~ㄷ~~ ㉡ 시기와 ㉣ 시기가 서로 같지 않음만 알 수 있습니다.

188 18학년도 9월 4번 | 정답 ④

선지 해설

ㄱ A는 X 염색체가 1개이므로 터너 증후군이 맞습니다.

~~ㄴ~~ 적록 색맹은 유전자 검사를 통해 알 수 있습니다. 핵형 검사로는 알 수 없습니다.

ㄷ (가)의 염색 분체 수는 45×2 = 90개이고, (나)의 성염색체 수는 2개이므로 $\frac{90}{2}$=45가 맞습니다.

189 21학년도 9월 6번 | 정답 ③

선지 해설

ㄱ

ㄴ 21번 염색체가 3개이므로 다운 증후군이 맞습니다.

~~ㄷ~~ 상염색체의 염색 분체 수는 45×2=90개이고, 성염색체 수는 2개이므로 $\frac{90}{2}$=45입니다.

190 13학년도 10월 4번 | 정답 ⑤

문항 해설

1. 자료 해석

(가) → BCDE 부분에서 B는 결실, CDE는 역위가 일어났습니다.
(나) → ABC 부분이 QRST 위로 붙는 전좌가 일어났습니다.

선지 해설

ㄱ ㄴ

ㄷ 전좌가 일어났으므로 알 수 있습니다.

191 14학년도 예비시행 16번 | 정답 ①

참고

원래 문제에는 '(나)와 (다)가 형성되는 과정에서 돌연변이는 각각 1회씩 일어났으며, ~' 조건이 없었습니다. 다만 이럴 경우 다른 상황들을 배제할 수 없어서 문제를 풀 수 없습니다. 따라서 추가하게 되었습니다.

문항 해설

1. 자료 해석

(나)에는 a가 2개인 염색 분체가 있으므로 중복이 일어났음을 알 수 있습니다.

(다)는 감수 2분열이 끝난 직후의 생식 세포인데 상동 염색체가 모두 있으므로 감수 1분열에서 비분리가 일어났음을 알 수 있습니다.

선지 해설

ㄱ 감수 2분열에서 각각의 딸세포로 나뉘어 들어갑니다.

ㄴ ⓒ은 정상이고, 오히려 ⓒ의 옆에 있는 염색 분체에서 중복이 일어났습니다.

ㄷ 상동 염색체가 모두 있으므로 감수 1분열에서 비분리가 일어났습니다.

192 14학년도 6월 9번 | 정답 ②

문항 해설

1. 자료 해석

(가)는 정상이므로 (가)를 기준으로 생각해야 합니다.

(가)와 (나)를 비교했을 때, PQRST가 PQSRT로 역위가 일어났음을 알 수 있습니다.

(가)와 (다)를 비교했을 때, RST와 YZ의 위치가 바뀐 전좌가 일어났음을 알 수 있습니다.

선지 해설

ㄱ ㉠과 ㉡은 상동 염색체입니다. 염색 분체가 아닙니다.

ㄷ 상동 염색체 사이에서 바뀌는 경우는 전좌가 아닌 교차입니다. 전좌는 비상동 염색체 사이에서 일어납니다.

193 14학년도 3월 8번 | 정답 ④

문항 해설

1. 자료 해석

정상인 (가)와 비교했을 때, '최소한'

(나) → g와 CD 전좌

(다) → E, F, G가 있는 염색체가 2개이므로 감수 2분열 비분리가 일어나 '더' 받은 세포임을 알 수 있습니다.

선지 해설

ㄱ a가 있는 염색체와 E가 있는 염색체는 상동 염색체가 아니므로 서로 대립유전자일 수 없습니다.

ㄴ ㄷ

194 〉 18학년도 10월 20번 | 정답 ①

선지 해설

ㄱ 구간 Ⅰ에서가 구간 Ⅱ에서보다 개체 수의 상승 폭이 더 큽니다.

따라서 구간 Ⅰ이 Ⅱ에 비해 $\frac{\text{출생한 개체 수}}{\text{사망한 개체 수}}$는 더 큽니다.

~~ㄴ~~ 밀도의 정의는 $\frac{\text{개체군을 구성하는 개체 수}}{\text{개체군이 서식하는 공간의 면적}}$입니다.

이 지역의 서식지 크기는 일정한데 구간 Ⅲ에서가 Ⅰ에서보다 개체 수가 더 많으므로 Ⅲ에서 개체군의 밀도가 더 높습니다.

~~ㄷ~~ 실제 환경에서 환경 저항은 항상 작용합니다.

195 〉 20학년도 6월 20번 | 정답 ⑤

선지 해설

ㄱ 구간 Ⅰ 동안 A의 그래프가 더 가파르게 상승했으므로 개체 수가 더 많이 증가했음을 알 수 있습니다.

ㄴ 실제 환경에서 환경 저항은 항상 작용합니다.

ㄷ

196 〉 20학년도 9월 18번 | 정답 ③

문항 해설

1. 자료 해석

이 식물이 개화하는 데 필요한 '최소한'의 '연속적인 빛 없음' 기간은 8시간입니다.

Ⅳ에서 빛 있음 기간이 7, 빛 없음 기간이 1이므로 여기까지만 봤을 때 이 개체는 개화할 수 없습니다.

이후 ⓐ는 4시간, ⓑ는 12시간인데 개화했으므로 ⓑ가 빛 없음임을 알 수 있습니다.

실험 Ⅱ에서 ⓐ+ⓑ가 8시간인데 '개화 안 함'이므로 ⓐ는 빛 있음임을 알 수 있습니다.

선지 해설

ㄱ

~~ㄴ~~ 빛 없음인 ⓑ의 시간이 9시간이므로 ㉠은 개화함입니다.

ㄷ

197 〉 20학년도 9월 20번 | 정답 ⑤

문항 해설

1. 자료 해석

기생은 한 종은 이익이고 다른 한 종은 손해,
상리 공생은 두 종 모두 이익입니다.

㉠에 손해가 있으므로 ⓐ는 이익이며 ㉠은 기생입니다.
남은 ㉡은 상리 공생입니다.

선지 해설

~~ㄱ~~ 기생이므로 이익입니다.

ㄴ ㄷ

198 21학년도 9월 9번 | 정답 ⑤

문항 해설

1. 자료 해석

단독 배양을 했을 때, B는 구간 Ⅰ의 온도에서도 서식했지만, 혼합 배양을 했을 때는 구간 Ⅰ의 온도에서 서식하지 못함을 알 수 있습니다. 이는 구간 Ⅰ의 온도에서 경쟁 배타가 일어났음을 알 수 있습니다.

마찬가지로, A의 경우 구간 Ⅱ 이후 ~ T_2의 온도에서 혼합하여 배양했을 때 서식하지 못하므로 이 구간에서 경쟁 배타가 일어났음을 알 수 있습니다.

선지 해설

ㄱ ㄴ

ㄷ 군집은 '일정한 지역 내에 서식하는 개체군들의 집합'입니다. 구간 Ⅱ에서 A는 B와 군집을 이룹니다.

comment

이 문제는 생각보다 많은 학생들이 틀렸습니다. ㄴ 선지의 경우에도 경쟁 배타이며, 군집의 정의를 기억해주세요.

199 21학년도 9월 14번 | 정답 ①

문항 해설

1. 자료 해석

(가)에서 A는 양수림, B는 음수림입니다.

(나)에서 음수인 활엽수는 크기가 작은 개체들이 대부분이므로 양수림의 상황임을 알 수 있습니다.
(* 음수림이었다면, 음수인 활엽수의 크기가 큰 개체들이 대부분이어야 합니다.)

선지 해설

ㄱ ㄴ̸

ㄷ̸ (가)는 이 식물 군집의 천이 과정 일부를 나타낸 것인데, 음수림이 있으므로 음수림에서 극상을 이룹니다.

comment

이후 문제에서는 침엽수가 양수인 것과 활엽수가 음수인 것을 안 알려줄 수도 있습니다.
침엽수 - 양수, 활엽수 - 음수
참나무 - 음수, 소나무 - 양수
정도는 외우시는 걸 권장합니다.

200 21학년도 4월 12번 | 정답 ④

선지 해설

ㄱ̸ (가)에서 총 개체 수가 100이므로
(가)에서 A의 개체 수는 100 − (33+27) = 40입니다.
그런데 (가)의 면적이 (나)의 2배라 제시되어 있으므로,
(가)의 면적을 2S, (나)의 면적을 S라 하면
(가)에서 A의 밀도 : $\frac{40}{2S} = \frac{20}{S}$ 이고,
(나)에서 A의 밀도 : $\frac{25}{S}$ 이므로
(나)에서가 (가)에서보다 큽니다.

ㄴ (나)에서 총 개체 수가 100이므로
(나)에서 B의 개체 수는 100 − (25+44) = 31입니다.
따라서 상대 밀도는 $\frac{31}{25+31+44} \times 100$이므로
31%입니다.

ㄷ (가)에서 C의 상대 빈도는 100 − (29+41) = 30%이고,
(나)에서 C의 상대 빈도는 100 − (32+35) = 33%이므로
C의 상대 빈도는 (가)에서가 (나)에서보다 작습니다.

201 22학년도 6월 18번 | 정답 ④

선지 해설

㉠ 이 지역의 우점종이 A이므로 중요치(중요도)가 가장 큰 종은 A입니다.
(* 중요치가 가장 높은 종이 우점종입니다.
중요치 = 상대 밀도 + 상대 빈도 + 상대 피도)

㉡ 특정 종이 점유하는 면적은 피도와 관련된 내용입니다.
A~E에서 상대 피도가 가장 큰 종은 B이므로 지표를 덮고 있는 면적이 가장 큰 종은 B입니다.

ㄷ̸ 출현한 방형구의 수는 빈도와 관련된 내용입니다.
상대 빈도가 D〉E이므로 D가 출현한 방형구의 수가 E가 출현한 방형구의 수보다 많습니다.

☑ comment

검토진 : 문제의 우점종이 A라는 조건을 읽지 않고 ㄱ 보기에서 중요치를 계산하면 소중한 시간을 낭비하게 되므로 주의하세요. 항상 문제를 꼼꼼히 읽는 것이 시간을 단축하는 길입니다.

202 21학년도 7월 6번 | 정답 ①

문항 해설

1. 자료 해석
관목림 다음인 A는 양수림,
산불이 일어난 후 시작되는 B는 초원,
혼합림 다음인 C는 음수림입니다.

선지 해설

㉠

ㄴ̸ 음수림에서 극상을 이룹니다.

ㄷ̸ 2차 천이입니다.

203 22학년도 9월 6번 | 정답 ⑤

문항 해설

1. 자료 해석
학생 A : 생물적 요인에는 생산자, 소비자, 분해자가 있으므로 맞는 설명입니다.

학생 B : 영양염류는 비생물적 요인이 맞습니다.
(* 영양염류 : 바다나 호수 및 하천 속의 규소 · 인 · 질소 등 염류의 총칭)

학생 C : 지의류(생물적 요인)에 의해 암석의 풍화가 촉진되어 토양이 형성(비생물적 요인)되는 것은 생물적 요인이 비생물적 요인에 영향을 미치는 예가 맞습니다.

204 22학년도 9월 11번 | 정답 ③

선지 해설

㉠ Ⅰ 시기는 A와 B가 서로 경쟁을 피하기 위해 다른 지역에 서식하는 시기이므로 분서에 해당합니다.

ㄴ̸ 개체군은 한 지역에서 살아가는 '동일한 종'의 개체들로 이루어진 집단입니다.

㉢ Ⅳ 시기에 (가)에서 A가 사라졌으므로 경쟁 배타가 일어났습니다.

205 22학년도 9월 20번 | 정답 ③

문항 해설

1. 자료 해석

㉠은 한 번에 많은 수의 자손을 낳으며, 초기 사망률이 후기 사망률보다 높으므로 Ⅲ형에 해당합니다.

선지 해설

ㄱ. Ⅰ형의 생존 곡선에서 A시기의 사망률보다 B 시기의 사망률이 더 높습니다.

ㄴ. Y 축이 로그 스케일(1000 → 100 → 10 → 1)이므로 다릅니다.

ㄷ.

comment

Ⅱ형의 생존 곡선에서 사망률이 일정함은 주의해주세요.
(* Y축이 로그 스케일이고, '사망률'이기 때문입니다.
100명에서 1명이 죽으면 사망률은 1%지만,
99명에서 1명이 죽으면 사망률은 1%가 아닙니다.)

검토진 : 이 그래프처럼 축이 1000($\log_{10}1000 = 3$), 100($\log_{10}100 = 2$), 10($\log_{10}10 = 1$, 1($\log_{10}1 = 0$) 간격으로 되어 있는 그래프를 로그 스케일 그래프라고 합니다.

206 23학년도 6월 14번 | 정답 ②

문항 해설

1. 자료 해석

㉠은 개체군 사이의 상호 작용을,
㉡은 개체군 내의 상호 작용을,
㉢은 비생물적 요인이 생물에게 영향을 주는 것을,
㉣은 생물이 비생물적 요인에 영향을 주는 것을 나타냅니다.

선지 해설

ㄱ. 이는 ㉡에 해당하는 내용입니다.

ㄴ.

ㄷ. 군집의 정의는 '일정한 지역에 모여 생활하는 여러 개체군들의 집합'입니다.

207 23학년도 6월 20번 | 정답 ②

문항 해설

1. 자료 해석

기생은 한 종은 이익을, 다른 한 종을 손해를 보고,
상리 공생은 두 종 모두 이익을 얻습니다.

그런데 (가)에서 종 1은 손해를 보므로 (가)가 기생이고, (나)가 상리 공생임을 알 수 있습니다.

경쟁은 두 종 모두 손해를 보므로 ㉠은 손해입니다.

선지 해설

ㄱ̸ ㄴ̸ ㄷ

208 22학년도 7월 19번 | 정답 ③

문항 해설

1. 자료 해석

(가)에서 A는 초원, B는 양수림, C는 음수림입니다.
(나)에서 총생산량에서 호흡량을 뺀 값은 순생산량이므로 ⓐ는 순생산량입니다.

선지 해설

ㄱ 천이 과정이 초원에서 시작되므로 2차 천이가 맞습니다.

ㄴ

ㄷ̸ (나)에서 호흡량은 계속 증가하고 있음을 확인할 수 있습니다.

209 23학년도 9월 3번 | 정답 ④

문항 해설

1. 자료 해석

㉠은 개체군 사이의 상호 작용을,
㉡은 비생물적 요인이 생물에 영향을 주는 것을,
㉢은 생물이 비생물적 요인에 영향을 주는 것을 나타냅니다.

따라서 (가)는 ㉢, (나)는 ㉡, 남은 (다)는 ㉠입니다.

선지 해설

ㄱ̸ * 영양염류 : 규산염 · 인산염 · 질산염 · 아질산염 등의 총칭

ㄴ

ㄷ

210 23학년도 9월 12번 | 정답 ②

문항 해설

1. 자료 해석

B와 C의 개체 수 비가 3:1이므로 C의 상대밀도는 10%입니다.
상대 밀도의 합은 100%이므로 D의 상대밀도는 40%입니다.
C와 D의 개체 수 비는 1:4이므로 ㉠은 48입니다.

B와 C의 빈도는 7:2이므로 B의 상대 빈도는 35%입니다.
(* 2:10 = 7:x → x=35)

선지 해설

ㄱ̸

ㄴ 지표를 덮고 있는 면적은 피도와 관련된 내용이므로 상대 피도를 통해 알 수 있습니다.
C의 상대 피도는 30%이므로, 지표를 덮고 있는 면적이 가장 작은 종은 상대 피도가 가장 작은 A입니다.

ㄷ̸ 각각을 나타내면 다음과 같습니다.

종	상대 밀도 (%)	상대 빈도 (%)	상대 피도 (%)	중요치
A	20	20	16	56
B	30	35	24	89
C	10	10	30	50
D	40	35	30	105

따라서 우점종은 D입니다.

211 〉 23학년도 수능 11번 | 정답 ③

선지 해설

ㄱ) 상대 빈도와 상대 피도는 합이 100이어야 함을 이용하면 A의 상대 빈도는 20%, D의 상대 피도는 35%임을 알 수 있습니다.

따라서 D가 우점종인지를 알기 위해선 상대 밀도를 구해야 하는데,
A의 상대 밀도는 18%이고, C의 상대 밀도는 14%이므로 C의 개체 수를 x라 할 때 9:18 = 1:2 = x:14로 x=7임을 알 수 있습니다.

위 과정에서 개체 수의 2배가 상대 밀도임을 알았으므로 B의 상대 밀도는 38, D의 상대 밀도는 30입니다.
따라서 B의 중요치는 78, D의 중요치는 105이므로 t_1일 때 우점종은 D입니다.

ㄴ) A는 개체 수가 0이므로 상대 피도도 0입니다.
따라서 상대 피도의 합이 100이어야 함을 고려하면 D의 상대 피도는 37%임을 알 수 있습니다.
따라서 지표를 덮고 있는 면적이 가장 큰 종은 B입니다.

ㄷ) t_2일 때 D에서 상대 밀도는 112−37−40 = 35%입니다.
따라서 t_2일 때 개체 수를 x라 하면, $\frac{21}{x}=\frac{35}{100}$이므로 x=60입니다.
따라서 t_2일 때 C의 개체 수는 60−33−21=6이고, C의 상대 밀도는 10%입니다.
t_1일 때 C의 상대 밀도는 14%이므로 t_1일 때가 t_2일 때보다 큽니다.

212 〉 14학년도 예비시행 10번 | 정답 ④

선지 해설

ㄱ) 밀도는 m^2당 개체 수의 비율이므로 종내 경쟁이 심한 정도를 따질 때는 밀도로 따져야 합니다. 뿌링클 2마리를 혼자 먹을 때보다 10마리를 50명이 먹을 때 더 경쟁이 치열한 것과 비슷한 느낌입니다. 따라서 1989년보다 1987년에 개체군의 밀도가 더 크므로 1987년에 더 심합니다.

ㄴ) 밀도가 '감소할 때' 평균 질량은 증가합니다. 그래프가 주어졌을 때, X축/Y축의 단위와 증감 방향은 꼭 체크하셔야 합니다.

ㄷ) 생체량 = 생물량 = 현존량 = 누적 생장량 = '특정 서식지의 생물 집단을 구성하는 유기물의 전체 중량'입니다.
쉽게 말해서 해당 개체군 전체의 질량 정도로 생각해도 문제를 푸는 데는 큰 지장이 없습니다.

1989년에 ▲지역에서 m^2당 개체 수는 0.4입니다. 이때 평균 질량이 8g이므로 m^2당 개체군의 질량은 0.4×8 = 3.2입니다.
1987년에 ▲지역에서 m^2당 개체 수는 0.8입니다. 이때 평균 질량이 4g이므로 m^2당 개체군의 질량은 0.8×4 = 3.2입니다.
이때 같은 지역이므로 면적이 동일합니다.
따라서 해당 개체군 전체의 질량도 동일합니다.
따라서 생체량은 동일합니다.

213 14학년도 예비시행 20번 | 정답 ④

문항 해설

1. 자료 해석

개체군의 크기가 10^4일 때까지는 개체군이 증가함에 따라 유전자 변이의 수도 증가하고, 이후에는 일정하게 유지됨을 알 수 있습니다.

선지 해설

ㄱ)

ㄴ) 10^5일 때 유전자 변이의 수가 더 많으므로 환경 변화에 대한 적응력이 높습니다.

~~ㄷ~~ 유전적 다양성에 해당합니다.

214 16학년도 6월 10번 | 정답 ④

문항 해설

1. 자료 해석

(가)는 질소 고정 작용,
(나)는 질산화 작용,
(다)는 탈질산화 작용입니다.

선지 해설

ㄱ) 질소 고정 작용은 질소 고정 세균(뿌리혹박테리아, 아조토박터 등)에 의해 이루어집니다.

~~ㄴ~~ 질소 동화 작용은 암모늄 이온이나 질산 이온을 생산자가 흡수하여 질소 화합물(단백질, 핵산)로 합성하는 것을 의미합니다.

ㄷ)

215 16학년도 수능 20번 | 정답 ④

문항 해설

1. 자료 해석

A는 총생산량에서 순생산량이 제외된 부분이므로 호흡량,
B는 피식량+고사/낙엽량입니다.

선지 해설

~~ㄱ~~ (가)는 어떤 '식물' 군집에서 총생산량을 나타낸 것입니다. 초식 동물은 1차 소비자이므로 초식 동물의 호흡량은 B 중 피식량에 포함됩니다.

ㄴ)

ㄷ) 구간 Ⅰ에서 천이가 진행됨에 따라 호흡량(A)은 증가하고 순생산량은 감소함을 알 수 있습니다. 분모가 줄어들고 분자가 증가하므로

$\frac{A}{\text{순생산량}}$는 증가합니다.

☑ comment

총생산량 = 호흡량 + 순생산량
순생산량 = 피식량 + 고사/낙엽량 + 생장량

216 17학년도 수능 20번 | 정답 ②

문항 해설

1. 자료 해석

에너지 피라미드는 하위 영양 단계부터 상위 영양 단계로 에너지양을 쌓아올린 피라미드입니다. 따라서 밑에서부터 순서대로 생산자 → 1차 소비자 → 2차 소비자 → 3차 소비자입니다.
따라서 D가 생산자, C가 1차 소비자, B가 2차 소비자, A가 3차 소비자입니다.

선지 해설

ㄱ̸

ㄴ̸ A의 에너지 효율은 $\frac{3}{15}\times100 = 20\%$이고,

C의 에너지 효율은 $\frac{100}{1000}\times100 = 10\%$이므로

A가 C의 2배입니다.

ㄷ

217 〉 17학년도 3월 14번 ┃ 정답 ②

문항 해설

1. 자료 해석

안정된 생태계에서 에너지양은 생산자 〉 1차 소비자 〉 2차 소비자 〉 3차 소비자 순이므로 B가 생산자, D가 1차 소비자, C가 2차 소비자, A가 3차 소비자입니다.

선지 해설

ㄱ̸ 에너지 효율은

$$\frac{\text{현 영양 단계가 보유한 에너지 양}}{\text{전 영양 단계가 보유한 에너지 양}}\times100\ (\%)$$

입니다.

따라서 C의 에너지 효율은 $\frac{30}{200}\times100=15\%$이므로

㉠=15입니다.

ㄴ ㄷ̸

218 〉 18학년도 6월 11번 ┃ 정답 ⑤

선지 해설

ㄱ̸ 식물 군집입니다. 생산자의 피식량에 초식 동물의 호흡량이 포함됩니다.

ㄴ 순생산량은 총생산량에서 호흡량을 제외한 부분이므로 100%−67.1% = 32.9%가 맞습니다.

ㄷ Ⅰ의 총생산량이 Ⅱ의 총생산량의 2배이므로 Ⅱ의 생장량을 8이라 할 때, Ⅰ의 생장량은 $6\times2=12$입니다. 따라서 생장량은 Ⅰ에서가 Ⅱ에서보다 큽니다.

☑ comment

> 이 문항은 발문을 제대로 읽지 않아 틀린 학생들이 굉장히 많습니다. 빠르게 풀려면 선지를 판단할 때 생각을 안 하고 판단할 수 있도록 연습해야지, 발문을 날림으로 읽는 연습을 하시면 안 됩니다.

219 〉 17학년도 10월 6번 ┃ 정답 ④

문항 해설

1. 자료 해석

ⓐ는 N_2를 흡수하므로 뿌리혹박테리아입니다.

뿌리혹박테리아는 암모늄 이온(NH_4^+)을 합성하여 생산자에게 전달해주므로 ㉠은 NH_4^+이고, ⓑ는 생산자입니다.

생산자는 단백질을 합성하여 분해자인 버섯에게 주고, 분해자는 다시 NH_4^+를 생산자에게 줍니다. 따라서 ㉡은 단백질이고, ⓒ는 버섯입니다.

선지 해설

ㄱ) ✗

ㄷ) 생산자와 버섯은 모두 세포 호흡을 통해 유기물을 무기물로 분해합니다.

220 18학년도 수능 20번 | 정답 ③

문항 해설

1. 자료 해석

총생산량이 호흡량을 포함하므로 A가 총생산량, B가 호흡량입니다.

선지 해설

ㄱ)

✗ 구간 Ⅰ은 음수림이 출현하기 전이므로 아닙니다.

ㄷ) 순생산량은 (총생산량 - 호흡량)입니다.

그런데, 구간 Ⅱ에서 총생산량은 감소하고, 호흡량은 증가하고 있으므로 순생산량은 감소하고 있습니다.

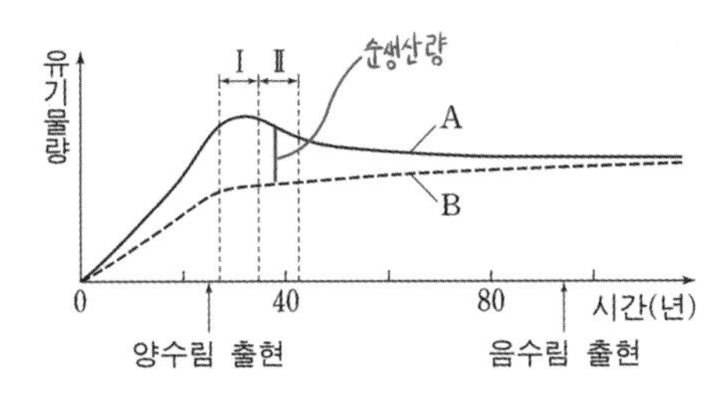

따라서 $\frac{B}{순생산량}$에서 분모는 감소하고 분자는 증가하고 있으므로 $\frac{B}{순생산량}$는 시간에 따라 증가합니다.

221 19학년도 수능 18번 | 정답 ①

선지 해설

ㄱ) 구간 Ⅰ에서 전체 개체 수가 증가하고 있으므로 개체 수가 증가하는 종이 있습니다.

✗ 종 수의 상댓값은 구간 Ⅰ과 Ⅱ에서 같습니다.

그런데 구간 Ⅰ에서 종 다양성은 Ⅱ에 비해 낮으므로 각 종이 차지하는 비율이 Ⅱ에 비해 불균등함을 알 수 있습니다.

✗ 이는 유전적 다양성을 의미합니다.

222 20학년도 6월 18번 | 정답 ④

문항 해설

1. 자료 해석

에너지 피라미드는 하위 영양 단계부터 상위 영양 단계로 에너지양을 쌓아올린 피라미드입니다. 따라서 (가)와 (나) 모두 밑에서부터 순서대로 생산자 → 1차 소비자 → 2차 소비자 → 3차 소비자입니다.

(나)에서 1차 소비자의 에너지 효율이 10%이므로

$\frac{㉠}{1000} \times 100 = 10$입니다.

따라서 ㉠=100입니다.

선지 해설

✗ A는 생산자입니다.

ㄴ)

ㄷ) 1차 소비자의 에너지 효율 : 10%

2차 소비자의 에너지 효율 : 15%

3차 소비자의 에너지 효율 : 20%

이므로 맞습니다.

223 20학년도 수능 16번 | 정답 ①

문항 해설

1. 자료 해석

(가)에서 종 A, B, C의 개체 수는 각각 4, 4, 4이고
(나)에서 종 A, B, C의 개체 수는 각각 8, 3, 1이고
(다)에서 종 A, B, C의 개체 수는 각각 4, 6, 0입니다.

선지 해설

ㄱ) (가)와 (나)에서 종의 수는 같지만, (가)에서가 (나)에서보다 전체 개체 수에서 각 종이 차지하는 비율이 균등하므로 종 다양성이 높습니다.

ㄴ) 밀도의 정의는 $\frac{\text{개체군을 구성하는 개체 수}}{\text{개체군이 서식하는 공간의 면적}}$ 입니다.
(가)와 (다)의 면적이 같으므로 개체 수만 고려하면 됩니다.
(가)에서 A의 개체 수는 4, (다)에서 A의 개체 수는 4이므로 (가)와 (다)에서 A의 개체군 밀도는 같습니다.

ㄷ) 개체군은 '한 지역'에서 살아가는 '동일한 종'의 개체들로 이루어진 집단입니다.

224 20학년도 4월 14번 | 정답 ①

문항 해설

1. 자료 해석

에너지 피라미드는 하위 영양 단계부터 상위 영양 단계로 에너지양을 쌓아올린 피라미드입니다. 따라서 A는 1차 소비자, B는 2차 소비자, C는 3차 소비자입니다.

C의 에너지 효율이 A의 에너지 효율의 2배입니다.
Ⅱ와 Ⅲ의 에너지 효율이 각각 10%, 15%이므로 2배 관계일 수 없습니다.
따라서 Ⅰ이 A와 C 중 하나임을 알 수 있습니다.
그런데, Ⅰ이 A일 경우 에너지 효율이 0.3%이므로 두배인 0.6%가 없어 모순됩니다.
따라서 Ⅰ은 C입니다.

Ⅱ가 B이고, Ⅲ이 A인 경우
Ⅲ의 에너지 효율이 15%이므로 ㉠은 150입니다.
Ⅱ의 에너지 효율이 10%이므로 Ⅱ의 에너지양은 15입니다.
따라서 Ⅰ의 에너지 효율은 20%인데, Ⅲ의 에너지 효율의 2배는 30%이므로 모순됩니다.

따라서 Ⅱ가 A이고, Ⅲ이 B입니다.
이 경우, Ⅱ의 에너지양은 100, ㉠은 15입니다.

선지 해설

ㄱ) ㄴ

ㄷ) 20%입니다.

comment

> 일반적으로 에너지 효율은 상위 영양 단계로 갈수록 높습니다.

225〉 21학년도 수능 20번 | 정답 ③

문항 해설

1. 자료 해석

상대 밀도, 상대 빈도, 상대 피도의 합은 100이어야 하므로 표를 완성하면 다음과 같음을 알 수 있습니다.

지역	종	상대 밀도(%)	상대 빈도(%)	상대 피도(%)	총 개체 수
Ⅰ	A	30	45	19	100
	B	41	24	22	
	C	29	31	59	
Ⅱ	A	5	45	13	120
	B	25	13	25	
	C	70	42	62	

선지 해설

㉠ A의 중요치는 30+45+19 = 94,

B의 중요치는 41+24+22 = 87,

C의 중요치는 29+31+59 = 119이므로

우점종은 C입니다.

ㄴ 밀도의 정의는 $\frac{\text{개체군을 구성하는 개체 수}}{\text{개체군이 서식하는 공간의 면적}}$이고,

상대 밀도의 정의는

$\frac{\text{특정 종의 밀도}}{\text{조사한 모든 종의 밀도의 합}} \times 100$ (%)입니다.

상대 밀도를 구할 때, 각 밀도에서 면적은 모두 동일하므로 개체 수만 고려하면 됩니다.

따라서 지역 Ⅰ에서 A의 개체 수는 30이고, Ⅱ에서 B의 개체 수는 30입니다.

지역 Ⅰ과 Ⅱ의 면적은 동일하므로,

개체군 밀도는 Ⅰ의 A와 Ⅱ의 B가 같습니다.

㉢ 종 다양성은 종의 수가 많을수록, 전체 개체 수에서 각 종이 차지하는 비율이 균등할수록 높아집니다.

지역 Ⅰ과 Ⅱ에서 종의 수는 같지만,

전체 개체 수에서 각 종이 차지하는 비율인 상대 밀도가 지역 Ⅰ에서 더 균등합니다.

따라서 종 다양성은 지역 Ⅰ에서가 Ⅱ에서보다 높습니다.

226〉 23학년도 수능 12번 | 정답 ②

문항 해설

1. 자료 해석

산불이 일어난 후의 천이 과정은 2차 천이에 해당합니다.

(* 1차 천이라면 생물량이 거의 0이어야 합니다.)

선지 해설

ㄱ ㄴ

㉢ 총생산량은 순생산량과 호흡량의 합이므로 항상 맞는 선지입니다.

227〉 23학년도 4월 8번 | 정답 ⑤

문항 해설

1. 자료 해석

원심성 신경 : 교감 신경, 부교감 신경

자율 신경계에 속하는 신경 : 교감 신경, 부교감 신경

신경절 이후 뉴런의 말단에서 노르에피네프린이 분비되는 신경 : 교감 신경

이므로 아래의 표와 같음을 알 수 있습니다.

구분	특징의 개수
감각 신경	0
교감 신경	3
부교감 신경	2

따라서 A는 감각 신경, B는 부교감 신경, C는 교감 신경이며 ㉠은 2입니다.

선지 해설

ㄱ

ㄴ 감각 신경은 말초 신경계에 속합니다.
(* A~C 모두 말초 신경계에 속합니다.)

ㄷ C는 교감 신경이므로 신경절 이전 뉴런의 신경 세포체는 척수에 있습니다.
(* 모든 교감 신경의 신경절 이전 뉴런의 신경 세포체는 척수에 있습니다.)

228 〉 23학년도 4월 12번 | 정답 ⑤

문항 해설

1. 자료 해석

(가) : 시상 하부 온도가 높아질수록 ㉠의 값은 감소하다 일정해지므로 ㉠은 '근육에서의 열 발생량'입니다.

(나) : 털세움근은 추울 때 교감 신경이 작용하여 수축됩니다.
피부 근처 혈관은 교감 신경의 흥분 정도에 따라 수축되거나 확장되어 혈류량이 조절됩니다.
따라서 추울 때는 피부 근처 혈관이 수축되어 혈류량이 감소하며, 더울 때는 혈류량이 증가합니다.

선지 해설

ㄱ ㄴ ㄷ

229 〉 23학년도 4월 20번 | 정답 ④

문항 해설

1. 자료 해석

개체 수의 합이 100이므로 개체 수와 상대 밀도는 동일합니다.
(* 분모가 100이기 때문입니다.)
출현한 방형구 수의 합은 20이므로, 상대빈도는 출현한 방형구 수에 5를 곱한 값입니다.
점유한 면적의 비는 1:3:4:2이고, 비의 합이 10이므로 상대 빈도는 10%, 30%, 40%, 20%입니다.
이를 정리하면 다음과 같습니다.

종	상대 밀도(%)	상대 빈도(%)	상대 피도(%)	중요치(중요도)
A	30	25	10	65
B	20	30	30	80
C	40	20	40	100
D	10	25	20	55

선지 해설

ㄱ 빈도는 $\frac{\text{출현한 방형구 수}}{\text{전체 방형구 수}}$이므로 B의 빈도는 $\frac{6}{10}$=0.6입니다.

ㄴ 종이 다르므로 A와 D는 다른 개체군에 속합니다.

ㄷ 중요치는 상대 밀도 + 상대 피도+ 상대 빈도입니다.
참고로 중요치가 가장 큰 종이 우점종입니다.

230 〉 24학년도 6월 5번 | 정답 ①

문항 해설

1. 자료 해석

Ⅱ는 막전위 값이 제대로 상승하지 못했으므로 ㉠은 Na^+임을 알 수 있습니다.
Ⅲ은 재분극에서 분극으로 돌아오는 데 Ⅰ에 비해 시간이 많이 소

요되었으므로 ㉡은 K^+임을 알 수 있습니다.

선지 해설

㉠

ㄴ̸ K^+은 항상 세포 안의 농도가 밖의 농도보다 높으므로

$\frac{세포 안의 농도}{세포 밖의 농도}$에서 분모는 작고, 분자는 크므로

$\frac{세포 안의 농도}{세포 밖의 농도}$은 1보다 큽니다.

(* 보통 값이 결정되지 않는 분수 선지에서는, 분모와 분자의 방향성이 반대입니다. 예를 들어, 분모가 감소하면 분자는 증가하거나 일정하고, 분모가 증가하면 분자는 감소하거나 일정합니다. 둘 다 증가하거나 감소하는 경우 일반적으로는 풀 수 없기 때문입니다. 이 부분은 지구과학에서도 유용하게 쓰이니 참고하시기 바랍니다.)

ㄷ̸

231 24학년도 6월 8번 | 정답 ④

문항 해설

1. 자료 해석

핵막은 분열기의 전기 때 소실된 후, 말기에 다시 생성됩니다.
따라서 G_1기 세포와 G_2기 세포는 핵막이 있고, 감수 1분열/2분열 중기 세포는 핵막이 없습니다.
또한, 핵상은 감수 2분열 중기 세포만 n이고, 나머지 세포는 2n입니다.
따라서 핵상이 n인 (가)는 감수 2분열 중기 세포입니다.

그리고 이 사람은 유전자형이 RR이므로
핵상이 2n인 세포에서 R의 DNA 상대량이 2인 (다)는 G_1기 세포입니다.

감수 1분열 중기 세포와 G_2기 세포 중 핵막이 소실되지 않은 세포는 G_2기 세포이므로
(나)는 G_2기 세포입니다. 남은 (라)는 감수 1분열 중기 세포입니다.

선지 해설

ㄱ̸ (가)는 핵상이 n인 세포이므로 2가 염색체가 관찰되지 않습니다.
2가 염색체가 관찰되는 세포는 (라)입니다.

㉡ ㉢

232 24학년도 6월 9번 | 정답 ②

문항 해설

1. 자료 해석

관목림과 혼합림 사이에 있는 A는 양수림이고, 혼합림 다음인 B는 음수림입니다.

표에서 상대 밀도/빈도/피도가 모두 양수인 침엽수에서 더 크므로 우점종이 양수임을 알 수 있습니다.
따라서 표는 양수림을 나타내고 있으므로 ㉠은 A입니다.

선지 해설

ㄱ̸

㉡ 산불이 난 후 천이 과정이므로 2차 천이에 해당합니다.

ㄷ̸ 이 식물 군집은 음수림에서 극상을 이룹니다.

☑ comment

교과 내 자료들은 거의 모두 음수림에서 극상을 이룹니다.

233 24학년도 6월 10번 | 정답 ③

문항 해설

1. 자료 해석

㉠은 간뇌, ㉡은 중뇌, ㉢은 연수, ㉣은 소뇌입니다.
각 부위의 위치는 그림을 보고 알 수 있어야 합니다.

또한, 이 문제를 틀리셨다면 해당 부위의 기능도 같이 복습하시기 바랍니다.

선지 해설

ㄱ ㉠은 간뇌이므로 시상 하부가 있습니다.

ㄴ 뇌줄기는 (간뇌), 중뇌, 뇌교, 연수입니다. 간뇌는 포함이 될 수도 있고, 안 될 수도 있는데 애매해서 묻지 못합니다. 하지만 소뇌는 확실히 뇌줄기에 포함이 되지 않으므로 틀린 선지입니다.

ㄷ

234 24학년도 6월 11번 | 정답 ②

문항 해설

1. 자료 해석

(가)
혈중 ADH 농도가 증가하면, 수분 재흡수량이 많아지므로 오줌 생성량은 감소합니다.
오줌 생성량이 감소하면 오줌 삼투압은 증가하므로 ㉠은 오줌 삼투압입니다.

(나)
수분 공급을 중단하면 체내 수분량이 부족해져 ADH 분비량이 증가하게 됩니다.
그러면 ㉠은 증가하게 되므로 A가 수분 공급을 중단한 사람입니다.

선지 해설

ㄱ 혈중 ADH 농도가 높은 C_2일 때, 수분 재흡수를 많이 하므로 오줌 생성량이 더 적습니다.

ㄴ t_1일 때 B의 혈중 ADH 농도가 A의 혈중 ADH 농도보다 낮으므로 분모에 비해 분자가 작은 값임을 알 수 있습니다. 따라서 $\frac{\text{B의 혈중 ADH 농도}}{\text{A의 혈중 ADH 농도}}$는 1보다 작습니다.

ㄷ

235 24학년도 6월 12번 | 정답 ①

문항 해설

1. 자료 해석

한 번에 많은 수의 자손을 낳으며 초기 사망률이 후기 사망률보다 높은 ⓐ는 Ⅲ입니다.
한 번에 적은 수의 자손을 낳으며 초기 사망률이 후기 사망률보다 낮은 ⓑ는 Ⅰ입니다.

선지 해설

ㄱ

ㄴ Ⅱ형에서 A는 개체 수가 100 이상 감소했지만, B에서는 10 이하로 감소했습니다.
(* 그래프의 Y 축이 로그스케일입니다.)
따라서 $\frac{\text{A시기 동안 사망한 개체 수}}{\text{B시기 동안 사망한 개체 수}}$는 1이 아닙니다.

ㄷ Ⅰ형에 해당합니다.

comment

> Ⅰ형의 대표적인 예로 인간, 대형 포유류, Ⅲ형의 대표적인 예로 굴, 어류가 있다는 것은 알아두시는 게 좋습니다.

236 24학년도 6월 13번 | 정답 ④

문항 해설

1. 자료 해석

ⓐ가 P와 Q 각각에 결합할 수 있고, ⓐ에는 색소가 있습니다.
따라서 Ⅰ에서 P가 결합한다면, 이때 P와 결합한 ⓐ의 색소에 의해 띠가 나타남을 알 수 있습니다.
마찬가지로 Ⅱ와 Ⅲ에서도 동일한 과정으로 인해 각각의 항체와 결합한다면 띠가 나타나게 됩니다.

사람 A는 P와 Q 모두에 감염되지 않았으므로 검사 결과 Ⅲ에서만 띠가 나타나게 됩니다.
사람 B는 Q에만 감염되었으므로 Ⅰ에서는 띠가 나타나지 않고, Ⅱ와 Ⅲ에서만 띠가 나타나게 됩니다.
따라서 정답은 ④입니다.

comment

<자세한 풀이>

위 실험의 목적은 사람으로부터 얻은 물질(시료) 안에 항원 P와 Q가 존재하는지 확인하는 것입니다. 물질 ⓐ는 시료와 함께 이동하며 차례대로 Ⅰ, Ⅱ, Ⅲ 영역을 지나갑니다.

만약 시료 안에 항원 P가 있다면, 시료는 Ⅰ 영역에서 'P에 대한 항체'와 결합하고, 이에 따라 시료 일부가 남아 있게 됩니다. 그러면 시료와 함께 있는 물질 ⓐ의 색소로 인해 띠가 나타납니다. Ⅱ 영역에서도 마찬가지로 Q에 대한 항원항체 반응의 여부에 따라 띠가 나타납니다.

그러나 Ⅲ영역에서는 시료 안에 항원 P, 항원 Q가 들어있는지 아닌지와 무관하게 늘 띠가 나타납니다. 이는 시료가 끝까지 잘 이동했는지를 확인하기 위해 만들어진 별도의 확인입니다.

(* 만약 끝까지 시료가 이동하지 않았다면 실험 과정에 문제가 생긴 것이고 Ⅲ 영역에 띠가 나타나지 않겠지만, 이는 문제에서 '제시된 조건 이외는 고려하지 않는다'를 통해 배제해도 되는 상황임을 알 수 있습니다.)

따라서 사람 A와 B 모두 Ⅲ영역에서 띠가 나타납니다.

사람 A는 Ⅰ, Ⅱ영역에서 항원항체 반응이 일어나지 않아 아무런 띠가 나타나지 않습니다.
사람 B는 항원 Q에 대한 항원항체 반응이 일어나 Ⅱ 영역에서만 띠가 나타나게 됩니다.
따라서 정답은 ④입니다.

237 23학년도 7월 11번 | 정답 ④

문항 해설

1. 자료 해석

질소 고정 작용은 질소 기체가 암모늄 이온이나 질산 이온이 되는 것이고,
탈질산화 작용은 질산 이온이 질소 기체가 되는 작용입니다.

ⓛ이 질산 이온이라면, ㉠과 ㉢은 모두 질소 기체가 되므로 불가능합니다.
따라서 ⓛ이 질소 기체이며, ㉠은 질산 이온이고 Ⅰ은 탈질산화 작용입니다.
남은 ㉢은 암모늄 이온이고 Ⅱ는 질소 고정 작용입니다.

선지 해설

238 23학년도 7월 12번 | 정답 ①

문항 해설

1. 자료 해석

문제에서 정보량이 많고, 같은 미지수를 포함한 상대 밀도, 상대 빈도 자료부터 해석해봅니다.
이 문제에서 순위는 값의 대소관계를 나타내고 있습니다.

상대 밀도의 합은 100이므로 C의 상대 밀도는 68-㉠임을 알 수 있습니다.
A와 C의 순위를 비교했을 때 68-㉠<32 이므로 36<㉠입니다.

상대 빈도에서 A와 C의 순위를 비교하면 ㉠<38이므로
36<㉠<38 → ㉠은 37임을 알 수 있습니다.
(* A~C의 개체 수의 합이 100이므로 ㉠은 정수일 수밖에 없습니다.)

이를 토대로 나머지 값을 채우면 다음과 같음을 알 수 있습니다.

종	상대 밀도(%)		상대 빈도(%)		상대 피도(%)		중요치(중요도)	
	값	순위	값	순위	값	순위	값	순위
A	32	2	38	1	39	1	109	1
B	37	1	25	3	35	2	97	2
C	31	3	37	2	26	3	94	3

☑ comment

B의 상대 피도는 중요치가 97임을 통해 알 수 있습니다. 또한, 미출제 요소로 중요치의 합이 300이어야 함을 이용하는 문제도 출제될 수 있습니다.

선지 해설

㉠ ~~ㄴ~~ ~~ㄷ~~

239 23학년도 7월 17번 | 정답 ⑤

문항 해설

1. 자료 해석

A는 '다리' 골격근과 연결되어 있으므로 척수입니다.
(* 대체로 목 위는 뇌신경, 목 아래는 척수 신경입니다.)
따라서 남은 B는 연수이며, 연수에서 시작되는 자율 신경이므로 부교감 신경입니다.
따라서 신경절 이전 뉴런이 이후 뉴런보다 길어야 하므로 신경절은 ⓑ에 있음을 알 수 있습니다.

선지 해설

㉠ ㉡ ㉢

240 24학년도 9월 6번 | 정답 ①

문항 해설

1. 자료 해석

고온 환경에 노출되어 땀을 흘리게 되면 체내 수분량이 감소하므로 혈장 삼투압이 높아져 ADH 분비량이 증가하게 됩니다.
그런데 ADH 분비량이 정상보다 적을 경우 체내 수분량이 상대적으로 더 감소된 상태이므로 혈장 삼투압이 더 높아지게 됩니다.
따라서 A는 ADH가 적게 분비되는 개체이고, B는 ADH가 정상적으로 분비되는 개체임을 알 수 있습니다.

선지 해설

㉠ ~~ㄴ~~

~~ㄷ~~ t_2일 때가 t_1일 때에 비해 ADH 분비량이 많은 상태이므로 오줌으로 가는 물의 양이 적은 상태입니다. 따라서 오줌 삼투압은 t_2일 때가 t_1일 때보다 높습니다.

☑ comment

항상성 문제에서 정상과 비정상이 같이 제시되는 경우, 정상 먼저 생각해보시는 걸 권장합니다.

또한, 호르몬이 정상적으로 분비되는 개체와 그렇지 않은 개체가 자료로 주어졌을 땐, 선지 ㄷ과 같이 대사과정에 대한 질문은 대체로 호르몬이 정상 분비되는 사람을 대상으로 합니다. 100%는 아니니 문제를 다 풀고 검토용으로 한 번쯤 떠올려보시기를 바랍니다.

241 〉 24학년도 9월 8번 | 정답 ②

문항 해설

1. 자료 해석

TSH가 분비되지 않는 것과 TSH의 표적 세포가 TSH에 반응하지 못하는 것은 Ⅰ형/Ⅱ형 당뇨와 비슷한 개념입니다.
분비되지 않는 경우, TSH를 투여하면 정상적인 반응이 일어나지만,
표적 세포가 반응하지 못하는 경우, TSH를 투여해도 별 차이가 없습니다.

㉠은 TSH 투여 후 혈중 티록신 농도가 정상이 되었으므로 A이고,
㉡은 TSH 투여 후에도 혈중 티록신 농도가 정상보다 낮으므로 B임을 알 수 있습니다.

선지 해설

ㄱ ㄴ

ㄷ 음성 피드백에 의해 TSH 분비가 감소됩니다.

242 〉 24학년도 9월 16번 | 정답 ④

문항 해설

1. 자료 해석

질산화 작용에서 ㉠이 ㉡으로 전환되므로 ㉠은 암모늄 이온이고,
㉡은 질산 이온입니다.
Ⅰ에서 대기 중의 질소가 암모늄 이온이 되었으므로 Ⅰ은 질소 고정 작용이고,
남은 Ⅱ는 탈질산화 작용입니다.

선지 해설

ㄱ ㄴ ㄷ

243 〉 24학년도 9월 18번 | 정답 ⑤

문항 해설

1. 자료 해석

이런 문제를 풀 때는 전부 계산하고 있으면 안 됩니다.

(개체 수 비율) = (상대 밀도 비율)인데, A와 B의 개체 수 비가 2:1입니다.
㉢에서 A와 B의 비는 36:17이므로 상대 밀도가 아닙니다.
마찬가지로, D와 E의 개체 수 비는 8:5인데 ㉠에서 D와 E의 비는 4:3이므로 ㉠은 상대 밀도가 아닙니다.
따라서 ㉡이 상대 밀도입니다.

(상대 빈도 비율) = (출현한 방형구 수의 비)인데, C와 E의 출현한 방형구 수의 비는 5:6입니다.
㉢에서 C와 E의 비는 13:10이므로 ㉢은 상대 빈도가 아닙니다.
따라서 ㉠이 상대 빈도이고, 남은 ㉢은 상대 피도입니다.

정리하면 다음과 같습니다.

(* 저는 해설지라서 다 채운 거지, 실제 시험장이면 이정도까지만 하고 바로 선지로 갑니다.)

구분	A	B	C	D	E
상대 빈도	27.5	25	12.5	20	15
상대 밀도	40	20	7.5	20	12.5
상대 피도	36	17	13	24	10
중요치(중요도)	103.5	62	33	64	37.5

(* 미출제 요소로 중요치의 합이 300이어야 함을 이용하는 문제도 출제될 수 있습니다.)

선지 해설

ㄱ C와 D의 출현한 방형구 수의 비는 5:8이므로 ⓐ는

$20 \times \frac{5}{8} = 12.5$입니다.

ㄴ E의 상대 피도가 가장 작으므로 맞습니다.

ㄷ 이 선지는 진짜로 다 구하는 게 아닙니다.

상대 빈도도 A가 제일 크고, 상대 밀도도 A가 제일 크고, 상대 피도도 A가 제일 크므로 중요치(중요도)는 당연히 A가 제일 큽니다.

(* 중요치(중요도)가 가장 큰 종이 우점종입니다.)

(* 다만 문제에 따라 정확히 중요치를 다 구해야 우점종이 판별되는 문제도 있습니다. 근소한 차이로 중요치 대소가 판별되는 경우가 그러합니다. 따라서 앞으로 방형구 문제를 풀 땐, 다 계산해야 할지 대략적인 대소관계만 비교하면 되는지 구별하며 문제를 풀어봅시다.)

244 23학년도 10월 11번 | 정답 ⑤

문항 해설

1. 자료 해석

탄소는 먹이 사슬을 따라 생산자에서 소비자로 이동하므로 ㉠은 생산자, ㉡은 소비자입니다.

식물은 광합성을 통해 대기 중 CO_2를 유기물로 합성하므로 ⓐ는 CO_2, ⓑ는 유기물입니다.

선지 해설

ㄱ ㄴ ㄷ

245 23학년도 10월 19번 | 정답 ②

문항 해설

1. 자료 해석

운동을 했을 때 시간이 지남에 따라 열 발생량이 증가하고, 이에 따라 열 발산량이 증가하게 되므로

㉠은 열 발생량이고, ㉡은 열 발산량입니다.

선지 해설

ㄱ ㄴ

ㄷ 피부 근처 혈관을 흐르는 단위 시간당 혈액량은 체온이 낮을수록 교감 신경의 작용에 의해 적어지게 됩니다. 따라서 체온이 상대적으로 더 높고, 상승하는 시기인 t_1일 때가 t_2일 때보다 더 많습니다.

두 온도를 비교하는 문제는 상대적인 관점에서 하나의 온도만 주어로 삼아 판단하시면 편합니다.

t_1은 상대적으로 체온이 높고 이를 낮추기 위해선 열 발산량이 많아야 합니다. 따라서 단위 시간당 혈액량은 t_1일 때가 많습니다.

(* t_1을 주어 삼으면 t_2를 고려하지 않을 수 있고, 상대적인 값을 절대적인 값처럼 생각할 수 있어 덜 헷갈려 실수가 줄어듭니다.)

246 24학년도 수능 3번 | 정답 ①

문항 해설

1. 자료 해석

이런 문제는 결론부터 보는 게 빠릅니다.
S가 ㉠을 분해한다는 결론을 내렸으므로 (다)에서 ㉠의 농도가 높은 Ⅰ에는 S가 없을 것임을 추론할 수 있습니다.
따라서 S는 Ⅱ에 넣었습니다.

선지 해설

㉠

~~ㄴ~~ 이는 종속 변인입니다.

~~ㄷ~~

247 24학년도 수능 7번 | 정답 ⑤

문항 해설

1. 자료 해석

Ⅰ에서 신경절 이후 뉴런의 축삭 돌기 말단에서 분비되는 신경 전달 물질이 아세틸콜린이므로 Ⅰ은 부교감 신경임을 알 수 있습니다.
위에 연결된 부교감 신경의 신경절 이전 뉴런의 신경 세포체는 연수에 있으므로 (가)는 뇌줄기입니다.
따라서 남은 (나)는 척수입니다.
(* 뇌줄기에 해당하는 기관은 중간뇌, 뇌교, 연수입니다. 간뇌가 뇌줄기에 해당하는지는 논란의 여지가 있으니 위 확실한 것만 알아두시면 됩니다.)

뇌줄기와 척수에서 신경절 이후 뉴런의 축삭 돌기 말단에서 분비되는 신경 전달 물질이 ㉠으로 같아야 하므로 ㉠은 아세틸콜린입니다. 따라서 Ⅱ와 Ⅲ은 모두 부교감 신경입니다.
(* 모든 교감 신경의 신경절 이전 뉴런의 신경 세포체는 척수에 있습니다.
(* 척수에서 시작한다고 교감 신경인 건 아닙니다.
대표적인 예로 이 문제의 Ⅲ처럼 척수의 꼬리 부분에서 나오는 부교감 신경은 방광에 연결되어 있습니다.)
따라서 뇌줄기에 신경 세포체가 있는 Ⅱ는 부교감 신경입니다.)

선지 해설

㉠ ~~ㄴ~~ ㉢

☑ comment

방광은 교감 신경에 의해 확장되고, 부교감 신경에 의해 수축됩니다.
'방수부'(방광 수축 부교감)라고 외우시면 편합니다.

248 24학년도 수능 14번 | 정답 ④

문항 해설

1. 자료 해석

(가)
A는 TSH 분비량이 정상보다 적게 분비되므로 티록신이 적게 분비되고, 음성 피드백에 의해 TRH는 많이 분비됩니다.
B는 티록신이 정상보다 많이 분비되므로 음성 피드백에 의해 TRH가 적게 분비되고, TSH도 적게 분비됩니다.
C는 티록신이 정상보다 적게 분비되므로 음성 피드백에 의해 TRH가 많이 분비되고, TSH도 많이 분비됩니다.

(나)
티록신이 적고 TSH가 많은 ㉠은 C입니다.
티록신과 TSH가 모두 적은 ㉢은 A입니다.
남은 ㉡은 B이므로 티록신은 정상보다 많이 분비되고, TSH는 적게 분비됩니다.
따라서 ⓐ는 '–'입니다.

선지 해설

ㄱ

✓ 티록신을 투여하면 티록신이 많아지므로 음성 피드백에 의해 TSH의 분비량은 적어집니다.

간뇌-(TRH) → 뇌하수체 전엽-(TSH) → 갑상샘-(티록신) → 간뇌-(TRH) → 뇌하수체 전엽-(TSH) → …

사람 B는 갑상샘에 문제가 있습니다. 그 외에는 문제가 없습니다.

따라서 티록신이 많아지면 음성 피드백에 의해 TRH가 줄고, 그에 따라 TSH도 줄어듭니다.

(* 간뇌는 티록신의 양을 감지하고 이에 따라 TRH 양을 조절합니다.)

ㄷ

comment

사람이 3명 이상 나오면 그냥 직접 티록신과 TSH 양을 +,- 기호로 표시하고 (나)에 대응하면 좋습니다.

예를 들어 (가)에서
A 옆에 - -
B 옆에 + -
C 옆에 - +
처럼 표시해두면, (나)에서 ㉠이 C, ㉡이 B, ㉢이 A에 대응하는 것을 쉽게 대응할 수 있습니다.
(* TRH, TSH, 티록신 세가지 모두 묻는 문제가 나왔을 때, 이렇게 순서쌍을 직접 쓰고 찾아야 문제를 편하게 푸실 수 있습니다.)

249 24학년도 수능 16번 | 정답 ③

문항 해설

1. 자료 해석

혈장에서 ㉡과 ㉢은 '+'가 있으므로 응집소가 있는 사람임을 알 수 있습니다.
AB형은 응집소가 없으므로 ㉠은 AB형입니다.

Ⅰ의 적혈구는 ㉡에는 응집이 안 됐는데, ㉢에는 응집이 되었으므로
㉡에는 α, β가 모두 있지는 않음을 알 수 있습니다. 따라서 ㉡은 A형입니다.
남은 ㉢은 O형입니다.

AB형은 ㉡과 ㉢에 모두 응집되어야 하므로 Ⅲ입니다.
O형은 ㉡과 ㉢에 모두 응집되지 않으므로 Ⅱ입니다.
남은 Ⅰ은 A형입니다.

이를 토대로 표를 완성하면 다음과 같습니다.

적혈구 \ 혈장	㉠(AB형)	㉡(A형)	㉢(O형)
Ⅰ (A형)	−	−	+
Ⅱ (O형)	−	−	−
Ⅲ (AB형)	−	+	+

(+: 응집됨, −: 응집 안 됨)

선지 해설

ㄱ ✓ ㄷ

comment

적혈구와 혈장을 순서 없이 나타냈으므로 가계도에서 이런 표가 제시되는 문제가 출제된다면,
그때도 이 문제처럼 구성원이 섞여 있거나 혈액형이 다른 사람들로 이루어진 표가 될 수도 있습니다.
따라서 논리적으로 푸는 일관된 풀이를 정리해두시거나 간단한 내용들은 미리 정리해두시기 바랍니다.

250 〉 24학년도 수능 18번 | 정답 ⑤

문항 해설

1. 자료 해석

B에서 X에 대한 세포성 면역 반응이 일어났으므로 ㉠은 정상 생쥐이고, 남은 ㉡은 가슴샘이 없는 생쥐입니다.
(* 세포성 면역은 세포독성 T 림프구에 의해 일어나는데, T 림프구는 가슴샘에서 성숙합니다.)

선지 해설

ㄱ) 바이러스는 유전 물질을 갖고 있습니다.

ㄴ) ㄷ)

세포분열

Part 1) 기출 문제

Part 2) 고난도 N제

"아 ㅋㅋㅋㅋㅋ 너무 크게 웃었죠??"
참을 수 없었다. 드라마 속에서나 듣던 대사를 현실에서 들은 것보다, 항상 도도하고 어딘가 차가웠던 그 남자가 저런 말을 한다는 게 너무 웃겼다.
하늘 오빠도 이제는 날 '그냥 자주 보는 사람'으로 생각하지 않는 것 같단 생각에 입꼬리가 내려가지 않았다.

이대로 헤어지는 게 너무 아쉽다.
그래도 선은 지켜야겠지, 우린 아직 그정도 사이는 아니니까.

다음에 다시 보자는 말을 남기며 조용히 내렸다.
물론 여느때와 마찬가지로 내리자마자 그 남자를 봤고 손을 흔들며 인사를 했다.
그 남자는 갑자기 버스를 뛰어 내리며 말했다.

"오늘 저녁에 뭐 하세요? 같이 벚꽃 보러 가지 않을래요?
'그냥 버스 같이 타는 사람'은 그만하고 싶은데."

PART 1

01 〉 21학년도 4월 3번 | 정답 ③

문항 해설

1. 자료 해석

(가)에는 상동 염색체가 없으므로 핵상이 n입니다.
(나)에는 상동 염색체가 있으므로 핵상이 2n입니다.
(다)에는 상동 염색체가 있으므로 핵상이 2n입니다.
(라)에는 상동 염색체가 없으므로 핵상이 n입니다.

(나)에는 상동 염색체의 모양과 크기가 모두 같으므로 성염색체가 XX이고, (나)는 암컷의 세포임을 알 수 있습니다.
(다)에는 상동 염색체의 모양과 크기가 다른 염색체가 있고, (나)와 비교할 때 해당 염색체가 Y 염색체임을 알 수 있습니다. 따라서 (다)는 수컷의 세포입니다.
(라)에는 Y 염색체가 있으므로 (라)도 수컷의 세포입니다.
문제에서 3개는 Ⅰ의 세포이고, 1개만 Ⅱ의 세포라고 제시해 주었으므로
(나)가 Ⅱ의 세포이며 Ⅱ는 암컷입니다.
남은 (가), (다), (라)는 Ⅰ의 세포이며 수컷입니다.

선지 해설

ㄱ

ㄴ. 염색 분체입니다.

ㄷ. 감수 1분열 중기 세포 1개당 염색 분체의 수는 4n이므로 12가 맞습니다.

02 〉 17학년도 6월 8번 | 정답 ③

문항 해설

1. 자료 해석

(가)에는 상동 염색체가 있으므로 핵상이 2n입니다.
(나)에는 상동 염색체가 없으므로 핵상이 n입니다.
(다)에는 상동 염색체가 없으므로 핵상이 n입니다.
(라)에는 상동 염색체가 있으므로 핵상이 2n입니다.

2가지 종을 각각 Ⅰ과 Ⅱ라 하고 (가)를 종 Ⅰ이라 할 때,
(가)와 (나)는 염색체의 구성이 비슷하므로 (나)는 종 Ⅰ입니다.
(나)와 (다)는 모양과 크기가 다른 염색체가 여러 개이므로 (다)는 종 Ⅱ입니다.
(다)와 (라)는 모양과 크기가 다른 염색체가 여러 개이므로 (라)는 종 Ⅰ입니다.
따라서 (가), (나), (라)가 같은 종이고, (다)는 다른 종입니다.

(가)는 A의 세포, (나)는 B의 세포, (다)와 (라)는 B와 C의 세포 중 하나입니다.
(나)와 (다)는 다른 종의 세포이므로 (나)와 (라)가 B의 세포입니다.
(다)는 C의 세포입니다.

(가)에는 상동 염색체 사이에 모양과 크기가 다른 염색체가 있으므로 각각 X와 Y 중 하나이고, (가)는 수컷의 세포임을 알 수 있습니다. 따라서 A는 수컷입니다.
(라)는 (가)와 같은 종인데, (가)에 있던 성염색체 중 큰 성염색체가 2개 있으므로 큰 게 X이고, (라)는 암컷의 세포임을 알 수 있습니다. 따라서 B는 암컷입니다.

C는 성별을 알 수 없습니다.

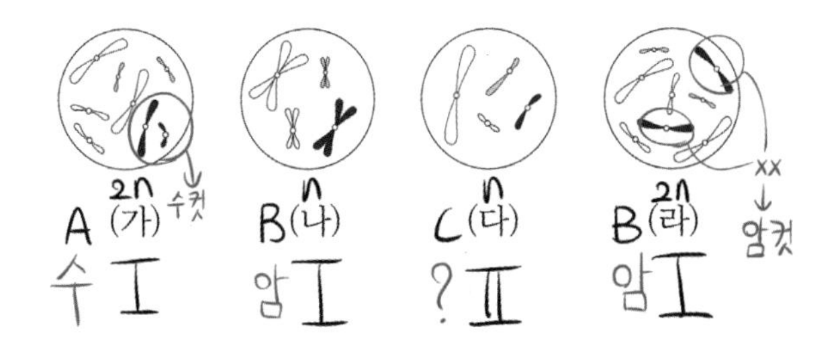

선지 해설

ㄱ. (가)와 (라)는 같은 종의 세포입니다.

ㄴ. (라)에는 X 염색체가 2개, (나)에는 X 염색체가 1개 있습니다. 따라서 (라)가 (나)의 2배입니다.

ㄷ. B와 C는 다른 종이므로 핵형이 같을 수 없습니다.

03 16학년도 수능 7번 | 정답 ①

문항 해설

1. 자료 해석

(가)에는 상동 염색체가 있으므로 핵상이 2n입니다.
(나)에는 상동 염색체가 없으므로 핵상이 n입니다.
(다)에는 상동 염색체가 없으므로 핵상이 n입니다.
(라)에는 상동 염색체가 없으므로 핵상이 n입니다.
(마)에는 상동 염색체가 있으므로 핵상이 2n입니다.

2가지 종을 각각 Ⅰ과 Ⅱ라 하고 (가)를 종 Ⅰ이라 할 때,
(가)와 (나)는 모양과 크기가 다른 염색체가 여러 개이므로 (나)는 종 Ⅱ입니다.
(나)와 (다)는 염색체의 구성이 비슷하므로 (다)는 종 Ⅱ입니다.
(다)와 (라)는 모양과 크기가 다른 염색체가 여러 개이므로 (라)는 종 Ⅰ입니다.
(라)와 (마)는 모양과 크기가 다른 염색체가 여러 개이므로 (마)는 종 Ⅱ입니다.

(가)는 A의 세포이고, (나)는 B의 세포이고, (다)~(마)는 B와 C의 세포 중 하나이므로 B와 같은 종인 (다)와 (마)가 B의 세포, (라)는 C의 세포임을 알 수 있습니다.

(가)는 상동 염색체의 모양과 크기가 모두 같으므로 성염색체가 XX이고, (가)는 암컷의 세포입니다. 따라서 A는 암컷입니다.
같은 종의 세포인 (라)에는 (가)와 모양과 크기가 다른 염색체가 있으므로 해당 염색체가 Y 염색체입니다. 따라서 (라)는 수컷의 세포이고, C는 수컷입니다.
(마)에는 상동 염색체 사이에 모양과 크기가 다른 염색체가 있으므로 각각 X와 Y 중 하나이고, (마)는 수컷의 세포입니다.
따라서 B는 수컷입니다.

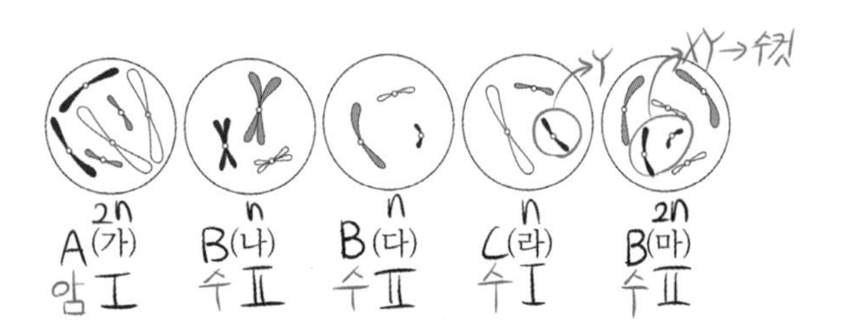

선지 해설

㉠ (가)와 (라)는 같은 종의 세포입니다.

ㄴ B와 C는 모두 수컷으로 성이 같습니다.

ㄷ (라)는 C의 세포입니다.

04 19학년도 6월 6번 | 정답 ⑤

문항 해설

1. 자료 해석

(가)에는 상동 염색체가 없으므로 핵상이 n입니다.
(나)에는 상동 염색체가 있으므로 핵상이 2n입니다.
(다)에는 상동 염색체가 없으므로 핵상이 n입니다.
(라)에는 상동 염색체가 없으므로 핵상이 n입니다.
(마)에는 상동 염색체가 있으므로 핵상이 2n입니다.

A와 B는 같은 종이라 했고, C는 종에 대한 언급이 없습니다.
딱봐도 C는 다른 종이니까 이렇게 써준 것 같습니다. 확정할 수는 없으므로 일단 (가)를 종 Ⅰ이라 하고 풀어보겠습니다. 만약 C도 같은 종이라면 모든 세포가 종 Ⅰ일 테니 그대로 풀면 됩니다.

(가)와 (나)를 비교할 때, 염색체의 모양과 크기가 다른 염색체가 여러 개이므로 (나)는 종 Ⅱ입니다.
(나)와 (다)를 비교할 때, 염색체의 모양과 크기가 다른 염색체가 여러 개이므로 (다)는 종 Ⅰ입니다.
(다)와 (라)를 비교할 때, 염색체의 모양과 크기가 다른 염색체가 여러 개이므로 (라)는 종 Ⅱ입니다.
(라)와 (마)를 비교할 때, 염색체의 구성이 비슷하므로 (마)는 종 Ⅱ입니다.

(나)는 상동 염색체의 모양과 크기가 모두 같으므로 성염색체가 XX이고, (나)는 암컷의 세포입니다.
문제에서 B와 C는 수컷이라 했으므로 (나)는 A의 세포입니다.

(나)와 같은 종의 세포인 (마)에는 상동 염색체 사이에 모양과 크기가 다른 염색체가 있으므로 각각 X와 Y 중 하나이고, (마)는

수컷의 세포이고, B의 세포입니다.
(* (나)와 비교하면 큰 게 X 염색체, 작은 게 Y 염색체임을 알 수 있습니다.)

(라)는 종 II인데 Y 염색체가 있으므로 B의 세포입니다.

남은 (가)와 (다)는 C의 세포인데,
(가)와 (다)를 비교할 때 모양과 크기가 매칭되지 않는 염색체가 있으므로 하나는 X 염색체가, 다른 하나는 Y 염색체가 있음을 알 수 있습니다.
(* 확정은 불가능합니다.)

선지 해설

㉠ ㉡

㉢ (나)에는 상염색체가 6개, X 염색체가 2개 있습니다.
(마)에는 상염색체가 6개, X 염색체가 1개 있습니다.
따라서 (나)는 $\frac{2}{6}$이고, (마)는 $\frac{1}{6}$이므로 (나)가 (마)의 2배입니다.

☑ comment

같은 종인지 판변할 때, 모든 염색체의 모양과 크기를 비교하기보단, 가장 큰 염색체의 모양을 비교하면 같은 종인지 아닌지 대다수의 경우 판별이 됩니다.

05 21학년도 6월 9번 | 정답 ①

문항 해설

1. 자료 해석

(가)에는 상동 염색체가 있으므로 핵상이 2n이고, 2n=6입니다.
(나)에는 상동 염색체가 없으므로 핵상이 n이고, n=6이므로 2n=12입니다.
따라서 (가)가 A의 세포이고, (나)는 B의 세포입니다.

(가)에는 상동 염색체의 모양과 크기가 모두 같으므로 성염색체가 XX이고, 암컷의 세포입니다.
(나)의 성별은 알 수 없습니다.

선지 해설

㉠ (가)는 A의 세포가 맞습니다.

~~ㄴ~~ (가)는 핵상이 2n, (나)는 핵상이 n이므로 다릅니다.

~~ㄷ~~ B의 체세포 분열 중기 세포 1개당 염색 분체수는 4n개이므로 24입니다.

☑ comment

체세포 분열 중기 또는 감수 1분열 중기 때 염색 분체 수는 2n×2개, 감수 2분열 중기 때 염색 분체 수는 n×2개입니다. 이를 4n개, 2n개로 외워두면 편합니다. 참고로 2가 염색체 수는 n개입니다.

06 〉 18학년도 6월 4번 | 정답 ②

문항 해설

1. 자료 해석

(가)에는 상동 염색체가 없으므로 핵상이 n이고, n=6이므로 2n=12입니다.
(나)에는 상동 염색체가 있으므로 핵상이 2n이고, 2n=6입니다.
(다)에는 상동 염색체가 없으므로 핵상이 n이고, n=6이므로 2n=12입니다.

A는 2n=6이므로 B는 2n=12임을 알 수 있고,
(나)가 A의 세포, (가)와 (다)가 B의 세포입니다.

(나)에는 상동 염색체의 모양과 크기가 모두 같으므로 성염색체가 XX이고, 암컷의 세포입니다. 따라서 A는 암컷입니다.
(가)와 (다)는 B의 세포인데,
(가)와 (다)를 비교할 때 모양과 크기가 매칭되지 않는 염색체가 있으므로 하나는 X 염색체가, 다른 하나는 Y 염색체가 있음을 알 수 있습니다. 따라서 B는 수컷입니다.
(* 확정은 불가능합니다.)

선지 해설

ㄱ (가)는 B의 세포입니다.

ㄴ B는 수컷이 맞습니다.

ㄷ 4n개이므로 24입니다.

07 〉 21학년도 3월 8번 | 정답 ③

문항 해설

1. 자료 해석

(가)에는 상동 염색체가 없으므로 핵상이 n입니다.
(나)에는 상동 염색체가 있으므로 핵상이 2n입니다.
(다)에는 상동 염색체가 없으므로 핵상이 n입니다.

(나)는 상동 염색체의 모양과 크기가 모두 같으므로 성염색체가 XX이고, 암컷의 세포임을 알 수 있습니다.
또한, (나)의 유전자형은 AAbb이므로 Ⅱ의 세포입니다.

(나)와 (다)는 다른 개체의 세포임이 제시되어 있으므로 (다)는 Ⅰ의 세포입니다.

(가)는 (나)와 비교할 때, 모양과 크기가 다른 염색체가 있으므로 Y 염색체를 가지고 있음을 알 수 있습니다.
따라서 (가)는 (나)와 다른 개체의 세포이므로 Ⅰ의 세포이고, Ⅰ은 수컷입니다.

선지 해설

ㄱ

ㄷ 체세포 분열 중기의 세포 1개당 염색 분체 수는 4n이므로 12가 맞습니다.

08 〉 20학년도 9월 13번 | 정답 ①

문항 해설

1. 자료 해석

(가)에는 상동 염색체가 없으므로 핵상이 n입니다.
(나)에는 상동 염색체가 없으므로 핵상이 n입니다.
(다)에는 상동 염색체가 있으므로 핵상이 2n입니다.
(라)에는 상동 염색체가 있으므로 핵상이 2n입니다.

(다)에는 모양과 크기가 다른 상동 염색체가 있으므로 하나는 X이고 다른 하나는 Y입니다. 따라서 (다)는 수컷의 세포입니다. 개체 Ⅰ은 유전자형이 AaBB이므로 b를 가질 수 없습니다. 따라서 (다)는 Ⅱ의 세포이고 유전자형이 AABb이므로 ㉠은 B입니다.

(라)에는 상동 염색체의 모양과 크기가 모두 같으므로 성염색체가 XX이고, (라)는 암컷의 세포입니다. 따라서 (라)는 Ⅰ의 세포입니다.

(나)에는 a가 있는데 Ⅱ의 유전자형은 AABb이므로 Ⅰ의 세포임을 알 수 있습니다.

2개는 Ⅰ의 세포, 나머지 2개는 Ⅱ의 세포이므로 (가)는 Ⅱ의 세포입니다.

선지 해설

㉠

~~ㄴ~~ (가)의 핵상은 n이고 (다)의 핵상은 2n이므로 다릅니다.

~~ㄷ~~ (라)는 Ⅰ의 세포입니다.

09 〉 20학년도 수능 3번 | 정답 ②

문항 해설

1. 자료 해석

(가)에는 상동 염색체가 있으므로 핵상이 2n입니다.
(나)에는 상동 염색체가 있으므로 핵상이 2n입니다.
(다)에는 상동 염색체가 없으므로 핵상이 n입니다.

(가)에는 상동 염색체의 모양과 크기가 모두 같으므로 성염색체가 XX이고, 암컷의 세포입니다.

(나)에는 모양과 크기가 다른 상동 염색체가 있으므로 하나는 X이고 다른 하나는 Y입니다. 따라서 (나)는 수컷의 세포입니다.

(다)에는 a가 있는데, (나)에서 유전자형이 AA이므로 (나)와 같은 개체의 세포일 수 없습니다. 따라서 (다)는 (가)와 같은 개체의 세포입니다.

문제에서 2개는 Ⅱ의 세포, 1개는 Ⅰ의 세포라 하였으므로, (가)와 (다)는 Ⅱ의 세포이고, (나)는 Ⅰ의 세포입니다.
(다)에서 a가 있으므로 (가)에서 ㉠은 a입니다.

선지 해설

~~ㄱ~~ ~~ㄴ~~

ㄷ 2n개이므로 8입니다.

☑ comment

> 체세포 분열 중기 또는 감수 1분열 중기 때 염색 분체 수는 2n×2개, 감수 2분열 중기 때 염색 분체 수는 n×2개입니다. 이를 4n개, 2n개로 외워두면 편합니다. 참고로 2가 염색체 수는 n개입니다.

10 〉 21학년도 수능 6번 | 정답 ④

문항 해설

1. 자료 해석

(가)에는 상동 염색체가 없으므로 핵상이 n입니다.
(나)에는 상동 염색체가 없으므로 핵상이 n입니다.
(다)에는 상동 염색체가 있으므로 핵상이 2n입니다.

2가지 종을 각각 Ⅰ과 Ⅱ라 하고 (가)를 종 Ⅰ이라 할 때,
(가)와 (나)는 모양과 크기가 다른 염색체가 여러 개이므로 (나)는 종 Ⅱ입니다.
(나)와 (다)는 모양과 크기가 다른 염색체가 여러 개이므로 (다)는 종 Ⅰ입니다

2개는 A의 세포이고, 1개는 B의 세포라 했으므로
(가)와 (다)는 A의 세포이고, (나)는 B의 세포입니다.

(다)는 2n인데 염색체 수가 5개이므로 X 염색체를 나타내지 않은 세포임을 알 수 있습니다. 따라서 (다)는 2n=6이고 수컷의 세포입니다.

A와 B는 성이 다르므로 (나)는 암컷의 세포입니다.
따라서 (나)에서 염색체가 3개이므로 X 염색체를 고려하면 n=4이므로 2n=8입니다.

선지 해설

ㄱ. (가)의 핵상은 n이고, (다)의 핵상은 2n이므로 다릅니다.

ㄴ. A는 X 염색체와 Y 염색체가 모두 있으므로 수컷입니다.

ㄷ. 4n개이므로 16입니다.

☑ comment

성염색체를 제외한 경우, 2n일 때 남자는 염색체 수가 홀수이고 여자는 짝수인 점은 인지하고 계시는 게 좋습니다.

11 〉 20학년도 10월 14번 | 정답 ③

문항 해설

1. 자료 해석

(가)에는 상동 염색체가 있으므로 핵상이 2n입니다.
(나)에는 상동 염색체가 없으므로 핵상이 n입니다.

(가)에는 상동 염색체의 모양과 크기가 모두 같으므로 성염색체가 XX이고, 암컷의 세포입니다. 따라서 (가)는 Ⅰ의 세포이고, (나)는 Ⅱ의 세포입니다.

(가)와 (나)를 비교할 때 흰 색 염색체의 모양과 크기가 다르므로 (나)에는 Y 염색체가 있음을 알 수 있습니다.
따라서 (가)에서 R이 있는 염색체는 X 염색체입니다.

Ⅲ은 R만 갖고, Ⅳ는 r만 갖습니다.
Ⅲ과 Ⅳ가 수컷이든 암컷이든 엄마인 Ⅰ에게 X 염색체를 반드시 받게 되므로 Ⅰ은 R과 R을 모두 갖고 있음을 알 수 있습니다.

Ⅲ과 Ⅳ의 성별을 모르므로 Ⅱ가 RY인지 rY인지는 확정할 수 없습니다.
Ⅲ이 암컷이면 Ⅱ는 RY이고, Ⅳ가 암컷이면 Ⅱ는 rY입니다.

선지 해설

ㄱ. (나)는 Ⅱ의 세포가 맞습니다.

ㄴ. Ⅰ의 ⓐ에 대한 유전자형은 Rr입니다.

ㄷ. Ⅲ과 Ⅳ가 모두 암컷이라면 Ⅱ에게 동일한 X 염색체를 받게 되므로 Ⅲ과 Ⅳ가 각각 R와 r만 가질 수는 없습니다.
예를 들어, Ⅱ가 RY이고 Ⅲ과 Ⅳ가 모두 암컷이라면 Ⅳ는 Ⅱ에게 R을 받게 되므로 r만 가질 수 없습니다.

12 〉 22학년도 9월 14번 | 정답 ①

문항 해설

1. 자료 해석

(가)에는 상동 염색체가 있으므로 핵상이 2n,
(나)에는 염색체 수가 3개이므로 핵상이 n,
(다)에는 상동 염색체가 있으므로 핵상이 2n,
(라)에는 상동 염색체가 있으므로 핵상이 2n입니다.

2가지 종을 각각 α와 β라 하고, (가)를 α 종이라 할 때,
(가)와 (나)는 염색체의 구성이 비슷하므로 (나)는 α 종입니다.
(나)와 (다)는 모양과 크기가 다른 염색체가 여러 개이므로 (다)는 β 종입니다.
(다)와 (라)는 모양과 크기가 다른 염색체가 여러 개이므로 (라)는 α 종입니다.

(다)는 상동 염색체의 모양과 크기가 모두 같으므로 성염색체가 XX이고, (다)는 암컷의 세포입니다.

(가)와 (라)는 같은 종의 세포인데, 검은색 염색체의 모양과 크기가 서로 다르므로
둘 중 하나는 X 염색체이고, 다른 하나는 Y 염색체임을 알 수 있습니다.
그런데 (나)에 검은색 염색체가 있는데 ⓐ가 있으므로 ⓐ는 상염색체이고, ⓑ는 성염색체입니다.

(가)와 (라)에서 ⓑ가 Y 염색체라면, 염색체가 YY가 되므로 모순됩니다.
따라서 ⓑ는 X 염색체임을 알 수 있고, (가)와 (라) 중 하나는 암컷의 세포이고 다른 하나는 수컷의 세포입니다.

문제에서 (가)~(라) 중 수컷의 세포와 암컷의 세포가 2개씩 있다고 제시해주었는데,
(다)와 (가)/(라) 중 한 개체의 세포가 암컷의 세포이므로 (나)는 수컷의 세포입니다.

선지 해설

ㄱ, ㄴ̸, ㄷ̸

☑ comment

검토진 : 핵상이 n임을 판단할 때에는, 상동 염색체의 유무로도 판단할 수 있지만, 해설처럼 염색체의 수가 홀수임을 이용할 수 있습니다.
핵상이 n일 때는 염색체 수가 짝수와 홀수가 모두 가능하지만, 2n일 때는 상동 염색체가 쌍으로 존재하므로 염색체 수가 홀수일 수 없습니다.
이를 이용하여 염색체 수가 홀수이면 핵상이 n인 세포임을 판단할 수도 있어야 합니다.

13 〉 22학년도 수능 11번 | 정답 ②

문항 해설

1. 자료 해석

(가)에는 상동 염색체가 있으므로 핵상이 2n,
(나)에는 상동 염색체가 없으므로 핵상이 n,
(다)에는 상동 염색체가 있으므로 핵상이 2n,
(라)에는 상동 염색체가 없으므로 핵상이 n입니다.

서로 다른 종인 A~C라고 제시해주었으므로 세 개체의 종이 모두 다름을 알 수 있습니다.
따라서 종을 각각 Ⅰ, Ⅱ, Ⅲ라 하고, (가)를 종 Ⅰ이라 할 때,
(가)와 (나)는 모양과 크기가 다른 염색체가 여러 개이므로 (나)는 종 Ⅱ입니다.
(다)는 (가)와 (나) 모두와 비교할 때, 모양과 크기가 다른 염색체가 여러 개이므로 (다)는 종 Ⅲ입니다.
(라)는 (가)~(다) 모두와 비교 할 때, (나)와 한 쌍을 제외한 염색체의 모양과 크기가 같으므로 (라)는 종 Ⅱ입니다.

(가)~(라) 중 2개가 A의 세포라 제시되어 있으므로 (나)와 (라)는 A의 세포입니다.
또한, (나)와 (라)에서 성염색체의 모양과 크기가 서로 다르므로 A는 수컷입니다.

A와 B의 성은 서로 다르다 제시되어 있는데, (가)는 암컷의 세포이고, (다)는 수컷의 세포이므로
(가)가 B입니다. 남은 (다)는 C의 세포입니다.

선지 해설

ㄱ (✗)

ㄴ (나)와 (라)에서 흰색 염색체의 모양과 크기가 다르므로 흰색 염색체가 성염색체입니다.
다른 염색체는 상염색체입니다.

ㄷ (✗) (나)의 염색 분체 수는 6개이고, (다)의 성염색체 수는 2개이므로 $\frac{1}{3}$ 입니다.

14 22학년도 3월 6번 | 정답 ③

문항 해설

1. 자료 해석

(가)에는 상동 염색체가 없으므로 핵상이 n입니다.
(나)에는 상동 염색체가 있으므로 핵상이 2n입니다.
(다)에는 상동 염색체가 없으므로 핵상이 n입니다.

(가)에는 염색체가 4개 있으므로 (가)는 A의 세포입니다.
(나)에는 염색체가 6개 있으므로 (나)는 B의 세포입니다.
(다)에는 염색체가 4개 있으므로 (다)는 A의 세포입니다.

(나)에서는 상동 염색체의 모양과 크기가 모두 같으므로 성염색체가 XX이고, B는 암컷임을 알 수 있습니다.
(가)와 (다)를 비교할 때, 검은색 염색체의 모양과 크기가 서로 다르므로 A는 수컷임을 알 수 있습니다.

선지 해설

ㄱ (✗)

ㄷ (나)의 상염색체 수는 4이고, (다)의 염색체 수는 4이므로 맞습니다.

15 22학년도 4월 6번 | 정답 ④

문항 해설

1. 자료 해석

(가)에는 상동 염색체가 없으므로 핵상이 n입니다.
(나)에는 상동 염색체가 있으므로 핵상이 2n입니다.
(다)에는 상동 염색체가 없으므로 핵상이 n입니다.

(나)에서는 상동 염색체의 모양과 크기가 모두 같으므로 성염색체가 XX이고, (나)는 암컷의 세포임을 알 수 있습니다.
(가)~(다) 중 1개는 암컷, 나머지 2개는 수컷의 세포라 제시되어 있으므로 (가)와 (다)는 수컷의 세포입니다.

Ⅰ의 ㉠에 대한 유전자형이 aa인데, (다)에는 A가 있으므로 (가)와 (다)는 Ⅱ의 세포이고, Ⅱ의 ㉠에 대한 유전자형은 Aa입니다.
남은 (나)는 Ⅰ의 세포입니다.

선지 해설

ㄱ (✗) ㄴ ㄷ

16 〉 23학년도 6월 13번 | 정답 ①

문항 해설

1. 자료 해석

(가)에는 상동 염색체가 있으므로 핵상이 2n입니다.
(나)에는 상동 염색체가 없으므로 핵상이 n입니다.
(다)에는 상동 염색체가 없으므로 핵상이 n입니다.
(라)에는 상동 염색체가 없으므로 핵상이 n입니다.

(가)를 종 Ⅰ이라 할 때,
(가)와 (나)는 모양과 크기가 다른 염색체가 여러 개이므로
(나)는 종 Ⅱ입니다.
(나)와 (다)는 모양과 크기가 다른 염색체가 여러 개이므로
(다)는 종 Ⅰ입니다.
(다)와 (라)는 모양과 크기가 다른 염색체가 여러 개이므로
(라)는 종 Ⅱ입니다.

(가)에서는 상동 염색체의 모양과 크기가 모두 같으므로 성염색체가 XX이고, (가)는 암컷의 세포임을 알 수 있습니다.
같은 종인 (가)와 (다)의 세포를 비교할 때, 회색 염색체의 모양과 크기가 서로 다르므로 (다)는 수컷의 세포임을 알 수 있습니다.
(가)와 (다)는 서로 다른 개체의 세포이므로 (나)와 (라)는 같은 개체의 세포이고,
(가)와 (다)는 각각 A와 B 중 하나이며, (나)와 (라)는 C의 세포입니다.

(나)와 (라)를 비교할 때, 흰색 염색체의 모양과 크기가 서로 다르므로 (나)와 (라)는 수컷의 세포임을 알 수 있습니다.
A와 C의 성이 같음을 고려하면,
(가)는 암컷의 세포이므로 B의 세포이고,
(다)는 수컷의 세포이므로 A의 세포입니다.

선지 해설

㉠

✓ 종이 다르므로 핵형이 다릅니다.

✗ 염색 분체 수는 12입니다. 감수 1분열 중기 세포 1개당 염색 분체 수는 4n인데 6은 4의 배수가 아니므로 틀렸다고 빠르게 판단할 수도 있습니다.

☑ comment

A와 B는 같은 종 → C는 다른 종이겠다.
A와 C의 성은 같다. → B는 성이 다르겠다.
정도의 생각은 드시는 게 좋습니다.

17 〉 22학년도 10월 17번 | 정답 ②

문항 해설

1. 자료 해석

(가)에는 상동 염색체가 없으므로 핵상이 n입니다.
(나)에는 상동 염색체가 없으므로 핵상이 n입니다.
(다)에는 상동 염색체가 있으므로 핵상이 2n입니다.
(라)에는 상동 염색체가 있으므로 핵상이 2n입니다.

이 동물 종은 2n=6인데 (다)에는 염색체가 5개이므로 (다)는 수컷(Ⅱ)의 세포이며 검은색 염색체가 Y 염색체임을 알 수 있습니다.
(라)에는 염색체가 4개이므로 XX이며 (라)는 암컷(Ⅰ)의 세포임을 알 수 있습니다.

(다)와 (라)를 비교하면, ㉡과 ㉣이 서로 대립유전자임을 알 수 있습니다.
따라서 남은 ㉠과 ㉢도 대립유전자입니다.

Ⅰ의 ㉮에 대한 유전자형은 ?㉣㉢㉢이고, Ⅱ의 ㉮에 대한 유전자형은 ㉡㉡?㉢입니다.
그런데 (가)에는 ㉠이 있으므로 (가)와 (다)는 Ⅱ의 세포이고 (가)에는 a가 있으므로 ㉡=a이고, ㉣=A입니다.
남은 (나)와 (라)는 Ⅰ의 세포이고, (나)에 B가 있으므로 ㉢=B이고, ㉠=b입니다.

이를 통해 정리하면,
Ⅰ의 ㉮에 대한 유전자형은 AaBB이고,
Ⅱ의 ㉮에 대한 유전자형은 aaBb입니다.

선지 해설

 ㉡ ㄷ̸

☑ comment

발문에서 이 동물 종의 ~ 로 제시되어 있으므로 이 문제에서는 종을 구분할 필요가 없음을 인지하셔야 합니다.

18 〉 23학년도 3월 20번 | 정답 ①

문항 해설

1. 자료 해석

A는 2n=8, B는 2n=6이므로 서로 다른 종입니다.
문제에서는 ㉠을 제외한 염색체를 나타냈으므로, ㉠이 아닌 염색체를 ㉡이라 하겠습니다.

그러면 (가)는 그려진 염색체가 2개이므로
(가)는 n=3이며 ㉠이 있는 B의 세포임을 알 수 있습니다.

(나)는 그려진 염색체가 3개인데, (가)와 비교했을 때 (가)와 다른 종의 세포임을 알 수 있습니다.
따라서 (나)는 A의 세포이므로 n=4이고, ㉠이 있는 세포임을 알 수 있습니다.

(다)는 그림으로 보아 (가)와 같은 종의 세포이므로 (다)는 B의 세포입니다.
(* 또는 염색체 수가 5인 것을 통해 B임을 확정할 수도 있습니다.)
그런데 염색체가 5개이므로 ㉠과 ㉡이 모두 있는 세포임을 알 수 있습니다.
따라서 B는 수컷이고, 문제에서 A와 B는 성이 다르다 했으므로 A는 암컷입니다.

암컷의 세포인 (나)에 ㉠이 있으므로 ㉠은 X 염색체이고, ㉡은 Y 염색체입니다.

선지 해설

㉠

ㄴ̸ (가)는 n=3이므로 상염색체의 수는 2입니다.

ㄷ̸

19 〉 23학년도 4월 7번 | 정답 ①

문항 해설

1. 자료 해석

(가)와 (나)에는 상동 염색체가 있으므로 핵상이 2n인 세포임을 알 수 있습니다.
(가)에 그려진 염색체 수가 5이므로 이 종은 2n=6이며, (가)는 수컷의 세포임을 알 수 있습니다.
(나)는 그려진 염색체 수가 4개이므로 ⓐ가 아닌 염색체가 2개 있는 것을 알 수 있습니다.
그런데 이 종의 성염색체는 암컷이 XX, 수컷이 XY이므로 Y 염색체가 2개일 수는 없으므로
ⓐ는 Y 염색체이고, (나)는 암컷의 세포임을 알 수 있습니다.
(* (나)에서 그려지지 않은 염색체가 X 염색체이므로 그려진 염색체(ⓐ)는 Y 염색체입니다.
이 부분을 일반화하면, X 염색체와 Y 염색체 중 하나만 나타낼 때, 핵상이 2n인 세포에서 염색체 수가 짝수면 암컷의 세포, 홀수면 수컷의 세포임을 알 수 있습니다.)

(다)는 염색체의 수가 3이므로 핵상이 n이고, Y 염색체가 있는 세포이므로 수컷의 세포입니다.
따라서 (가)와 (다)는 같은 개체의 세포이므로 B의 세포이고, 남은 (나)는 A의 세포입니다.

선지 해설

㉠ ✗

✗ (다)에는 Y 염색체가 있으므로 (다)의 염색 분체 수는 6이고, (가)의 상염색체 수는 4이므로 $\frac{\text{(다)의 염색 분체 수}}{\text{(가)의 상염색체 수}} = \frac{3}{2}$ 입니다.

20 〉 24학년도 9월 15번 | 정답 ③

문항 해설

1. 자료 해석

문제에서 염색체 ㉠을 나타냈다고 하였으므로, ㉠이 아닌 염색체는 ㉡으로 표기하겠습니다.

(가)와 (다)에는 상동 염색체가 없으므로 핵상이 n이고,
(나)에는 상동 염색체가 있으므로 핵상이 2n이고, 염색체 수가 짝수이므로 암컷의 세포임을 알 수 있습니다.
(* ㉠과 ㉡ 중 ㉠만 나타낸 그림이므로 수컷의 세포였다면 염색체 수는 홀수여야 합니다.)

또한, 염색체의 모양과 크기를 비교할 때,
(가)와 (다)는 같은 종의 세포이고, (나)는 다른 종의 세포임을 알 수 있습니다.
따라서 (나)는 C의 세포입니다.
하지만 ㉠이 그려진 건지, ㉡이 그려진 건지는 확정할 수 없으므로 아직 2n=6인지 2n=8인지는 알 수 없습니다.

(가)와 (다)는 같은 종의 세포인데,
핵상이 n인 (가)에서는 염색체 수가 4이고, (다)에서는 3이므로 (가)는 ㉠이 있는 세포이고, (다)는 ㉡이 있는 세포이며 이 종은 n=4임을 알 수 있습니다.
문제에서 A/B와 C는 염색체 수가 서로 다르다 했으므로 C는 2n=6이고, ㉠은 X 염색체임을 알 수 있습니다.

따라서 Y 염색체가 있는 (다)는 수컷의 세포이므로 A의 세포입니다.
남은 (가)는 암컷 B의 세포입니다.

선지 해설

㉠ ㉡

✗ C의 체세포 분열 중기의 세포에서 상염색체는 4개이고, X 염색체는 2개이므로 $\frac{\text{상염색체 수}}{\text{X 염색체 수}} = 2$입니다.

21 〉 23학년도 수능 16번 | 정답 ④

문항 해설

1. 자료 해석

해설의 편의를 위해, X 염색체와 Y 염색체 중 ㉠이 아닌 나머지 하나를 ㉡이라고 부르겠습니다.

(가)에는 상동 염색체가 있으므로 핵상이 2n입니다.
(나)에는 상동 염색체가 없으므로 핵상이 n입니다.
(다)에는 상동 염색체가 없으므로 핵상이 n입니다.
(라)에는 상동 염색체가 없으므로 핵상이 n입니다.

(가)를 종 Ⅰ이라 할 때, Ⅰ은 2n=8이고, (가)에는 ㉠과 ㉡이 모두 있습니다.
(가)와 (나)는 염색체의 구성이 비슷하므로 (나)는 종 Ⅰ이고, (나)에는 ㉡이 있습니다.
(나)와 (다)는 모양과 크기가 다른 염색체가 여러 개이므로 (다)는 종 Ⅱ입니다.
Ⅰ과 Ⅱ의 2n일 때 염색체 수가 달라야 하므로 Ⅱ는 2n=6이며, (다)에는 ㉠이 있습니다.
(다)와 (라)는 모양과 크기가 다른 염색체가 여러 개이므로 (라)는 종 Ⅰ이고, (라)에는 ㉠이 있습니다.

(가), (다), (라)에 ㉠이 있는데 암컷 2개, 수컷 2개이므로 ㉠은 X 염색체이고, ㉡이 Y 염색체임을 알 수 있습니다.

따라서 (가)와 (나)는 수컷의 세포이고, (다)와 (라)는 암컷의 세포입니다.
(가), (나), (라)는 같은 종의 세포이므로 (가)와 (나)는 A와 B 중 하나이고, 나머지 (라)는 B와 A 중 하나입니다. (* 확정할 수 없습니다.)
남은 (다)는 C의 세포입니다.

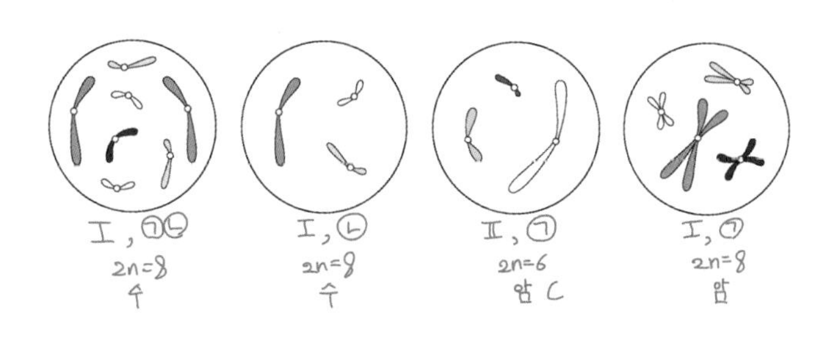

선지 해설

ㄱ ㉡

ㄷ 체세포 분열 중기의 세포 1개당 상염색체는 4개이므로, 염색 분체 수는 8입니다.

22 〉 23학년도 10월 9번 | 정답 ④

문항 해설

1. 세포 찾기

X 염색체를 제외한 나머지 염색체는 모두 그려준 상태이므로
상동 염색체가 있는 (나)는 2n, 상동 염색체가 없는 (가), (다), (라)는 n임을 알 수 있습니다.
(나)는 2n인데 염색체 수가 짝수이므로 암컷의 세포이며, 2n=6임을 알 수 있습니다.
(* 이 부분이 이해가 되지 않는다면 앞의 문항 해설들을 다시 복습해보시기 바랍니다.)

(가)는 그려진 염색체 수가 3이므로 Y 염색체가 있는 세포이고,
따라서 (가)는 수컷의 세포입니다.
문제에서 (가)는 A의 세포라 제시해주었으므로 (나)는 B의 세포입니다.

(나)에서 eg와 E㉡이 같은 염색체에 있는데, (라)에는 E㉢이 같은 염색체에 있으므로
서로 다른 개체의 세포임을 알 수 있습니다.
따라서 (가)와 (라)가 A의 세포이고, (나)와 (다)는 B의 세포입니다.

2. 유전자 해석

(나)에는 E와 ㉡이, (라)에는 E와 ㉢이 같은 염색체 있으므로 ㉡과 ㉢은 서로 대립유전자 관계임을 알 수 있습니다. 따라서 남은 ㉠과 ㉣도 서로 대립유전자 관계입니다.

이때, (나)에서 흰색 염색체에 있는 유전자는 ㉠ 동형 접합성인데 (다)에는 F가 있으므로 ㉠이 F이고 ㉣은 f임을 알 수 있습니다.
또한, (나)에는 E와 ㉡이 같은 염색체에 있는데, (다)에는 ㉢이 있으므로 ㉢은 e와 같은 염색체에 있는 g임을 알 수 있습니다. 따라서 남은 ㉡은 G입니다.

선지 해설

ㄱ n=3이므로 3입니다.

ㄴ ㄷ

23 〉 14학년도 수능 10번 | 정답 ④

문항 해설

1. 자료 해석

㉠과 ㉡의 핵상은 2n이고,
㉢과 ㉣의 핵상은 n이므로
염색체 수의 상댓값이 2인 ⓑ의 핵상은 2n입니다.
따라서 ㉡은 ⓑ입니다.

복제된 2n의 세포에서 핵 1개당 DNA 상대량이 4이므로
상동 염색체가 분리된 ㉢에서는 2,
염색 분체가 분리된 ㉣에서는 1임을 알 수 있습니다.

따라서 ⓒ는 ㉢이고, ⓐ는 ㉣입니다.

선지 해설

ㄱ. ㉠에서 T의 수는 1이고, ⓒ에서는 T의 수가 2이거나 0이므로 아닙니다.

ㄴ. ㉢은 $\frac{2}{n}$이고, ⓑ는 $\frac{4}{2n}=\frac{2}{n}$ 이므로 같습니다.

ㄷ. 감수 2분열에서 염색 분체가 분리되므로 맞습니다.

24 18학년도 9월 7번 | 정답 ①

문항 해설

1. 자료 해석

표에서 ⓐ에는 t가 없는데 ⓑ에는 t가 있으므로
ⓐ의 핵상은 n임을 알 수 있습니다.
핵상이 n인데 H의 DNA 상대량이 2이므로 ⓐ는 ㉢입니다.

이 개체에서 t가 있는 세포와 없는 세포가 모두 있으므로 t는 tt 동형 접합성이 아님을 알 수 있습니다.
(* 동형 접합성이라면 t가 없는 세포가 있을 수 없습니다.)

따라서 ㉠과 ㉡에서 t의 DNA 상대량은 각각 1과 2이고,
㉣에서 t의 DNA 상대량은 1입니다.

따라서 t의 DNA 상대량이 2인 ⓑ가 ㉡임을 알 수 있습니다.
㉡에서 H와 t의 DNA 상대량이 같으므로 H도 동형 접합성이 아님을 알 수 있습니다.
따라서 ㉢에서 H의 DNA 상대량이 2였으므로 ㉣에서는 0이어야합니다.

따라서 ㉣의 DNA 상대량은 H, t순으로 0, 1이어야 합니다.
이를 만족할 수 있는 세포는 ⓒ밖에 없으므로 ⓒ가 ㉣이고, ⓓ는 ㉠입니다.

선지 해설

ㄱ.

ㄴ. ㉢의 핵상은 n이고, ⓓ의 핵상은 2n이므로 다릅니다.

ㄷ. ㉢에 H가 있으므로 ㉣에는 H가 없습니다. 따라서 0입니다.

☑ comment

> 이 문제에서는 H와 t의 DNA 상대량만 주어졌습니다.
> 이때 H와 t가 동형 접합성이 아님은 알 수 있지만,
> 이형 접합성인지, 또는 X^HY나 XY^H처럼 성염색체에 있는 유전자인지는 알 수 없습니다.

25 18학년도 수능 12번 | 정답 ③

문항 해설

1. 자료 해석

유전자형이 EeFFHh이므로 Ⅰ과 Ⅱ에서 e, F, h의 DNA 상대량은 순서대로 1, 2, 1 / 2, 4, 2입니다.
이러한 구성은 ㉡에서 1, 2, 1 / ㉣에서 2, 4, 2만 가능하므로 ㉡이 Ⅰ, ㉣이 Ⅱ이고, ⓑ=1, ⓓ=2입니다.

㉠과 ㉢의 핵상은 n인데, ㉠에 DNA 상대량이 1이 있으므로 ㉠은 Ⅳ이고, ㉢은 Ⅲ입니다.

이 개체에서 FF는 동형 접합성이므로 ⓒ=2입니다.
㉢에서 e가 있으므로 ㉠에는 없어야 합니다.
(* E/e는 이형 접합성이기 때문입니다.)
따라서 ⓐ=0입니다.

선지 해설

ㄱ̸ ㉣은 Ⅱ입니다.

ㄴ̸ ⓐ+ⓑ+ⓒ+ⓓ = 0+1+2+2 = 5입니다.

㉢ $\frac{1}{1+0}$=1입니다.

26 〉 20학년도 6월 16번 ❙ 정답 ①

문항 해설

1. 자료 해석

그림 (가)를 통해 핵상이 2n인 세포가 1개, n인 세포가 2개 있음을 알 수 있습니다.

(나)에서 ㉠에는 G가 없는데 ㉡에는 G가 있으므로 ㉠의 핵상은 n임을 알 수 있습니다.
(나)에서 ㉡에는 E가 없는데 ㉠에는 E가 있으므로 ㉡의 핵상은 n임을 알 수 있습니다.
남은 ㉢은 2n입니다.

2n인 ㉢을 통해 이 개체의 유전자형이 EeFFGg임을 알 수 있습니다.
(* 문제에서 '상'염색체에 존재한다고 했기에 가능합니다.
이런 조건이 없었다면 성염색체도 고려해야 하므로 유전자형을 확정할 수 없습니다.)

㉠은 DNA 상대량이 2이므로 Ⅱ, ㉡은 DNA 상대량이 1이므로 Ⅲ입니다.

선지 해설

㉠ $\frac{1+1}{2}$=1입니다.

ㄴ̸ Ⅱ의 염색 분체 수는 2n개이므로 46입니다.

ㄷ̸ Ⅲ은 DNA 상대량이 1이므로 ㉡입니다.

☑ comment

체세포 분열 중기 또는 감수 1분열 중기 때 염색 분체 수는 2n×2개, 감수 2분열 중기 때 염색 분체 수는 n×2개입니다. 이를 4n개, 2n개로 외워두면 편합니다. 참고로 2가 염색체 수는 n개입니다.

27 〉 23학년도 3월 14번 ❙ 정답 ⑤

문항 해설

1. 자료 해석

㉢에서 a의 DNA 상대량이 4이므로 ㉢은 Ⅱ입니다.
Ⅲ은 복제된 상태의 세포이므로 DNA 상대량은 2 또는 0만 가능합니다.
그런데 ㉡에서 B의 DNA 상대량이 1이므로 ㉡은 Ⅰ입니다. 남은 ㉠은 Ⅲ입니다

Ⅰ에서 복제된 게 Ⅱ이므로 Ⅰ의 DNA 상대량은 Ⅱ의 $\frac{1}{2}$배입니다.
따라서 ⓐ=2이고, 이 사람의 유전자형은 aaBb입니다. 남은 ⓑ=0입니다.

선지 해설

㉠ ㉡

㉢ Ⅲ에서 B가 없으므로 Ⅳ에는 B가 있음을 알 수 있습니다.
(* 처음 공부하는 학생은 감수 분열 과정을 어느 정도 생각해봐야 알 수 있지만, 고득점을 받고자 한다면 나중에는 생각 안 하고 당연하다고 느껴지셔야 합니다.)

28 〉 20학년도 10월 8번 ❙ 정답 ⑤

문항 해설

1. 자료 해석

그림을 통해 핵상이 2n인 세포가 1개, n인 세포가 2개 있음을 알 수 있습니다.

표에서 ㉠에는 T가 없는데 ㉡에는 T가 있으므로 ㉠의 핵상은 n입니다.
㉡에는 H가 없는데 ㉠에는 H가 있으므로 ㉡의 핵상은 n입니다.
따라서 남은 ㉢의 핵상은 2n이므로 Ⅰ입니다.
㉠에서 H의 DNA 상대량이 2이므로 ㉠은 Ⅱ이고, ㉡은 Ⅲ입니다.

㉠에는 H가 있고, ㉡에는 H가 없으므로 2n일 때 H는 1개 있음을 알 수 있습니다.
따라서 ㉢에서 H의 DNA 상대량은 1입니다.
㉡에서 T가 있으므로 ㉢에도 있어야 합니다. 그런데 ㉢에 t가 이미 있으므로 T의 DNA 상대량은 1입니다.

따라서 ㉢은 (H, h, T, t)순으로 DNA 상대량이 (1, 0, 1, 1)인데, H/h는 2n일 때 대립유전자가 1개밖에 없다는 뜻이므로 성염색체에 있는 유전자임을 알 수 있습니다.
또한 남자인데 T/t에 대해 이형 접합성이므로 T/t는 상염색체에 있는 유전자임을 알 수 있습니다.

선지 해설

ㄱ)

ㄴ) ㉠에는 T가 없으므로 t가 있어야 합니다.
따라서 ⓐ는 2입니다.
(* 상염색체에 있는 유전자가 아예 없을 수는 없습니다.)
핵상이 2n인 ㉢에서 h의 DNA 상대량이 0이었으므로 ⓑ도 0입니다.
따라서 ⓐ+ⓑ = 2+0 = 2입니다.

ㄷ)

☑ comment

일반적으로 '여자'가 없으므로 H/h가 X 염색체에 있는 유전자인지, Y 염색체에 있는 유전자인지는 알 수 없습니다.
성염색체임을 판단했을 때, 여자가 해당 유전자를 갖고 있다면 X 염색체이고, 갖고 있지 않다면 Y 염색체에 있는 유전자입니다.

29 〉 21학년도 9월 18번 ❙ 정답 ⑤

문항 해설

1. 자료 해석

㉠의 상염색체 수가 ㉡의 상염색체 수의 2배이므로
㉠의 핵상은 2n이고 ㉡의 핵상은 n임을 알 수 있습니다.

㉣에서 A와 a의 DNA 상대량 합이 4인데,
대립유전자 1개당 DNA 상대량이 1이고,
염색 분체 1개당 대립유전자가 1개 있으므로
염색 분체가 4개 있어야 합이 4일 수 있음을 알 수 있습니다.
(* 성염색체를 고려하지 않았을 때, 두 대립유전자의 DNA 상대량 합은 Ⅰ에서 2이고 Ⅱ에서 4임은 알고 있는 게 좋습니다.)
따라서 복제된 2n이어야 하므로 ㉣은 Ⅱ임을 알 수 있고, ㉠은 Ⅰ이 됩니다.
㉡에서 A와 a의 DNA 상대량 합이 2이므로 ㉡은 Ⅲ입니다.
남은 ㉢은 Ⅳ이며 ⓐ=4, ⓑ=1입니다.

선지 해설

ㄱ)

ㄴ) ⓐ+ⓑ = 4+1 = 5입니다.

ㄷ) 2n일 때 상염색체 수가 8개이고, 성염색체는 2개가 더 있으므로 2n=10입니다. 따라서 2가 염색체 수는 5입니다.

comment

이 문제는 '상염색체 수'를 제대로 읽지 않고 2n=8로 생각해 ㄷ선지를 틀린 학생이 생각보다 되게 많았습니다. 앞으로 이런 식으로 낚는 선지가 출제될 수 있음은 유념해두는 게 좋습니다.

30 21학년도 6월 19번 | 정답 ①

문항 해설

1. 자료 해석

유전자형이 AaBbDD이므로 Ⅰ과 Ⅱ에서 A, B, D의 DNA 상대량은 순서대로 1, 1, 2 / 2, 2, 4입니다.

1, 1, 2가 가능한 세포는 (다)밖에 없으므로 (다)는 Ⅰ이고 2n입니다.
㉠+㉡+㉢=4인데, (나)가 Ⅱ일 경우 ㉡+㉢=6이므로 (가)가 Ⅱ임을 알 수 있으며, ㉠=2입니다.

따라서 (나)와 (라)의 핵상은 n입니다.
(나)에서 A의 DNA 상대량이 2이므로 Ⅲ이고 ㉡과 ㉢은 2 또는 0만 가능합니다.
그런데 D/d는 동형 접합성이므로 2임이 확정됩니다.
따라서 ㉡=0, ㉢=2입니다.

남은 (라)는 Ⅳ이고, (나)가 분열하여 형성된 세포이므로 A, B, D 순으로 1, 0, 1임을 알 수 있습니다.

선지 해설

ㄱ

ㄴ ㉡은 0입니다.

ㄷ (다)에서 a의 DNA 상대량은 1이고, (라)에서 a의 DNA 상대량은 0입니다. 따라서 다릅니다.

31 19학년도 10월 13번 | 정답 ③

문항 해설

1. 자료 해석

그래프에서 DNA 상대량이 1에서 2로 증가된 부분은 정자와 난자가 수정되어 2n이 된 부분임을 알 수 있습니다.

따라서 t_1과 t_4일 때 핵상은 2n이고,
t_2와 t_3일 때 핵상은 n입니다.

이 동물의 유전자형은 AABb이므로 t_1일 때 DNA 상대량은 A, a, B, b 순으로 4, 0, 2, 2입니다.
가능한 시점은 Ⅲ밖에 없으므로 Ⅲ이 t_1입니다.
따라서 ⓑ=2입니다.

표에서 시점 Ⅱ일 때 B와 b가 모두 있으므로 핵상이 2n인 시점임을 알 수 있습니다. 따라서 Ⅱ는 t_4이고, 이때 수정란이 형성되었습니다.

Ⅰ일 때 대립유전자의 DNA 상대량이 2이므로 Ⅰ은 t_2임을 알 수 있습니다. 이때 A와 B가 있으므로 a와 b는 없어야 합니다. 따라서 ⓐ=0입니다.

남은 Ⅳ는 t_3입니다.
난자 ㉠은 t_3일 때 있는데, t_3일 때 a와 b의 DNA 상대량이 0이므로 A와 B의 DNA 상대량은 각각 1이어야 합니다. 따라서 ⓒ=1입니다.

그런데 수정란인 Ⅱ에 a와 b가 있으므로 정자 ㉡에는 a와 b가 있음을 알 수 있습니다.

선지 해설

ㄱ ⓐ+ⓑ+ⓒ = 0+2+1 = 3입니다.

ㄴ Ⅱ일 때 핵상은 2n이고, Ⅳ일 때 핵상은 n이므로 상염색체 수는 다릅니다.

ㄷ 정자 ㉡에는 b가 있습니다.

32 〉 20학년도 9월 3번 I 정답 ③

문항 해설

1. 자료 해석

㉠에는 T와 t가 모두 있으므로 핵상이 2n입니다.
㉡에는 H와 h가 모두 있으므로 핵상이 2n입니다.
따라서 이 개체의 유전자형은 HhTt이고,
㉠은 G_1기, ㉡은 G_2 또는 M_1기 세포입니다.
따라서 ⓐ=2입니다.

㉢에는 h가 없으므로 핵상이 n이고,
DNA 상대량이 2인 대립유전자가 있으므로 ㉢은 M_2기 세포입니다.
㉣에는 t가 없으므로 핵상이 n이고,
DNA 상대량이 1인 대립유전자가 있으므로 ㉣은 감수 2분열이 끝난 세포입니다. 따라서 ⓑ=0입니다.

P는 감수 2분열 중기의 세포이므로 ㉢입니다.

선지 해설

ㄱ

ㄴ ⓐ+ⓑ = 2+0 = 2입니다.

ㄷ 4n개이므로 12입니다.

comment

체세포 분열 중기 또는 감수 1분열 중기 때 염색 분체 수는 2n×2개, 감수 2분열 중기 때 염색 분체 수는 n×2개입니다. 이를 4n개, 2n개로 외워두면 편합니다. 참고로 2가 염색체 수는 n개입니다.

33 〉 16학년도 수능 6번 I 정답 ⑤

문항 해설

1. 자료 해석

(가)의 그래프를 표로 나타내면 다음과 같습니다.
(* 실제로 문제를 풀 때 아래처럼 표를 그리기보다는 주어진 그래프 그대로 보시는 게 좋습니다. 저는 해설의 편의를 위해 표로 바꾼 겁니다.)

세포	DNA 상대량			
	A	a	B	b
㉠	1	0	1	1
㉡	1	1	1	1
㉢	1	0	0	1
㉣	0	0	2	0

㉠과 ㉡은 모두 B와 b가 있으므로 핵상이 2n입니다.
㉠에서 A/a의 DNA 상대량이 (1, 0)인데 2n인 세포에서 A가 1개만 있으므로 A/a는 성염색체에 있는 유전자이고, ㉠은 수컷의 세포임을 알 수 있습니다. 따라서 Ⅰ은 수컷입니다.
수컷의 세포에서 B/b는 이형 접합성이므로 B/b는 상염색체에 있는 유전자입니다.

㉡에는 성염색체에 있는 유전자가 이형 접합성이므로 같은 종류의 성염색체가 2개 있음을 알 수 있습니다.
YY는 아닐 테니 XX이고, A/a는 X 염색체에 있는 유전자이고, ㉡은 X 염색체가 2개이므로 암컷의 세포이고, Ⅱ는 암컷입니다.

㉣에서 A/a의 DNA 상대량이 (0, 0)이므로 X 염색체가 없는 세포임을 알 수 있습니다.
암컷의 경우 모든 세포에 X 염색체가 1개 이상 있어야 하므로 ㉣은 수컷의 세포임을 알 수 있고, Y 염색체가 있음을 알 수 있습니다.
따라서 ㉣은 Ⅰ의 세포이고, 핵상은 n입니다.

'㉢과 ㉣은 각각 Ⅰ과 Ⅱ의 세포 중 하나이다.' 조건으로 ㉢은 Ⅱ의 세포로 확정됩니다.
(* 엄밀히 말하면 안 됩니다. Comment 부분을 참고해주세요.)

선지 해설

ㄱ (나)는 A와 b가 같이 있고, 핵상이 n인 세포이므로 ⓒ의 염색체를 나타낸 것입니다.

ㄴ

ㄷ ⓓ에는 Y 염색체가 있는 세포이므로 이로부터 형성된 생식세포는 Y 염색체가 있는 정자입니다. 따라서 다른 생식세포(난자) 수정될 경우 항상 수컷입니다.

☑ comment

'ⓒ과 ⓓ은 각각 Ⅰ과 Ⅱ의 세포 중 하나이다.' 라는 조건은 엄밀히 말하면
ⅰ. ⓒ이 Ⅰ일 때 ⓓ이 Ⅰ
ⅱ. ⓒ이 Ⅰ일 때 ⓓ이 Ⅱ
ⅲ. ⓒ이 Ⅱ일 때 ⓓ이 Ⅰ
ⅳ. ⓒ이 Ⅱ일 때 ⓓ이 Ⅱ
네 가지 경우를 모두 의미합니다.
다만 이 문제에서, 1)과 4)를 고려할 경우 선지를 풀 수 없습니다. 따라서 이 문항은 엄밀히 말하면 오류입니다.

수능 문제에서 ⅰ과 ⅳ인 경우를 고려할 경우 답이 나오지 않게 출제했고, 이 문항은 이의 제기가 받아들여지지 않았으므로 앞으로 평가원 시험에서 저런 발문을 본다면 ⅱ와 ⅲ 중 하나로 해석하시고, 도저히 말이 안 될 때 ⅰ과 ⅳ도 고려하시는 걸 권장합니다.
(* 2020학년도 7월 14번 문항의 경우 1:1 대응으로만 해석하면 답을 낼 수 없습니다. 다만 이는 '평가원'이 출제한 문항이 아닌, '교육청' 문제이므로 일단은 위와 같이 생각하시는 걸 권장합니다.)

참고로 'ⓒ과 ⓓ은 Ⅰ과 Ⅱ를 순서 없이 나타낸 것이다.'의 경우 1:1 대응으로만 해석하셔야 합니다.

34 〉 19학년도 7월 7번 | 정답 ⑤

문항 해설

1. A/A* 해석

표는 G_1기 체세포 1개당 DNA 상대량을 나타낸 표입니다.
따라서 핵상은 모두 2n입니다.

아버지는 A와 A* 중 A만 1개 가지고 있으므로 A/A*가 성염색체에 있는 유전자임을 알 수 있습니다.

그런데 철수는 A의 DNA 상대량이 0이므로 아버지에게 A를 받지 않았음을 알 수 있습니다.
따라서 A/A*는 X 염색체에 있는 유전자입니다.
(* Y 염색체에 있는 유전자일 경우 아들은 아빠에게 Y 염색체를 반드시 받게 되므로 유전자 구성이 동일해야 합니다.)
철수는 X 염색체가 1개이므로 ⓓ=1입니다.

형은 AY이고, 철수는 A*Y이므로,
어머니의 A/A*에 대한 유전자형은 AA*입니다.

2. B/B* 해석

남자인 철수가 B* 동형 접합성이므로 B/B*는 상염색체에 있는 유전자임을 알 수 있습니다.

철수는 B* 동형 접합성이므로 엄마와 아빠는 모두 B*를 가지고 있습니다.
형은 B*가 없으므로 B 동형 접합성입니다. 따라서 엄마와 아빠는 모두 B를 가지고 있습니다.
따라서 엄마와 아빠의 B/B*에 대한 유전자형은 BB*입니다.
따라서 ⓐ=1, ⓑ=1, ⓒ=2입니다.

선지 해설

ㄱ ⓐ+ⓑ+ⓒ+ⓓ = 1+1+2+1 = 5입니다.

ㄴ A*를 갖는 구성원은 어머니와 철수인데, 철수는 B를 가질 수 없으므로 (가)는 어머니의 세포입니다.

ㄷ

35 19학년도 9월 18번 | 정답 ②

문항 해설

1. 자료 해석

세포	DNA 상대량					
	E	e	F	f	G	g
㉠	1	1	1	0	1	0
㉡	2	0	2	0	0	0
㉢	0	1	0	0	1	0

(* 위의 표는 해설의 편의를 위해 그린 표이지, 실제로 문제를 풀 때는 그래프 그대로 푸실 수 있도록 연습하시는 게 좋습니다.)

㉠은 E와 e가 모두 있으므로 핵상이 2n입니다.
㉡에는 e가 없으므로 핵상이 n이고 ㉢에는 E가 없으므로 핵상이 n입니다.

2n인 ㉠에서 F와 G는 1개만 있으므로 각각 성염색체에 있는 유전자이고, 이 사람이 남자임을 알 수 있습니다.
(* 여자는 X 염색체도 2개가 한 쌍이므로 대립유전자가 1개만 있을 수 없습니다.)

핵상이 n인 ㉡에서 F는 있는데 G는 없으므로 서로 다른 성염색체에 있는 유전자임을 알 수 있습니다.
따라 하나는 X 염색체에, 다른 하나는 Y 염색체에 있는 유전자입니다.
이 문제에는 여자가 없으므로 어떤 유전자가 X 염색체에 있는지 확정할 수 없습니다.

선지 해설

ㄱ 하나는 X, 다른 하나는 Y 염색체에 있습니다.

ㄴ ㉡과 ㉢의 핵상은 n이므로 맞습니다.

ㄷ 남자이므로 XY입니다.

36 20학년도 수능 7번 | 정답 ②

문항 해설

1. 자료 해석

표에서 세포 (나)에는 유전자 ㉡이 없는데, (다)에는 ㉡이 있으므로 (나)의 핵상이 n임을 알 수 있습니다.
(다)에는 유전자 ㉠이 없는데, (나)에는 ㉠이 있으므로 (다)의 핵상도 n임을 알 수 있습니다.

그림에서 (가)는 H의 DNA 상대량이 4이므로 핵상이 2n임을 알 수 있습니다.
문제에서 '난자 형성 과정'이라 했으므로 이 사람은 여자입니다.
따라서 (가)를 통해 이 사람의 유전자형이 HHTt임을 알 수 있습니다.
(* 남자라면 $HHX^{t}Y$나 $HHXY^{t}$일 수도 있습니다.)

따라서 (가)~(다)에 h가 있는 세포는 없음을 알 수 있습니다.
표에서 (가), (나), (다) 모두 ×일 수 있는 유전자는 ㉢이므로 ㉢이 h입니다.

㉠과 ㉡은 T와 t 중 하나입니다.
(나)에는 t가 없으므로 T가 있어야 하는데 ㉠이 있으므로 ㉠이 T이고, ㉡은 t입니다.

선지 해설

ㄱ ㄴ ㄷ

comment

처음에 표를 통해 핵상을 찾지 않아도 DNA 상대량 그림만으로 핵상을 모두 알 수 있습니다. 하지만 실제로 처음 이 문제를 봤다면 저렇게 풀었을 거라 지우지 않았습니다.

37 〉 20학년도 7월 9번 | 정답 ④

문항 해설

1. 세포 매칭

(가)는 상동 염색체가 없으므로 핵상이 n입니다.
(나)는 상동 염색체가 있으므로 핵상이 2n입니다.
(다)는 상동 염색체가 없으므로 핵상이 n입니다.

(나)는 상동 염색체의 모양과 크기가 모두 같으므로 암컷의 세포입니다. 따라서 (나)는 Ⅱ의 세포입니다.

(가)에는 (나)와 모양과 크기가 다른 염색체가 있으므로 Y 염색체임을 알 수 있고, 수컷의 세포입니다.
따라서 (가)는 Ⅰ의 세포입니다.

(다)는 알 수 없습니다.

2. 표 해석

C는 대립유전자 H와 h가 모두 있으므로 핵상이 2n입니다.
(가)~(다)는 A~C를 순서 없이 나타낸 것이므로 A와 B의 핵상은 n이고, (나)가 C임을 알 수 있습니다.

C에는 t가 없는데 B에는 t가 있으므로 B는 Ⅰ의 세포입니다.
A에는 T/t가 모두 없으므로 T/t는 성염색체에 있는 유전자인데, 암컷의 세포인 C에 T가 있으므로 X 염색체에 있는 유전자입니다.
X 염색체에 있는 유전자가 없다는 말은 X 염색체가 없다는 뜻인데, X 염색체가 없을 수 있는 건 수컷에서 핵상이 n인 세포에 Y 염색체가 있는 경우밖에 없습니다.
따라서 A는 수컷의 세포입니다.

따라서 (가)와 (다) 모두 수컷 Ⅰ의 세포이고,
X 염색체가 있는 (다)가 B이고, A는 (가)입니다.

선지 해설

ㄱ ㄴ

ㄷ A에는 H가 있고, B에는 h와 t가 있으므로 Ⅰ의 유전자형은 HhtY입니다. Ⅱ의 유전자형은 HhTT입니다.

H/h는 수컷인 Ⅰ이 대립유전자를 2개 가지므로 상염색체에 있는 유전자임을 알 수 있습니다.
H/h와 T/t는 서로 다른 염색체에 있는 유전자이므로 H를 가질 확률과 t를 가질 확률을 각각 구한 후 곱하면 됩니다.

1) H를 가질 확률
유전자형이 Hh인 개체와 Hh인 개체를 교배하면 자손이 가질 수 있는 유전자형은 HH, Hh, hH, hh입니다.
이때, 총 4가지 경우 중 H를 갖고 있는 경우는 3가지이므로 H를 가질 확률은 $\frac{3}{4}$ 입니다.
(* Hh와 hH는 같은 유전자형이지만 같게 취급하면 안 됩니다. 경우의 수 분의 경우의 수로 확률을 구할 때는 '근원사건이 기대되는 정도'가 같아야 합니다. 따라서 같아도 다르게 생각해야 합니다. 예를 들어, 주머니에 검은색 공이 3개, 흰색 공이 1개 있고, 이 주머니에서 공 1개를 뽑을 때, 그 공이 검은색 공일 확률은 $\frac{3}{4}$ 입니다. 이때 검은색 공 3개는 검은색 공으로 같으므로 검은색 공과 흰색 공 2개 있으니 $\frac{1}{2}$ 이라고 하시면 안 되는 이유와 같습니다.)

2) t를 가질 확률
tY와 TT를 교배하면 자손이 가질 수 있는 유전자형은 tT, tT, YT, YT로 4가지입니다.
이 중 t를 갖는 경우는 2가지이므로 t를 가질 확률은 $\frac{2}{4}=\frac{1}{2}$ 입니다.

따라서 H와 t를 가질 확률은 $\frac{3}{4}\times\frac{1}{2}=\frac{3}{8}$ 입니다.

38 〉 21학년도 수능 10번 | 정답 ②

문항 해설

1. 표 해석

세포 Ⅰ~Ⅲ은 모두 사람 (가)의 세포입니다.
그런데 세포 Ⅱ에는 R이 없는데 Ⅰ에는 있으므로 세포 Ⅱ의 핵상은 n입니다.
세포 Ⅲ에는 h가 없는데 Ⅱ에는 있으므로 Ⅲ의 핵상도 n입니다.

Ⅱ에는 h가 있고, Ⅲ에는 h가 없으므로 H/h에 대한 유전자형은 Hh입니다.
Ⅰ에는 R이 있고, Ⅱ에는 R이 없으므로 R/r에 대한 유전자형은 Rr입니다.
(* 이렇게 할 수 있는 이유는 ⓐ의 유전자가 '상'염색체에 있는 걸 알고 있기 때문입니다. 상염색체에 있음을 몰랐다면 성염색체에 있는 유전자일 수도 있으므로 확정 불가능합니다.)

2. DNA 상대량 합 그래프 해석

㉡은 H+T의 DNA 상대량 합이 3입니다.
H와 T 1개당 DNA 상대량이 1이므로 3은 2+1꼴임을 알 수 있습니다.
(* 3+0은 불가능합니다. 대립유전자의 DNA 상대량은 0, 1, 2, 4만 가능합니다. 왜 그런지 모르겠다면 감수 분열 과정에서 염색체를 그려보세요.)

DNA 상대량이 1인 대립유전자와 2인 대립유전자가 하나의 세포에 같이 있으므로 ㉡의 핵상은 2n이고, ㉡이 Ⅰ임을 알 수 있습니다.
(* 핵상이 n일 때, DNA 상대량이 1과 2가 같이 있을 수 없습니다. 복제된 상태의 n일 때는 DNA 상대량이 2나 0만 가능하고, 감수 2분열이 끝난 후의 n일 때는 DNA 상대량이 1이나 0만 가능합니다.)

H/h에 대한 유전자형이 Hh임을 알고 있으므로,
H의 DNA 상대량이 1이고, T의 DNA 상대량이 2입니다.
따라서 유전자형은 HhTT임을 알 수 있습니다.

따라서 이 개체의 유전자형은 HhRrTT입니다.

㉠에는 H+T의 DNA 상대량 합이 1이므로 H는 0, T는 1임을 알 수 있습니다.
(* TT 동형 접합성이므로 T가 0일 순 없습니다.)
따라서 h가 있어야 하는데, Ⅲ에는 h가 없으므로 Ⅱ가 ㉠임을 알 수 있습니다.
또한, DNA 상대량이 1이므로 감수 2분열이 끝난 세포입니다.

남은 Ⅲ은 ㉢이고, h가 없으므로 H가 있음을 알 수 있습니다.
따라서 H+T=2여야 하므로 각각 1임을 알 수 있습니다.
DNA 상대량이 1이므로 감수 2분열이 끝난 세포입니다.

선지 해설

ㄱ. 이 개체는 t가 없으므로 t를 갖는 세포는 없습니다.

ㄴ.

ㄷ. Ⅲ에는 h와 R이 없으므로 H와 r이 있습니다.
T/t에 대한 유전자형이 TT이므로 t는 없고 T가 있습니다.
따라서 $\frac{1}{1+1}=\frac{1}{2}$ 입니다.

39 〉 21학년도 3월 12번 | 정답 ①

문항 해설

1. 자료 해석

세포 Ⅰ~Ⅲ은 모두 한 사람의 세포입니다.
Ⅰ에는 E가 없는데, Ⅱ에는 E가 있으므로 Ⅰ의 핵상은 n입니다.
Ⅲ에는 g가 없는데, Ⅱ에는 g가 있으므로 Ⅲ의 핵상은 n입니다.

Ⅰ에는 E가 없고, Ⅱ에는 E가 있으므로 E/e에 대한 유전자형은 Ee입니다.
Ⅲ에는 g가 없고, Ⅱ에는 g가 있으므로 G/g에 대한 유전자형은 Gg입니다.
(* 이렇게 할 수 있는 이유는 ㉠의 유전자가 '상'염색체에 있음이 제시되어 있기 때문입니다. 상염색체에 있음을 몰랐다면 성염색체에 있는 유전자일 수도 있으므로 확정 불가능합니다.)

Ⅱ에는 f와 g가 있는데, F+G의 DNA 상대량 합이 1이므로 F 또는 G도 있음을 알 수 있습니다.
따라서 F와 f 또는 G와 g가 있을 수밖에 없으므로 Ⅱ의 핵상이 2n임을 알 수 있습니다.
그런데 유전자형이 EeGg임을 알고 있으므로 세포 Ⅱ에서 F+G = 0+1임을 확정할 수 있습니다.
따라서 이 사람의 ㉠에 대한 유전자형은 EeffGg입니다.

선지 해설

㉠

ㄴ. Ⅰ에서 f가 있으므로 F+G = 0+2임을 알 수 있습니다.
따라서 e의 DNA 상대량은 2입니다.

ㄷ. Ⅱ의 핵상은 2n이고, Ⅲ의 핵상은 n이므로 다릅니다.

40 23학년도 10월 16번 | 정답 ①

문항 해설

1. 자료 해석

세포 Ⅰ에는 E가 없는데 Ⅲ에는 E가 있으므로 Ⅰ의 핵상은 n입니다.
또한, 세포 Ⅱ와 Ⅲ을 통해 이 사람의 E/e에 대한 유전자형은 Ee임을 알 수 있습니다.

그림에서 F+g의 DNA 상대량이 3인 ㉢은 핵상이 2n임을 알 수 있습니다.
그런데 표에서 Ⅲ에는 g가 없으므로 g 동형 접합성일 수 없음을 알 수 있습니다.
또한, 이 사람은 g를 가지고 있긴 하므로 Ⅲ의 핵상은 n이고, F+g는 순서대로 2+1이며, FF 동형 접합성임을 알 수 있습니다.

따라서 남은 Ⅱ는 핵상이 2n인데, Ⅱ에는 G가 없으므로 이 사람의 유전자형은 EeFFgY입니다.
(* G가 없고, g를 1개 가지고 있으므로 G/g는 성염색체에 있는 유전자입니다.)

또한, ㉡에는 X 염색체가 있으므로 g가 없는 Ⅲ은 ㉠이고, 남은 Ⅰ은 ㉡입니다.

선지 해설

㉠ E/e는 상염색체에 있는 유전자이므로 ⓐ는 ○입니다.

ㄴ.

ㄷ. 이 사람의 유전자형은 EeFFgY이므로 4입니다.

☑ comment

> 그림에서 ㉠과 ㉡의 F+g가 2로 동일하므로 일반적으로는 구분할 수 없습니다.
> 그런데 조건으로 ㉡에는 X 염색체가 있다고 제시해 주었으므로 둘 중 하나가 X 염색체에 있는 유전자임을 눈치껏 알 수도 있습니다.
> 그렇다면 g가 동형이 아님은 위와 같이 거의 바로 알 수 있으므로 G/g가 X에 있는 유전자임을 금방 알 수 있습니다.

41 24학년도 9월 11번 | 정답 ①

문항 해설

1. 자료 해석

해설에 앞서, 이 문제를 〈ⓐ와 ⓑ는 같다.〉라는 조건으로도 풀어 보시기 바랍니다.

㉢은 A+a+B+b의 합이 1이므로 (가)의 유전자와 (나)의 유전자 중 하나는 합이 0임을 알 수 있습니다.
따라서 해당 유전자는 성염색체에 있는 유전자이고, ㉢은 Ⅳ의 세포입니다.
(* ㉢이 Ⅳ인 이유는 딱 봐도 그렇다. 도 있지만, 일단 두 유전자의 합이므로 G_1기 세포라면 최소 2여야 합니다. 남자는 2n일 때 특정 유전자 쌍을 아예 안 가질 수 없습니다. 또는 ㉣에서 합이 4

이므로 G_1기 세포일 때는 합이 최소 2여야합니다. Ⅱ 세포에는 Ⅲ 세포와 Ⅳ 세포의 유전자가 모두 들어 있으므로, Ⅱ 세포의 A+a+B+b ≥ 4이기 때문입니다.)

시험장이라면 통계적으로 다른 유전자는 상염색체에 있는 유전자라 믿고 푸시는 것도 나쁘지 않습니다.
그럴 경우 A+a+B+b의 합은 Ⅰ에서 3, Ⅱ에서 6, Ⅳ에서 1이므로 Ⅲ에서 4임을 알 수 있습니다.
그러면 ⓐ〈ⓑ이므로 ⓐ=3, ⓑ=6으로 딱 맞으니 그렇게 푸시면 됩니다.

다만 엄밀히 말하면, 모두 성염색체에 있는 경우도 고려해야 하는데,
이럴 경우 A+a+B+b의 합은 Ⅰ에서 2, Ⅱ에서 4, Ⅳ에서 1이므로 Ⅲ에서 2임을 알 수 있습니다.
이때는 ⓐ와 ⓑ가 모두 2가 되므로 모순됩니다.

따라서 첫 번째 풀이대로 ㉠은 Ⅰ, ㉡은 Ⅱ, ㉢은 Ⅳ, ㉣은 Ⅲ입니다.

선지 해설

ㄱ) ✗

✗ ㉣은 핵상이 n인 세포이므로 염색체 수는 23입니다.

42 〉 21학년도 10월 9번 | 정답 ②

문항 해설

1. 핵상&유전자형 찾기

표에서 세포 ㉢에는 f가 없는데 ㉣에는 f가 있으므로 ㉢의 핵상은 n입니다.

그림에서 Ⅱ에는 F가 없는데, Ⅲ에는 있으므로 Ⅱ의 핵상은 n입니다.
그림에서 Ⅳ에는 D가 없는데, Ⅲ에는 있으므로 Ⅳ의 핵상은 n입니다.

그런데, 하나의 G_1기 세포로부터 정자가 형성될 때 나타나는 세포 Ⅰ~Ⅳ라 제시되어 있는데,
Ⅱ와 Ⅳ는 핵상이 n인데 유전자 구성이 서로 다르므로 감수 1분열 기준으로 서로 갈라진 세포임을 알 수 있습니다.
또한, 세포 Ⅰ과 Ⅲ은 n이 불가능하므로 2n입니다.

Ⅲ을 통해 이 사람의 유전자형이 DdeeFf임을 알 수 있습니다.

2. 세포 매칭

㉢은 핵상이 n인데 e의 DNA 상대량이 2이므로 ㉢이 Ⅳ임을 알 수 있습니다.
(* 핵상이 n인 세포는 총 2개인데, n이면서 DNA 상대량이 2일 수 있는 세포는 1개로 확정되기 때문입니다.)

Ⅱ에서 유전자는 D, e, f가 있으므로 d, e, f의 DNA 상대량은 0, 1, 1입니다.
이는 ㉠에서만 가능하므로 ㉠이 Ⅱ입니다.

DNA 상대량을 고려할 때, 남은 ㉡은 Ⅰ, ㉣은 Ⅲ임을 알 수 있습니다.

선지 해설

✗

ㄴ) 유전자형이 DdeeFf임을 고려할 때, ⓐ=2, ⓑ=2입니다.
따라서 ⓐ+ⓑ = 4입니다.

✗ ㉠의 핵상은 n이고, ㉡의 핵상은 2n입니다.

43 〉 23학년도 4월 18번 | 정답 ③

문항 해설

1. 자료 해석

T의 DNA 상대량은 3일 수 없으므로 ⓐ=3입니다.
(* 3으로 시작하는 건 어쩌다 보는 게 아닌, 필연적으로 생각하셔야 하는 부분입니다.
염색체 수의 합은 표를 봐도 ⓐ~ⓓ가 모두 있고, 굳이 표가 없었어도 이론상 모두 가능한 수들입니다.
하지만 DNA 상대량에서 1, 2, 4는 가능하지만 3은 불가능하므로 3으로 시작해야겠다는 생각을 해야 합니다.)

㉠에는 8번 염색체 수와 X 염색체 수의 합이 3이므로 핵상이 2n인 세포이며 남자의 세포여야 합니다.
따라서 ㉠은 Ⅰ이고, 유전자형이 TT이므로 ⓓ=4입니다.

ⓓ=4이므로 ㉣은 Ⅲ의 세포이며, 유전자형이 Tt이므로 ⓑ는 1이고, 남은 ⓒ는 2입니다.

이를 정리하면 다음과 같습니다.

세포	8번 염색체 수와 X 염색체 수를 더한 값	T의 DNA 상대량
㉠	3	4
㉡	1	1
㉢	2	2
㉣	4	1

이때 8번 염색체 수와 X 염색체 수의 합이 1인 ㉡은 8번 염색체가 1개, X 염색체가 0개인 세포이므로 ㉡은 남자의 세포인 Ⅱ여야 하고, 남은 ㉢은 Ⅳ의 세포입니다.
(* 물론, ㉡과 ㉢은 핵상이 n인 게 결정된 상황이므로, T의 DNA 상대량이 1인 ㉡이 Ⅱ, 2인 ㉢이 Ⅳ라 하셔도 괜찮습니다.)

선지 해설

ㄱ ✗

ㄷ Ⅱ에는 X 염색체가 없으므로 Y 염색체가 있습니다.

44 〉 22학년도 4월 11번 | 정답 ①

문항 해설

1. 자료 해석

(나)에서 ㉠+㉡의 DNA 상대량이 1이므로 (나)는 Ⅲ이고, (가)는 Ⅱ입니다.
(가)와 (나)의 핵상이 n 임을 고려하면, 아래와 같음을 알 수 있습니다.

세포	DNA 상대량			
	A	B	㉠	㉡
(가)	0	0	2	0
(나)	0	1	1	0

(나)에서 B와 ㉠이 서로 대립유전자가 아님을 알 수 있으므로, ㉠은 a이고, ㉡은 b입니다.
(가)에서 B와 b의 DNA 상대량이 (0, 0)이므로 B/b는 성염색체에 있는 유전자임을 알 수 있습니다.
(* X 염색체에 있는 유전자인지, Y 염색체에 있는 유전자인지는 알 수 없습니다.)

(가)와 (나) 모두에 ㉠이 있으므로 이 사람은 a를 동형 접합성으로 가지고 있습니다.
남자가 동형 접합성으로 유전자를 가지고 있으므로 A/a는 상염색체에 있는 유전자입니다.

선지 해설

ㄱ ✗

✗ 이 사람의 유전자형은 aaX^BY 또는 $aaXY^B$이므로 A+b = 0입니다.

45 〉 16학년도 7월 14번 Ⅰ 정답 ⑤

문항 해설

1. 자료 해석

그림에서 R와 t가 같은 염색체에 있음을 알 수 있습니다.

ⓑ에서 Q/q의 DNA 상대량이 (0, 0)이므로 Q/q는 성염색체에 있는 유전자임을 알 수 있습니다.
Ⅰ과 Ⅱ의 성별이 다른데, Ⅰ과 Ⅱ 모두 Q를 갖고 있으므로 X 염색체에 있는 유전자임을 알 수 있습니다.
Ⅰ의 유전자형이 QqRrTt이므로 X 염색체가 2개임을 알 수 있습니다. 따라서 Ⅰ이 암컷, Ⅱ가 수컷입니다.
(* 또는 ⓑ에서 Q/q의 DNA 상대량이 (0, 0)인데 ⓐ에는 Q가 있으므로 Ⅱ가 수컷이라 판단해도 괜찮습니다.
암컷에서 DNA 상대량이 (0, 0)이라면 Y 염색체에 있는 유전자여야 하므로 어떤 세포든 Q/q에 대한 유전자형이 (0, 0)이야 합니다.)

표에서 ⓐ에는 R이 있고, ⓑ에는 R이 있으므로 이 개체는 R/r에 대한 유전자형이 Rr입니다.
마찬가지로 ⓐ에는 T가 있고, ⓑ에는 t가 있으므로 이 개체는 T/t에 대한 유전자형이 Tt입니다.
수컷 개체가 대립유전자를 이형 접합성으로 가지고 있으므로 R/r와 T/t는 상염색체에 있는 유전자입니다.
(* 물론 세포 (가) 그림을 통해서 X 염색체와 독립되어 있으므로 상염색체임을 알 수도 있습니다.)

선지 해설

㉠

㉡ ⓐ에서 R과 T가 같이 있음을 알 수 있습니다.

㉢ (가)로부터 생성된 생식 세포의 유전자형은 Q, R, t이고
ⓒ로부터 생성된 생식 세포의 유전자형은 Q, r, t입니다.
(* ⓑ에서 r와 t가 같은 염색체에 있음을 확인할 수 있는데, ⓒ에서 R이 있으므로 t도 있음을 알 수 있습니다.)
따라서 수정되어 태어난 자손의 유전자형은 QQRrtt입니다.

46 〉 18학년도 6월 10번 Ⅰ 정답 ②

문항 해설

1. 자료 해석

(나)에는 E와 e가 모두 있으므로 핵상이 2n입니다.
(라)에는 F와 f가 모두 있으므로 핵상이 2n입니다.
(나)에서 F의 DNA 상대량이 0인데, (라)에는 F가 있으므로 (나)와 (라)는 서로 다른 개체의 세포임을 알 수 있습니다.

(나)의 핵상은 2n인데 D/d의 DNA 상대량이 (1, 0)이므로 대립유전자가 1개임을 알 수 있습니다.
따라서 D/d는 성염색체에 있는 유전자이며, (나)는 수컷의 세포입니다.
(* 암컷의 세포에서는 성염색체도 XX로 2개가 1쌍이므로 대립유전자가 1개만 있을 수 없습니다.)
수컷의 세포인 (나)에서 E/e에 대한 대립유전자가 이형 접합성이므로 E/e는 상염색체에 있는 유전자입니다.

(다)에서 F/f의 DNA 상대량이 (0, 0)이므로 F/f는 성염색체에 있는 유전자임을 알 수 있습니다.
(라)는 성염색체에 있는 대립유전자가 이형 접합성이므로 암컷의 세포이고 F/f는 X 염색체에 있는 유전자임을 알 수 있습니다.
(* 물론 문제에서 Ⅰ과 Ⅱ의 성별이 다름을 알려줬으므로 (나)가 수컷의 세포이니, (라)는 암컷의 세포이다. 라고 하셔도 됩니다.
다만 이런 조건이 없어도 알 수 있어야 합니다.)

(다)는 X 염색체에 있는 유전자가 없으므로 수컷의 세포이며, Y 염색체가 있음을 알 수 있습니다.
문제에서 2개는 수컷의 세포이고, 2개는 암컷의 세포라 했으므로 (가)는 암컷의 세포입니다.

암컷의 세포인 (가)에 D가 있으므로 D/d도 X 염색체에 있는 유전자임을 알 수 있습니다.
D/d와 F/f는 모두 X 염색체에 있는 유전자이므로 같은 염색체에 있는 유전자입니다.

㉠ 찾기
(가)와 (라)는 같은 개체의 세포입니다. (라)의 핵상이 2n인데 E의 DNA 상대량이 1이므로 e도 있음을 알 수 있습니다.

(가)에는 e가 없는데 (라)에는 e가 있으므로 (라)의 핵상은 n이고, e가 없으므로 E는 있어야 합니다.
그런데 D의 DNA 상대량이 2이므로 ㉠도 2여야 함을 알 수 있습니다.

㉡ 찾기

D/d와 F/f는 같은 염색체에 있는 유전자입니다. (다)에서 F/f가 없으므로 D/d도 없어야 합니다.
따라서 ㉡=0입니다. (* 핵상이 n이며 Y 염색체가 있는 세포여서 그렇습니다. 핵상이 n인 이유는 남자의 세포인데 X 염색체가 없어서 n이다. 라고 하셔도 되고, (다)에는 E가 없는데 (나)에는 E가 있어서 n이라고 하셔도 됩니다.)

㉢ 찾기

(라)의 핵상은 2n인데, D/d는 X 염색체에 있는 유전자이고, (라)는 암컷의 세포이므로 ㉢은 2입니다.

세포	DNA 상대량					
	D	d	E	e	F	f
(가)	2	?	㉠	0	?	?
(나)	1	0	1	1	0	?
(다)	㉡	?	0	1	0	0
(라)	㉢	0	1	?	1	1

선지 해설

ㄱ. ㉠+㉡+㉢ = 2+0+2 = 4입니다.

ㄴ. (라)를 통해 Ⅰ의 유전자형이 DDEeFf임을 알 수 있습니다.

ㄷ. Ⅱ에서 (나)는 핵상이 2n인데 F의 DNA 상대량이 0이므로 f가 있어야 합니다.
(* 참고로 수컷은 성염색체에 있는 대립유전자가 1개여야 하므로 f의 DNA 상대량은 1입니다.)
따라서 Ⅱ에서 D와 f가 같은 염색체에 있음을 알 수 있습니다.

47 18학년도 10월 19번 | 정답 ⑤

문항 해설

1. 자료 해석

(가)에는 B와 b가 모두 있으므로 핵상이 2n이고,
수컷의 세포인데 B/b에 대한 대립유전자가 이형 접합성이므로 B/b는 상염색체에 있는 유전자입니다.
(라)에도 B와 b가 모두 있으므로 핵상이 2n입니다.

(가)에는 d가 없는데 (라)에는 d가 있으므로 (가)와 (라)는 서로 다른 개체의 세포임을 알 수 있습니다.
따라서 (라)는 암컷의 세포입니다.

(나)에서 D/d의 DNA 상대량이 (0, 0)이므로 D/d는 성염색체에 있는 대립유전자입니다.
그런데 암컷인 (라)가 d를 갖고 있으므로 D/d는 X 염색체에 있는 대립유전자입니다.
(나)는 X 염색체가 없다는 뜻이므로 수컷의 세포입니다.

A, B, D는 각각 서로 다른 염색체에 존재하는데 B/b는 상염색체, D/d는 X 염색체에 있으므로 A/a는 Y 염색체에 있습니다.
(* 2n=4이므로 상염색체는 1쌍밖에 없습니다. 따라서 B/b가 상염색체에 있을 때, A/a가 다른 상염색체에 있을 수는 없습니다.)
(* 이 조건이 없어도 A/a가 Y 염색체에 있음은 알 수 있습니다.
(다)와 (마) 중 한 개체는 암컷인데, (라)에서 a의 DNA 상대량이 0이므로 둘 중 암컷인 개체에서도 a의 DNA 상대량은 0입니다.
그러면 암컷에게서 A/a의 DNA 상대량이 (0, 0)일 수밖에 없으므로 A/a는 Y 염색체에 있는 유전자입니다.)

A/a와 D/d는 성염색체에 있는 유전자이므로 (가)에서 A/a는 (1, 0), D/d도 (1, 0)입니다.
A/a는 Y 염색체에 있고, D/d는 X 염색체에 있으므로 수컷의 세포에서 핵상이 n일 때 A와 D는 같이 있을 수 없고, 같이 없을 수도 없습니다.
그런데 세포 (다)에는 A와 D가 모두 없습니다. 이는 수컷의 세포에서는 불가능하므로 (다)는 암컷의 세포임을 알 수 있습니다.

따라서 (마)는 수컷의 세포가 되고, A가 없으므로 핵상이 n이고, D는 있어야 합니다. 따라서 D/d는 (2, 0)입니다.

세포	DNA 상대량					
	A	a	B	b	D	d
(가)	1	?	1	1	㉠	0
(나)	2	?	㉡	0	0	0
(다)	0	?	0	2	0	?
(라)	?	0	1	1	㉢	1
(마)	0	?	2	0	?	?

선지 해설

ㄱ ㉠+㉡+㉢ = 1+2+1 = 4입니다.

(* ㉡은 상염색체에 있는 유전자인데, (나)의 핵상이 n이고 b가 없으므로 B가 있어야 합니다.
그런데 A의 DNA 상대량이 2이므로 B의 DNA 상대량도 2입니다.
㉢은 X 염색체에 있는 유전자인데, (라)의 핵상이 2n이고 암컷의 세포이므로 D/d의 DNA 상대량 합이 2여야 합니다.
그런데 d의 DNA 상대량이 1이므로 D의 DNA 상대량은 1입니다.)

ㄴ

ㄷ (마)는 수컷의 세포인데, A가 없으므로 Y 염색체가 없는 세포입니다.
따라서 X 염색체가 있음을 알 수 있습니다.

2n=4이므로 핵상이 n인 (마)에는 상염색체 1개, X 염색체 1개가 있습니다.

따라서 $\frac{1}{1}$=1입니다.

comment

ㄷ 선지를 풀 때, 처음 공부하는 학생들이 가장 많이하는 실수가 '염색체 수'를 'DNA 상대량'이라 생각해,
'상염색체에 있는 B의 DNA 상대량이 2니까 분모는 2고, X 염색체에 있는 D의 DNA 상대량이 2니까 분자는 2.
따라서 $\frac{2}{2}$=1이다.'라고 생각하며 풉니다.

이는 운 좋게 답만 맞은 케이스고, 풀이 과정이 완전히 잘못됐음을 아셔야 합니다.
염색체 수를 묻는 선지를 판단할 때는 말 그대로 염색체 수를 통해 판단해야 합니다.
만약 이 동물이 2n=4가 아니라 2n=6이었다면 n일 때 상염색체는 2개이고 X 염색체는 1개이므로 $\frac{1}{2}$이 답이 됩니다.

48 23학년도 6월 7번 | 정답 ④

문항 해설

1. 자료 해석

Ⅰ에서는 D의 DNA 상대량이 4이므로 D를 동형 접합성으로 가지고 있음을 알 수 있습니다.
따라서 Ⅰ의 핵상은 2n입니다.
Ⅲ에는 B와 b가 모두 있으므로 핵상이 2n입니다.

Ⅰ에는 d가 없는데 Ⅱ에는 d가 있으므로 서로 다른 개체의 세포입니다.
Ⅲ에는 d가 없는데 Ⅱ에는 d가 있으므로 서로 다른 개체의 세포입니다.
따라서 Ⅰ과 Ⅲ은 서로 같은 개체의 세포이고, 남은 Ⅱ와 Ⅳ도 서로 같은 개체의 세포입니다.

Ⅰ과 Ⅲ은 각각 G_2기, G_1기 정도의 세포이므로 ?를 채울 수 있는데,
그러면 Ⅲ에서 A/a의 DNA 상대량이 (0, 1)임을 알 수 있습니다.

G_1기 세포에서 DNA 상대량이 (0, 1)이므로 Ⅰ과 Ⅲ은 수컷(㉡)의 세포이고,
A/a는 성염색체에 있는 유전자이며, 수컷이 유전자를 이형 접합성으로 가지고 있는 B/b와 동형 접합성으로 가지고 있는 D/d는 상염색체에 있는 유전자임을 알 수 있습니다.

암컷의 세포인 Ⅱ에 a가 있으므로 A/a는 X 염색체에 있는 유전자입니다.
이를 통해 ?를 채우면 다음과 같음을 알 수 있습니다.

세포	DNA 상대량 (X)		(상)		(상)	
	A	a	B	b	D	d
㉡ Ⅰ 2n	0	? 2	2	? 2	4	0
㉠ Ⅱ n	0	2	0	2	? 0	2
㉡ Ⅲ 2n	? 0	1	1	1	2	? 0
㉠ Ⅳ n	? 1	0	1	? 0	1	0

선지 해설

ㄱ Ⅳ에는 a가 없는데 Ⅱ에는 a가 있으므로 Ⅳ의 핵상은 n입니다.

㉡ ㉢

49 〉 24학년도 수능 11번 | 정답 ④

문항 해설

1. 자료 해석

표에서 Ⅰ은 D의 DNA 상대량이 4이므로 Ⅰ은 복제된 2n 세포이고,
Ⅳ에는 b와 D의 DNA 상대량이 각각 1과 2이므로 Ⅳ는 G_1기 세포임을 알 수 있습니다.

세포 Ⅰ에는 A가 없는데 Ⅱ에는 A가 있으므로 서로 다른 개체의 세포입니다.
세포 Ⅳ에도 A가 없는데 Ⅱ에는 A가 있으므로 서로 다른 개체의 세포입니다.
따라서 Ⅰ과 Ⅳ는 같은 개체의 세포이고, 남은 Ⅱ와 Ⅲ도 같은 개체의 세포입니다.
또한 Ⅲ에는 A가 없는데 Ⅱ에는 A가 있으므로 Ⅲ의 핵상은 n입니다.

그런데 Ⅲ에는 A/a에 대한 유전자가 없으므로 A/a는 성염색체에 있는 유전자임을 알 수 있습니다.
Ⅳ에서 A/a에 대한 유전자형이 aa로 동형 접합성이므로 A/a는 X 염색체에 있는 유전자입니다.
따라서 Ⅰ과 Ⅳ는 암컷 Q의 세포이고, Ⅱ와 Ⅲ은 수컷 P의 세포입니다.

그림에서 (가)는 복제된 수컷의 2n 세포이고, (나)는 복제되지 않은 암컷의 2n 세포입니다.
따라서 (가)는 Ⅱ이고, (나)는 Ⅳ입니다.

선지 해설

ㄱ ㉡

㉢ Q의 A/a에 대한 유전자형은 aa이므로 ⓐ는 4입니다.
Ⅱ는 복제된 2n 세포이므로 ⓑ=2입니다.
Ⅲ은 핵상이 n인 세포이므로 ⓒ=0입니다.
따라서 4+2+0 = 6입니다.

☑ comment

이 문제에는 핵상이 2n인 세포의 수가 3이고, n인 세포의 수가 1입니다.
2n이 나오면 근거 없이 나머지를 n으로 찍어 푸는 학생들이 많은데 그런 식으로 풀이하면 요즘 문제는 틀릴 가능성이 높으니 항상 근거를 찾는 습관을 들이시기 바랍니다.

또한, 두 개체, 세포 4개가 나오면 꼭 세포 2개, 2개가 아닐 수 있습니다. 한 개체의 세포가 3개, 남은 개체의 세포가 1개일 수도 있습니다.

50 〉 22학년도 9월 10번 | 정답 ③

문항 해설

1. 자료 해석

Ⅲ에는 ㉠, ㉡, ㉢이 모두 있으므로 G_1기 세포임을 알 수 있습니다.
이때, T/t의 DNA 상대량이 각각 (1, 2)나 (2, 1)일 수는 없으므로 ㉠과 ㉡ 중 하나는 0입니다.

Ⅳ에는 H의 DNA 상대량이 4이므로 G_2기 세포임을 알 수 있고, ㉠은 2 또는 0입니다.
Ⅳ에서 h의 DNA 상대량이 0인데, Ⅲ에는 ㉢이 있으므로 Ⅲ과 Ⅳ는 다른 사람의 세포입니다.
(* ㉠과 ㉡ 중 하나가 0이므로 ㉢은 0이 아닙니다.)

㉠이 2라면, Ⅳ는 X 염색체에 있는 유전자 T/t를 이형 접합성으로 가지게 되므로 여자의 세포입니다.
그런데 Ⅲ은 T를 동형 접합성으로 가지게 되므로 Ⅲ도 여자의 세포가 됩니다.
이는 모순되므로 ㉠은 0입니다.

따라서 Ⅳ는 남자 P의 세포이고, Ⅲ은 여자 Q의 세포이므로 ㉡은 2입니다.
남은 ㉢은 1입니다.

Ⅳ에서 t의 DNA 상대량이 0인데, Ⅱ에는 t가 있으므로 Ⅱ도 여자의 세포입니다.
따라서 Ⅰ과 Ⅳ가 P의 세포이고, Ⅱ와 Ⅲ은 Q의 세포입니다.

세포	DNA 상대량			
	H	h	T	t
Ⅰ	1	0	0	0
Ⅱ	2	0	0	2
Ⅲ	1	1	0	2
Ⅳ	4	0	2	0

선지 해설

㉠ ㉡ ~~ㄷ~~

☑ comment

이 문제를 푼 후, 비슷한 문제가 또 나온다면 어떻게 접근해야 할지, 일반화 할 수 있는 내용은 뭐가 있을지에 대해 스스로 생각해보세요.
예를 들어, '하나의 세포에 ㉠, ㉡, ㉢이 다 있으면 G_1기 세포이다.'는 일반화 가능한 내용이죠.

51 〉 22학년도 7월 14번 | 정답 ⑤

문항 해설

1. 그림 해석

(다)에서는 흰색 염색체의 모양과 크기가 서로 다르므로 (다)는 수컷(P)의 세포이고, 하나는 X, 다른 하나는 Y 염색체임을 알 수 있습니다.
그런데 (가), (나), (다)에 흰색 염색체 중 큰 염색체가 모두 있으므로 큰 염색체가 X 염색체이고, 작은 염색체가 Y 염색체임을 알 수 있습니다.

2. 표 해석

(가)와 (나)는 핵상이 n이므로
(가)에서 ⓐ와 ⓑ 중 하나는 0, (나)에서 ⓒ와 ⓐ 중 하나는 0임을 알 수 있습니다.
따라서 ⓐ=0입니다. 그림을 고려했을 때, ⓑ=2, ⓒ=1임도 알 수 있습니다.

(다)는 복제된 세포인데, (다)에서 H/h의 DNA 상대량이 (2, 0)이므로 H/h는 성염색체에 있는 유전자입니다.
그런데 (가)~(다)에 모두 H/h가 존재하므로 H/h는 X 염색체에 있는 유전자임을 알 수 있습니다.

핵상이 2n인 (다)에서 h가 없으므로 h가 있는 (가)는 (다)와 다른 개체의 세포입니다.
따라서 (가)는 암컷(Q)의 세포이고, 남은 (나)는 수컷(P)의 세포입니다.

선지 해설

㉠ ㉡

㉢ (나)는 $\frac{1}{1}$=1이고, (다)는 $\frac{2}{2}$=1입니다.
(* (나)에서 R이 있으므로 (다)에서 유전자형이 Rr임을 알 수 있습니다.)

52 15학년도 9월 17번 | 정답 ③

문항 해설

1. 자료 해석

문제를 잘 읽어보면 '세포 C로부터 형성된 정자'라는 말이 있습니다. 따라서 A, B, C는 수컷의 세포입니다.
이 부분을 놓쳐서 (가)와 (다) 중 어떤 게 A인지 못 찾는 학생이 많습니다.
처음에는 놓칠 수 있지만, 비슷한 발문이 또 나왔을 때는 놓치면 안 됩니다.

(가)에는 상동 염색체가 있으므로 핵상이 2n입니다.
(나)와 (라)에는 상동 염색체가 없으므로 핵상이 n입니다.
(다)에는 상동 염색체가 있으므로 핵상이 2n입니다.

(가)에서 상동 염색체 중 크기가 다른 염색체는 각각 X 염색체와 Y 염색체 중 하나입니다.
따라서 (가)는 수컷의 세포입니다.
(* (다)에는 크기가 큰 염색체가 2개이므로, 큰 게 X 염색체이고 작은 게 Y 염색체임을 알 수 있습니다.)

A가 분열하여 B, B가 분열하여 C가 되었으므로 (가)가 A, (라)가 B, (나)가 C입니다.

정자와 난자는 몸 색깔에 대한 동일한 대립유전자를 가지는데, C에서 H가 있으므로 난자도 H를 갖고 있음을 알 수 있습니다.
따라서 ⓐ=0, ⓑ=4, ⓒ=0입니다.
(* 이 문제는 다 풀어놓고 ⓑ=2라고 해서 틀리는 학생들도 많습니다. 그림을 꼭 보고 DNA 상대량을 채웁시다.)

선지 해설

㉠ ⓐ+ⓑ−ⓒ = 0+4−0 = 4입니다.

㉡ (나)는 $\frac{n}{1}$이고, (다)는 $\frac{2n}{4}=\frac{n}{2}$이므로 (나)가 (다)의 2배입니다.

㉢ (라)는 (가)가 분열하여 형성된 세포입니다.

comment

세포를 그림으로 그려줄 때는 단순히 핵상과 복제 여부만 알려주는 게 아니라, 세포마다 구체적으로 어떤 염색체를 갖고 있는지도 알려주는 정보입니다. 이 경우 어떤 세포에 어떤 성염색체가 들어있는지 확인할 수 있으므로 이를 응용하여 출제할 수도 있고, 염색체에 유전자를 그려서 제시해줄 수도 있습니다. 따라서 이와 같은 문제가 나왔을 땐 꼭 성염색체를 체크해두고, 유전자가 표시되어 있는지 확인해야 합니다.

53 19학년도 9월 16번 | 정답 ①

문항 해설

1. 자료 해석

Ⅰ의 특정 형질에 대한 유전자형이 HhTT임을 알려주었으므로 2n일 때 DNA 상대량은 직접 채울 생각을 하셔야 합니다.
그림에서 (나)는 상동 염색체가 있으므로 핵상이 2n이고 복제된 세포이므로
H, h, T, t 순으로 DNA 상대량은 2, 2, 4, 0입니다.
따라서 표에도 2, 2, 4, 0인 세포가 있어야 하는데, 이는 A만 가능하므로 A가 (나)이고, ㉠은 2입니다.

그림에서 (가), (나), (라)는 모두 염색체가 복제되어 있는데, (다)는 아닙니다.
따라서 표에서 H의 DNA 상대량 1인 세포 B는 (다)임을 알 수 있습니다.
(* 보통 이 부분을 잘 못합니다. 세포를 그림으로 제시했을 때 복제된 세포인지에 따라 DNA 상대량 값을 추리는 건 매우 중요합니다.)
(나)에서 TT 동형 접합성이었으므로 B에도 T가 있어야 합니다.
따라서 ㉡은 1입니다.

따라서 C와 D 중 하나는 (가)이고 다른 하나는 (라)입니다.
그런데 (라)는 (다)로부터 형성된 난자와 정자 ⓐ가 수정된 수정란입니다.
'수정란'이므로 (다)에 있는 대립유전자는 (라)에도 있어야 함을 알 수 있습니다.

따라서 (다)에 H가 있으므로, 수정란인 (라)도 H가 있어야 합니다.
D는 H가 없으므로 C가 (라)이고, ㉢은 2입니다.
(* 복제되었으므로 1이 아니라 2입니다.)
남은 D는 (가)입니다.

2. 성/상 찾기

핵상이 2n이고 복제된 세포인 (라)에서 T/t의 DNA 상대량이 (2, 0)이므로 T/t는 성염색체에 있는 유전자입니다.
그런데 (가)에 X 염색체가 있는데, T의 DNA 상대량이 2이므로 T/t는 X 염색체에 있는 유전자입니다.
또한, (라)는 수컷인데 H와 h가 모두 있으므로 H/h는 상염색체에 있는 유전자입니다.

선지 해설

ㄱ ㉠+㉡+㉢ = 2+1+2 = 5입니다.

ㄴ C는 (라)입니다.

ㄷ T/t는 X 염색체에 있는 유전자입니다.
그런데 (라)는 수컷이므로 정자 ⓐ는 X 염색체가 없습니다.
따라서 T/t에 대한 유전자는 아예 없습니다.

comment

유전자형을 문제에서 알려줬을 때, 2n인 세포의 DNA 상대량을 채우는 것과 수정란이 나왔을 때 정자와 난자의 유전자를 통해 수정란의 유전자를 추론하거나, 수정란을 통해 정자와 난자의 유전자를 추론하는 건 반드시 하셔야 합니다. 이런 과정이 문제를 푸는데 필요하지 않다면 굳이 유전자형을 알려주지도, 수정란이라는 조건을 쓰지도 않았을 테니까요. (* 물론 쉬운 문제는 필요 없을 수도 있습니다.)

54 24학년도 6월 14번 | 정답 ②

문항 해설

1. 자료 해석

그림을 통해 (나)의 핵상은 2n이고, (가), (다), (라)의 핵상은 n임을 알 수 있습니다.
또한 (나)는 상동 염색체의 모양과 크기가 모두 같으므로 (나)는 성염색체가 XX인 암컷의 세포임을 알 수 있습니다.
(라)에는 (나)에 없는 염색체가 있으므로 해당 염색체는 Y 염색체임을 알 수 있고, (라)는 수컷의 세포입니다.

표에서 핵상이 2n인 세포 (나)에 b가 없는데 (다)에는 b가 있으므로 서로 다른 개체의 세포입니다.
문제에서 2개는 암컷, 2개는 수컷의 세포라 제시되어 있으므로 (다)는 수컷의 세포이며 남은 (가)는 암컷의 세포입니다.

(라)에서 B와 b가 모두 없으므로 B/b는 성염색체에 있는 유전자입니다.
그런데 암컷의 세포인 (나)에 B가 있으므로 B/b는 X 염색체에 있는 유전자입니다.
(* 또는 (라)에는 그림에서 Y 염색체가 있는데 B/b가 없음을 통해 B/b가 X 염색체에 있는 유전자임을 알 수도 있습니다.)

(다)에는 A가, (라)에는 a가 있으므로 수컷 Ⅱ는 A와 a를 이형 접합성으로 갖고 있음을 알 수 있습니다.
따라서 A/a는 상염색체에 있는 유전자입니다.

선지 해설

ㄱ

ㄴ (가)에 A가 있으므로 핵상이 2n인 (나)에도 A가 있어야 합니다.
또한, (나)는 핵상이 2n인 암컷의 세포인데 b가 없으므로 B를 동형 접합성으로 가지고 있음을 알 수 있습니다.
따라서 Ⅰ의 유전자형은 AaBB입니다.

ㄷ

55 〉 19학년도 6월 9번 | 정답 ②

문항 해설

1. 핵상 찾기

(가)에는 대립유전자가 4개 중 3개가 있으므로 핵상이 2n입니다.
마찬가지로 (라)도 3개의 대립유전자가 있으므로 핵상이 2n입니다.
(* 핵상이 n일 경우 모두 상염색체에 있는 대립유전자라 가정하더라도, E/e 중에 1개, F/f 중에 1개로 2개의 대립유전자를 가질 수 있습니다. 성염색체에 있는 대립유전자의 경우 아예 없을 수도 있으니 사실상 2개 이하여야 합니다. 이를 일반화하면 n쌍의 대립유전자 중 n개 '초과'의 대립유전자를 가지고 있다면 2n입니다.)

(나)에는 ㉢이 없는데 (가)에는 있으므로 핵상이 n입니다.
(다)에는 ㉡이 없는데 (나)에는 있으므로 핵상이 n입니다.

(마)에는 ㉡이 없는데 (바)에는 있으므로 핵상이 n입니다.
(바)에는 ㉠이 없는데 (마)에는 있으므로 핵상이 n입니다.

2. 대립유전자 매칭

핵상이 n인 (나)에서 ㉠과 ㉡이 같이 있으므로 ㉠과 ㉡은 서로 대립유전자일 수 없습니다.
(* 이는 ㉢과 ㉣이 서로 대립유전자일 수 없음과 같은 뜻이기도 합니다.)

핵상이 n인 (바)에서 ㉡과 ㉣이 같이 있으므로 ㉡과 ㉣은 서로 대립유전자일 수 없습니다.
(* 이는 ㉠과 ㉢이 서로 대립유전자일 수 없음과 같은 뜻이기도 합니다.)
따라서 ㉡은 ㉠, ㉣과 대립유전자일 수 없으므로 ㉢과 대립유전자입니다.
남은 ㉠과 ㉣은 서로 대립유전자입니다.

3. 성/상 찾기

이 문제에서는 한 쌍은 상염색체에 있는 대립유전자이고, 다른 한 쌍은 X 염색체에 있는 대립유전자임을 알려주었으므로
(마)에서 ㉡과 ㉢이 없음을 통해 ㉡, ㉢이 X 염색체에 있는 대립유전자이고, Ⅱ가 남자임을 알 수 있습니다.
그러나 이러한 정보가 없어도 한 쌍이 상염색체에 있는 대립유전자이고, 다른 한 쌍은 X 염색체에 있는 대립유전자임을 알 수 있어야 합니다. 따라서 위 조건이 없다는 전제하에 해설하겠습니다.

(마)에는 ㉡과 ㉢이 모두 없으므로 ㉡과 ㉢은 성염색체에 있는 유전자입니다.
그런데 (가)에는 ㉡과 ㉢이 모두 있으므로 같은 종류의 성염색체가 2개 있음을 알 수 있습니다.
따라서 Ⅰ의 성염색체가 XX임을 알 수 있고, ㉡과 ㉢은 X 염색체에 있는 유전자입니다.
(마)는 X 염색체에 있는 유전자가 없으므로 남자의 세포이고, Y 염색체가 있음을 알 수 있습니다.

남자의 세포인 (라)에서 ㉠과 ㉣이 모두 있으므로 ㉠과 ㉣은 상염색체에 있는 유전자입니다.

선지 해설

ㄱ

ㄴ (라)는 남자의 세포이고, 핵상이 2n이므로 Y 염색체가 있습니다.

ㄷ Ⅰ은 ㉠만 있으므로 EE나 ee 중 하나이고, ㉡과 ㉢이 모두 있으므로 Ff입니다.
따라서 유전자형은 EEFf나 eeFf 중 하나입니다.

☑ comment

① 이런 식으로 대립유전자를 매칭하는 문제의 경우, 핵상이 2n일 때는 일반적으로 의미가 없습니다.
핵상이 n인 경우 문제 해설처럼 특정 대립유전자와 대립유전자가 서로 대립유전자일 수 없음을 통해 대립유전자들을 매칭할 수 있게 됩니다.
따라서 핵상이 n인 세포를 찾는 게 핵심이고, 이를 통해 대립유전자를 매칭한 후 성염색체를 판단해 성별을 찾을 수 있습니다.

② 본문에서 n쌍의 대립유전자 중 n개를 초과해서 갖고 있을 경우 2n임을 설명했습니다.
여기서 조금만 더 생각해보면, 모든 유전자가 '상'염색체에 있을 경우 핵상이 n인 세포는 n쌍의 대립유전자 중 반드시 n개의 대립유전자만 갖고 있어야 합니다.
그러면 핵상이 n일 때, n개보다 적은 수의 대립유전자를 갖고 있다면 그 차이만큼 성염색체에 있는 대립유전자 쌍이 있음을 알 수 있습니다.
예를 들어, 이 문제에서는 2쌍의 대립유전자가 있는데, (마)에는 대립유전자가 ㉠ 1개밖에 없습니다.
따라서 최소한 한 쌍의 대립유전자는 성염색체에 있는 대립유전자임을 알 수 있습니다.

만약 3쌍의 대립유전자가 있는데, 핵상이 n인 세포에서 1개의 대립유전자만 갖고 있다면,
최소한 2쌍의 대립유전자는 성염색체에 있는 대립유전자입니다.

검토진 : 해설과 comment에서 '대립유전자 매칭 문제'에 관한 필요한 말을 거의 다 해주셨는데 한 가지 사소한 팁을 드리자면, 대립유전자 쌍을 찾을 땐 "특정 대립유전자와 대립유전자가 서로 대립유전자일 수 없음을 통해 대립유전자 쌍을 찾아 나가는 것"이 기본적인 방법입니다. (저는 대립유전자 쌍이 2개일 때는 이 방법을 사용합니다.)
그런데 대립유전자 쌍이 많다면 (3개 이상) "핵상이 n인 서로 다른 세포들이 공통으로 대립유전자를 보유하고, 한 쌍만 엇갈리게 보유할 때, 엇갈린 한 쌍이 대립유전자 쌍"임을 이용하면 빠르게 해결할 수 있습니다.
이를 통해 한 쌍을 발견한다면, 남은 2쌍의 대립유전자는 처음 말한 기본적인 방법을 사용하는 것도 고려해 볼 수 있겠죠.

56 〉 20학년도 6월 8번 | 정답 ④

문항 해설

1. 대립유전자 해석

(가)에는 ㉠이 없는데 (나)에는 있으므로 (가)의 핵상은 n입니다.
(나)에는 대립유전자가 3개이므로 핵상이 2n입니다.

(다)에는 ㉡이 없는데 (라)에는 ㉡이 있으므로 (다)의 핵상은 n입니다.
(라)에는 ㉣이 없는데 (다)에는 ㉣이 있으므로 (라)의 핵상은 n입니다.

(가)에서 ㉢과 ㉣은 서로 대립유전자일 수 없고,
(라)에서 ㉡과 ㉢은 서로 대립유전자일 수 없으므로
㉢은 ㉠과 대립유전자임을 알 수 있습니다.
따라서 남은 ㉡과 ㉣도 대립유전자입니다.

(다)에서 ㉠과 ㉢이 모두 없으므로 ㉠과 ㉢은 성염색체에 있는 유전자입니다.
그런데 (나)에는 ㉠과 ㉢이 모두 있으므로 같은 종류의 성염색체가 2개 있음을 알 수 있습니다.
따라서 Ⅰ의 성염색체가 XX임을 알 수 있고, ㉠과 ㉢은 X 염색체에 있는 유전자입니다.
(다)는 X 염색체에 있는 유전자가 없으므로 남자의 세포이고, Y 염색체가 있음을 알 수 있습니다.

남자의 세포 (다)에 ㉣이 있고, (라)에는 ㉡이 있으므로 이 개체는 ㉡과 ㉣을 모두 갖고 있습니다.
남자가 대립유전자를 이형 접합성으로 갖고 있으므로 ㉡과 ㉣은 상염색체에 있는 유전자입니다.

2. 세포 매칭

B에는 상동 염색체가 있으므로 핵상이 2n인데, 모양과 크기가 모두 같으므로 암컷의 세포입니다.
A에는 상동 염색체가 없으므로 핵상이 n이고, B와 모양과 크기가 다른 염색체가 있으므로 Y 염색체이고 수컷의 세포입니다.

따라서 A는 Ⅱ의 세포이고, B는 Ⅰ의 세포입니다.

선지 해설

ㄱ ⓛ

ⓒ (라)에는 ⓒ이 있으므로 X 염색체가 있습니다.

57 22학년도 6월 16번 | 정답 ②

문항 해설

1. 핵상 찾기

세포 (가)~(다)는 모두 사람 P의 세포입니다.
(가)와 (나)에는 ㉠이 없는데 (다)에는 ㉠이 있으므로 (가)와 (나)의 핵상은 n입니다.
(다)에는 ㉡이 없는데 (나)에는 ㉡이 있으므로 (다)의 핵상은 n입니다.

2. 대립유전자 매칭

(나)에서 ㉡과 ㉣이 서로 대립유전자일 수 없고,
(다)에서 ㉠과 ㉣이 서로 대립유전자일 수 없음을 통해
㉠과 ㉡이 서로 대립유전자이고, ㉢과 ㉣이 서로 대립유전자임을 알 수 있습니다.

또한, (가)에서 ㉢과 ㉣이 모두 없으므로 ㉢과 ㉣은 성염색체에 있는 유전자이고, P가 남자임을 알 수 있습니다.
남자인 P가 ㉠과 ㉡을 모두 가지고 있으므로 ㉠과 ㉡은 상염색체에 있는 유전자입니다.

3. Ⅰ과 Ⅱ로부터 형성된 세포 찾기

G_1기 세포로부터 분열되어 형성된 세포의 경우, 그림과 같이 감수 1분열 기준 왼쪽 세포(Y)와 오른쪽 세포(Z)를 더하면 핵상이 2n인 세포(X)와 동일함을 알 수 있습니다.

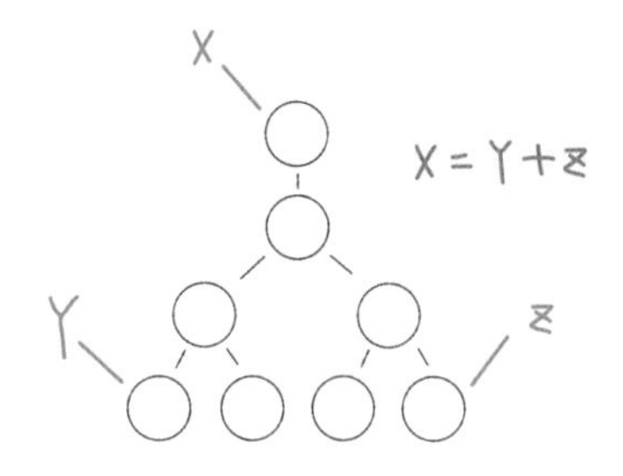

이 문제에는 여자가 없으므로 ㉢과 ㉣이 X 염색체와 Y 염색체 중 어디에 있는 유전자인지 알 수 없습니다.
따라서 편의상 X 염색체에 있는 유전자라 간주하면, 이 사람의 유전자형은 ㉠㉡㉣Y임을 알 수 있습니다.
따라서 (가)~(다) 중 2개의 세포를 더해 ㉠㉡㉣Y가 나와야 하는데, 이는 (가)와 (다)만 가능함을 알 수 있습니다.
따라서 (가)와 (다)가 Ⅰ로부터 형성된 세포이고, (나)는 Ⅱ로부터 형성된 세포입니다.

선지 해설

ㄱ P는 ㉢을 가지고 있지 않으므로 ㉢을 갖는 생식세포를 만들 수 없습니다.

ⓛ ㄷ

58 21학년도 4월 11번 | 정답 ①

문항 해설

1. 핵상 찾기

ⓐ에는 ㉡이 없는데 ⓑ에는 ㉡이 있으므로 ⓐ의 핵상은 n입니다.
ⓒ에는 ㉠이 없는데 ⓓ에는 ㉠이 있으므로 ⓒ의 핵상은 n입니다.
ⓑ와 ⓓ는 4개의 대립유전자 중 ○가 3개이므로 핵상이 2n입니다.

2. 대립유전자 매칭

ⓓ에는 4개 중 3개의 유전자가 있으므로, 특정 유전자를 이형 접합성으로 가지고 있음을 알 수 있습니다.
이형 접합성이었던 유전자는 감수 1분열에서 갈라지므로 둘 중 하나는 반드시 가져야 합니다.
그런데 ⓒ에서 ○가 1개밖에 없으므로 ㉢이 위의 이형

접합성이었던 유전자 중 하나임을 알 수 있습니다.

그러면, 다른 한 쌍의 유전자는 동형 접합성도 아니고 이형 접합성도 아니었음을 추론할 수 있습니다.
(* ⓒ에서 대립유전자가 아예 없기 때문입니다.)
따라서 해당 유전자는 성염색체에 있는 유전자이며, 이 사람은 남자임을 알 수 있습니다.
남자가 특정 유전자를 이형 접합성으로 가졌으므로 해당 유전자는 상염색체에 있는 유전자입니다.
따라서 ㉢은 상염색체에 있는 유전자입니다.

남자는 X 염색체와 Y 염색체가 각각 1개이므로 유전자도 1개만 가질 수 있습니다.
따라서 핵상이 2n인 ⓓ에서 아예 없는 유전자 ㉡은 성염색체에 있는 유전자이고,
여자의 세포인 A에 ㉡이 있으므로 ㉡은 X 염색체에 있는 유전자입니다.

세포 ⓐ에는 ㉠과 ㉢이 있으므로 ㉠과 ㉢은 서로 대립유전자가 아님을 알 수 있습니다.
그런데 ㉢은 상염색체에 있는 유전자임을 알고 있으므로, 남은 ㉠은 X 염색체에 있는 유전자입니다.

따라서 ㉠과 ㉡이 X 염색체에 있는 대립유전자이고, ㉢과 ㉣이 상염색체에 있는 대립유전자입니다.

3. 세포 매칭

ⓐ는 여자의 세포이며 핵상이 n이므로 Ⅳ입니다.
ⓑ는 여자의 세포이며 핵상이 2n이므로 Ⅲ입니다.
ⓒ는 남자의 세포이며 핵상이 n이므로 Ⅱ입니다.
ⓓ는 남자의 세포이며 핵상이 2n이므로 Ⅰ입니다.

선지 해설

㉠ ㄴ̸ ㄷ̸

59

22학년도 10월 9번 | 정답 ④

문항 해설

1. 자료 해석

세포 Ⅰ과 Ⅱ에서는 ○가 4개 중 3개이므로 특정 유전자에 대한 유전자형이 이형 접합성임을 알 수 있습니다.
따라서 Ⅰ과 Ⅱ의 핵상은 2n입니다.
핵상이 2n인 Ⅰ의 세포에서 ⓒ가 없는데, Ⅱ에는 ⓒ가 있으므로 Ⅰ과 Ⅱ은 다른 개체의 세포이고,
Ⅱ와 Ⅲ은 같은 개체의 세포입니다.

Ⅱ에서 이형 접합성이었던 유전자는 감수 1분열에서 갈라지므로 둘 중 하나는 반드시 가져야 합니다.
그런데 Ⅲ에서 ○가 1개밖에 없으므로 ⓒ가 위의 이형 접합성이었던 유전자 중 하나임을 알 수 있습니다.

그러면, 다른 한 쌍의 유전자는 동형 접합성도 아니고 이형 접합성도 아니었음을 추론할 수 있습니다.
(* Ⅲ에서 대립유전자가 아예 없기 때문입니다.)
따라서 해당 유전자는 성염색체에 있는 유전자이며, Ⅱ와 Ⅲ은 남자(P)의 세포임을 알 수 있습니다.
남자가 특정 유전자를 이형 접합성으로 가졌으므로 해당 유전자는 상염색체에 있는 유전자입니다.
따라서 ⓒ는 상염색체에 있는 유전자입니다.

남자는 X 염색체와 Y 염색체가 각각 1개이므로 유전자도 1개만 가질 수 있습니다.
따라서 핵상이 2n인 Ⅱ에서 아예 없는 유전자 ⓑ는 성염색체에 있는 유전자입니다.

그림에서 ⓐ와 ⓒ는 서로 대립유전자가 아님을 알 수 있습니다.
그런데 ⓒ은 상염색체에 있는 유전자임을 알고 있으므로, 남은 ⓐ은 성염색체에 있는 유전자입니다.

따라서 ⓐ와 ⓑ는 성염색체에 있는 대립유전자이고, ⓒ와 ⓓ는 상염색체에 있는 대립유전자입니다.

Ⅰ에는 ⓐ와 ⓑ가 모두 있으므로 ⓐ와 ⓑ는 X 염색체에 있는 유전자이며 Q는 여자입니다.

선지 해설

ㄱ ㄴ ㄷ

60 23학년도 9월 8번 | 정답 ③

문항 해설

1. 자료 해석

(가)에는 ㉣이 없는데 (다)에는 ㉣이 있으므로 (가)의 핵상은 n입니다.

(다)에는 ㉤이 없는데 (나)에는 ㉤이 있으므로 (다)의 핵상은 n입니다.

(마)에는 ㉣이 없는데 (라)에는 ㉣이 있으므로 (마)의 핵상은 n입니다.

(바)에는 ㉠이 없는데 (마)에는 ㉠이 있으므로 (바)의 핵상은 n입니다.

(다)에서 ㉠, ㉢, ㉣은 서로 대립유전자가 아니고 (마)에서 ㉠, ㉡, ㉢은 서로 대립유전자가 아니므로
㉡과 ㉣이 서로 대립유전자임을 알 수 있습니다.

(* 서로 대립유전자를 한 상자 안에 담는다고 생각하면 그림과 같이 이해할 수 있습니다.)

ㄱ
ㄷ
ㄹ ㄴ

(바)에서 ㉢, ㉣, ㉥은 서로 대립유전자가 아니므로 ㉠과 ㉥이 서로 대립유전자이고,
남은 ㉢과 ㉤도 서로 대립유전자임을 알 수 있습니다.

ㄱ ㅂ
ㄷ ㅁ
ㄹ ㄴ

(가)에서 ㉠과 ㉥, ㉡과 ㉣이 모두 없으므로 ㉠/㉥, ㉡/㉣은 X 염색체에 있는 유전자이고,
남은 ㉢/㉤은 상염색체에 있는 유전자입니다.

선지 해설

ㄱ

ㄴ (나)에는 ㉢과 ㉤이 모두 있으므로 (나)의 핵상은 2n입니다. 따라서 (다)에 ㉣이 있으므로 ⓐ는 ○입니다.

ㄷ Q에는 ㉠, ㉥, ㉡, ㉣이 모두 있으므로 맞습니다.

61 19학년도 수능 13번 | 정답 ③

문항 해설

1. 핵상 찾기

(개체 Ⅰ 기준)

(가)에는 ㉢이 없는데 (나)에는 ㉢이 있으므로 (가)의 핵상은 n입니다.

(나)에는 ㉠이 없는데 (다)에는 ㉠이 있으므로 (나)의 핵상은 n입니다.

(다)에는 ㉣이 없는데 (나)에는 ㉣이 있으므로 (다)의 핵상은 n입니다.

(개체 Ⅱ 기준)

(나)에는 ㉠이 없는데 (다)에는 ㉠이 있으므로 (나)의 핵상은 n입니다.

(다)에는 ㉣이 없는데 (나)에는 ㉣이 있으므로 (다)의 핵상은 n입니다.

(라)는 ㉢의 DNA 상대량이 2인데, ㉠의 DNA 상대량은 1이므로

(라)의 핵상은 2n입니다.

2. 대립유전자 매칭

(라)에서 ㉢과 ㉠/㉣은 서로 대립유전자일 수 없으므로 ㉡과 ㉢이 대립유전자이고, ㉠과 ㉣이 대립유전자입니다.

3. 성/상 찾기

(가)에서 ㉡과 ㉢이 모두 없으므로 ㉡과 ㉢은 성염색체에 있는 유전자입니다.
(라)에서 ㉢이 동형 접합성이므로 같은 종류의 성염색체가 2개 있음을 알 수 있습니다.
따라서 Ⅱ의 성염색체가 XX임을 알 수 있고, ㉡과 ㉢은 X 염색체에 있는 유전자입니다.

(가)는 X 염색체에 있는 유전자가 없으므로 남자의 세포이고, Y 염색체가 있음을 알 수 있습니다.
따라서 Ⅰ은 수컷입니다. (가)에는 ㉣이, (다)에는 ㉠이 있으므로 수컷인 Ⅰ이 ㉠과 ㉣을 모두 갖고 있습니다.
따라서 ㉠과 ㉣은 상염색체에 있는 유전자입니다.

선지 해설

㉠

㉡ (가)의 핵상은 n이고 DNA 상대량이 2이므로 복제된 상태입니다.
(다)의 핵상도 n이고 DNA 상대량이 2이므로 복제된 상태입니다.
따라서 염색 분체의 수는 같습니다.

~~㉢~~ (라)는 핵상이 2n이고 암컷이므로 X 염색체가 2개입니다.
(나)는 핵상이 n이고 ㉢이 있으므로 X 염색체가 1개 있습니다.
따라서 (라)는 $\frac{2}{2n-2}=\frac{1}{n-1}$이고 (나)는 $\frac{1}{n-1}$이므로 서로 같습니다.

☑ comment

앞선 문제들과 달리, 이 문제는 대립유전자의 단순 유무가 아닌 DNA 상대량을 제시해주었습니다.
그러나 핵상이 n일 때는 있음/없음과 DNA 상대량으로 알 수 있는 정보에 차이가 거의 없습니다.
따라서 본문에서처럼 2n일 때의 정보가 핵심인 경우가 많습니다.

62 24학년도 수능 15번 | 정답 ②

문항 해설

1. 자료 해석

표에서 이 사람은 H가 있는 세포도 있고, 없는 세포도 있으므로 H/h에 대한 유전자형은 Hh입니다.

그림에서 DNA 상대량이 1인 유전자와 2인 유전자는 서로 대립유전자일 수 없으므로
세포 ㉠을 통해 ⓐ와 ⓓ, ⓑ와 ⓒ가 서로 대립유전자임을 알 수 있습니다.

이 사람의 유전자형은 ⓐⓓ / ⓒⓒ이고, H/h에 대한 유전자형은 이형 접합성임을 이미 밝혔으므로
ⓐ/ⓓ가 H/h에 대한 유전자이고, ⓑ/ⓒ가 T/t에 대한 유전자임을 알 수 있습니다.

그런데 표에서 t가 없는 세포가 있으므로 ⓑ가 t이고, ⓒ는 T입니다.
세포 ㉢에는 H가 없는데 ⓐ가 있으므로 ⓐ는 h이고, ⓓ는 H입니다.

선지 해설

~~ㄱ~~ ㉡

~~ㄷ~~ 이 사람은 t를 갖고 있지 않으므로 t를 갖는 생식세포는 형성될 수 없습니다.

63 〉 22학년도 6월 19번 | 정답 ②

문항 해설

1. 자료 해석

(가)에는 상동 염색체가 있으므로 핵상이 2n,
(나)에는 상동 염색체가 없으므로 핵상이 n입니다.

(가)에는 ㉠+㉡이 6이므로 이는 2+4 꼴임을 알 수 있습니다.
따라서 ㉠과 ㉡은 서로 대립유전자가 아니고, ㉠과 ㉡ 중 DNA 상대량이 4인 유전자는 동형 접합성이어야 하므로
Ⅰ의 유전자형이 Aabb임을 알 수 있습니다.

또한 ㉡+㉢도 6이므로 ㉡과 ㉢도 서로 대립유전자가 아니고, ㉡과 ㉢ 중 하나가 동형 접합성(b)이어야 합니다.
따라서 ㉠과 ㉢이 서로 대립유전자이고, ㉡과 ㉣이 서로 대립유전자이며 ㉡이 b이고 ㉣은 B입니다.

(나)에서 ㉢+㉣은 그림을 고려했을 때 1+1입니다.
그런데 그림에서 (나)에는 A가 있음이 제시되어 있고, ㉣이 B임은 이미 알고 있으므로
㉢이 A이고 ㉠은 a입니다.

선지 해설

ㄱ. (✗)

ㄴ. ⓐ = (가)에서 a+A = 4이고, ⓑ = (나)에서 b+A = 1이므로 ⓐ+ⓑ = 5입니다.

ㄷ. (✗) (나)에는 A와 B가 있습니다.

64 〉 23학년도 9월 11번 | 정답 ③

문항 해설

1. 자료 해석

ⓐ는 중기의 세포인데 ㉡+㉢이 2이므로 ⓐ의 핵상은 n이고
ⓑ와 ⓒ는 중기의 세포이며 (나)는 감수 분열 과정의 일부이므로
ⓑ와 ⓒ의 핵상은 n입니다.
(* ⓐ가 2n이라면 유전자형이 HHtt이므로 ㉡+㉢은 0/4/8 중 하나여야 합니다.)

ⓐ와 ⓑ에서 ㉠, ㉡, ㉢, ㉣을 정리하면 다음과 같습니다.

세포	DNA 상대량			
	㉠	㉡	㉢	㉣
ⓐ	0	0	2	2
ⓑ	2	0	2	0

(* ⓐ에서 ㉣이 2인 이유 : ⓐ의 유전자형이 모두 동형 접합성이므로 핵상이 n일 때 ㉠~㉣ 중 2개는 반드시 가져야 합니다.)

ⓐ에서 ㉢과 ㉣은 서로 대립유전자가 아니고,
ⓑ에서 ㉠과 ㉢은 서로 대립유전자가 아니므로
㉠과 ㉣, ㉡과 ㉢이 서로 대립유전자임을 알 수 있습니다.

또한 ⓐ와 ⓑ가 공통적으로 가지고 있는 ㉢은 t, 남은 ㉡은 T입니다.
또한 ⓑ에서 ㉠은 h일 수밖에 없으므로 ㉠은 h, 남은 ㉣은 H입니다.

또한, (나)가 감수 1분열을 나타낸 것임을 고려하면,
ⓑ의 반대편인 ⓒ에는 hT가 2개씩 있음을 알 수 있습니다.

선지 해설

ㄱ. ㉮=4, ㉯=2이므로 ㉮+㉯=6입니다.

ㄴ. ⓐ는 핵상이 n이고, 복제된 세포이므로 염색 분체 수는 46이고, 성염색체 수는 1입니다. 따라서 맞습니다.

ㄷ. (✗)

65 〉 23학년도 수능 7번 | 정답 ④

문항 해설

1. 자료 해석

(가)에는 ㉠이 없는데 (나)에는 있으므로 (가)의 핵상은 n입니다.
그런데 B의 DNA 상대량이 2이므로 (가)는 Ⅲ임을 알 수 있습니다.

(다)에는 ㉢이 없는데 (나)에는 ㉢이 있으므로 (다)의 핵상은 n입니다.
그런데 a와 B의 DNA 상대량이 1이므로 (다)는 Ⅳ임을 알 수 있습니다.

따라서 남은 (나)와 (라)는 2n인데, (라)에서는 a의 DNA 상대량이 1인데 (나)는 2이므로
(라)는 Ⅰ이고 (나)는 Ⅱ입니다.

(가)와 (다)에 B가 모두 있으므로 이 사람은 BB 동형 접합성임을 알 수 있습니다.
따라서 b가 없으므로 ㉠, ㉡, ㉢ 중 (가)~(라)에 모두 없을 수 있는 ㉡이 b입니다.
㉠과 ㉢은 모두 가지고 있으므로 P의 ㉮에 대한 유전자형은 AaBB이고,
남자인 P가 이형 접합성/동형 접합성으로 유전자를 가지고 있으므로 A/a와 B/b는 모두 상염색체에 있는 유전자입니다.

(다)에 a가 있는데 ㉢이 없으므로 ㉢은 A이고, ㉠이 a입니다.

선지 해설

66 〉 19학년도 10월 10번 | 정답 ⑤

문항 해설

1. 자료 해석

이 동물은 2n=6이므로 염색체가 6개입니다.
유전자형이 DdHhRr인데 서로 다른 염색체에 있으므로 염색체 1개당 대립유전자 1개가 1:1로 대응됩니다.
따라서 염색체의 유무를 통해 특정 유전자의 유무를 생각할 수도 있어야 하고, 유전자의 유무를 통해 염색체의 유무도 파악할 수 있어야 합니다.

(가)에는 ㉣이 없는데 (나)에는 있으므로 (가)의 핵상은 n입니다.
(나)와 (다)에는 ㉡이 없는데 (가)에는 있으므로 (나)와 (다)의 핵상은 n입니다.

염색체와 대립유전자는 6개인데 문제에는 4개만 제시되어 있으므로
임의로 염색체 ㉤, ㉥과 유전자 ⓔ, ⓕ를 추가하여 풀겠습니다.

핵상이 n인 세포에서 염색체와 대립유전자는 ○와 ×의 수가 3개씩 있어야 하므로 아래와 같음을 알 수 있습니다.

구분	염색체						유전자					
	㉠	㉡	㉢	㉣	㉤	㉥	ⓐ	ⓑ	ⓒ	ⓓ	ⓔ	ⓕ
(가)	○	○	○	×	×	×	○	×	○	○	×	×
(나)	×	×	?	○	?	?	×	○	?	○	?	?
(다)	○	×	○	○	×	×	×	×	○	○	?	?

(○ : 있음, × : 없음)

(가), (나), (다) 순으로 염색체 ㉠의 유무는 ○, ×, ○인데, 이러한 구성을 가질 수 있는 유전자는 ⓒ만 가능합니다.
마찬가지로 염색체 ㉡의 유무는 ○, ×, ×인데, 이러한 구성을 가질 수 있는 유전자는 ⓐ만 가능합니다.
이렇게 염색체마다 가능한 대립유전자를 나열하면,

㉠ – ⓒ
㉡ – ⓐ
㉢ – ⓒ, ⓓ
㉣ – ⓔ, ⓕ
㉤ – ⓑ, ⓔ, ⓕ

ⓗ – ⓑ, ⓔ, ⓕ

임을 알 수 있습니다.
따라서 ㉠에 ⓒ가, ㉡에 ⓐ가 있음이 확정되므로 ㉢에 ⓓ가 있음이 확정됩니다.
ⓔ와 ⓕ는 임의로 설정한 유전자이므로 ㉣에 ⓔ가 있다고 확정지어놓고 풀어도 됩니다.
㉤과 ㉥도 임의로 만든 염색체이므로 ㉤에 ⓑ가, ㉥에 ⓕ가 있다고 확정지어놓고 풀어도 됩니다.

그런데 (가)에서 염색체 ㉠, ㉡, ㉢은 서로 상동 염색체일 수 없고, (다)에서 ㉠, ㉢, ㉣은 서로 상동염색체일 수 없으므로 ㉡과 ㉣이 상동염색체임을 알 수 있습니다.
따라서 ⓐ와 ⓔ는 서로 대립유전자입니다.

(나)에서 ⓑ와 ⓓ가 같이 있으므로 서로 대립유전자일 수 없습니다.
따라서 ㉢과 ㉤이 서로 상동 염색체일 수 없습니다.
㉢은 ㉠과 상동 염색체일 수 없고, ㉤과도 상동 염색체일 수 없으므로 ㉢은 ㉥과 상동 염색체입니다.
따라서 남은 ㉠과 ㉤도 서로 상동 염색체이고, ⓑ와 ⓒ는 서로 대립유전자입니다.

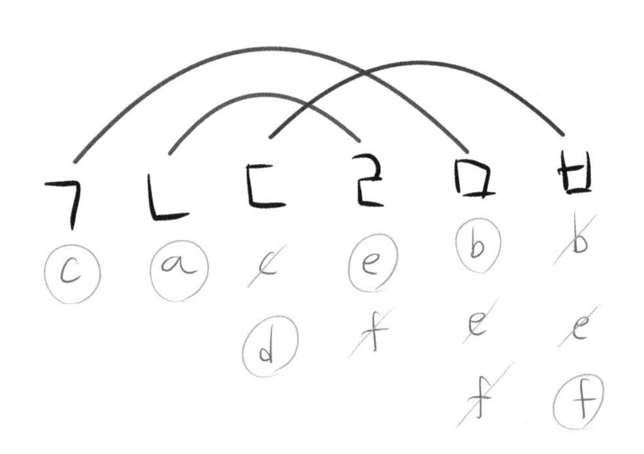

선지 해설

㉠

㉡ (나)에는 ⓓ가 있으므로 ㉢이 있습니다.

㉢

67 22학년도 수능 7번 | 정답 ②

문항 해설

1. 핵상&상동 염색체 찾기

세포 Ⅰ, Ⅲ, Ⅳ에는 각각 ㉠, ㉡, ㉢이 없으므로 핵상이 n입니다.
표에서 세포 Ⅲ을 통해 ㉠과 ㉢은 상동 염색체일 수 없고, 세포 Ⅳ를 통해 ㉠과 ㉡은 상동 염색체일 수 없음을 알 수 있습니다.

제시된 자료에는 염색체가 3개밖에 없으므로 1개(㉣)를 추가하여 생각하면,
㉠과 ㉣이 서로 상동 염색체이고, ㉡과 ㉢이 서로 상동 염색체임을 알 수 있습니다.
(* 그림에서 ⓐ~ⓒ 중 상동 염색체는 ⓐ, ⓑ이므로 ㉡과 ㉢이 각각 ⓐ와 ⓑ 중 하나이며, ⓒ는 ㉢입니다.)

이를 표로 나타내면 다음과 같습니다.

세포	염색체				DNA 상대량	
	㉠	㉡	㉢	㉣	H	r
Ⅰ	×	○	×	○	1	1
Ⅱ	?	○	○	?	?	1
Ⅲ	○	×	○	×	2	0
Ⅳ	○	○	×	×	?	2

(○: 있음, ×: 없음)

이때, Ⅱ에는 ㉡과 ㉢이 모두 있으므로 Ⅱ의 핵상은 2n입니다.

2. 염색체와 유전자 매칭 + 유전자형 찾기

핵상이 2n인 Ⅱ를 통해 이 사람의 유전자형은 Rr임을 알 수 있습니다.
따라서 R이 있는 염색체의 유무는 Ⅰ, Ⅱ, Ⅲ, Ⅳ 순으로 ○, ○, ×, ○여야 합니다.
이런 구성을 가질 수 있는 염색체는 ㉡밖에 없으므로 ㉡에 R이 있고, ㉢에는 R이 있음을 알 수 있습니다.

또한, Ⅰ을 통해 ㉣에 H가 있고, Ⅲ을 통해 ㉠에도 H가 있음을 알 수 있습니다.

따라서 이 사람의 유전자형은 HHRr입니다.

선지 해설

ㄱ̸ ㄴ ㄷ̸

68 23학년도 7월 10번 | 정답 ③

문항 해설

1. 대립유전자 찾기

표에서 아버지는 ㉠과 ㉤의 DNA 상대량이 2이므로 ㉠과 ㉤은 각각 ㉡과 ㉣ 중 하나와 서로 대립유전자임을 알 수 있습니다. 따라서 남은 ㉢과 ㉥은 대립유전자 관계입니다.
어머니는 ㉣의 DNA 상대량이 2이므로 ㉣은 ㉠과 대립유전자 관계입니다.
남은 ㉡과 ㉤은 대립유전자입니다.
(* DNA 상대량이 1과 2인 유전자는 서로 대립유전자일 수 없다는 논리는 자주 쓰이므로 반드시 알아두시기 바랍니다.)

2. 알파벳 매칭

아버지의 유전자형은 ㉠㉠ / ㉤㉤ / ㉢㉥
어머니의 유전자형은 ㉣㉣ / ㉡㉤ / ㉥㉥
자녀 1의 유전자형은 AaBbDd
자녀 2의 유전자형은 AaBBDd입니다.

이때 표현형은 어머니 = 자녀 1, 아버지 = 자녀 2이므로
어머니는 D_ 표현형이면서 A/a, B/b의 대문자 수가 2여야 합니다.
아버지도 D_ 표현형이면서 A/a, B/b의 대문자 수가 3이어야 합니다.

아버지는 ㉠㉠이고, 어머니는 ㉣㉣이므로 ㉠/㉣은 D/d일 수 없습니다.
또한, 자녀 2의 유전자형이 BB이므로 ㉠/㉣은 B/b일 수 없습니다.
따라서 ㉠/㉣은 A/a에 대한 유전자임을 알 수 있습니다.
(* ㉠/㉣을 먼저 본 이유 : 부모의 유전자형이 서로 다른 유전자로 동형 접합성이기 때문입니다.
또한, 나머지 유전자는 한 명은 동형, 다른 한 명은 이형 접합성으로 대칭 구조를 가지고 있기에 처음에 판단이 어려움을 알 수 있습니다.)

아버지는 대문자 수가 3이어야 하므로 ㉠이 A이고, ㉣이 a임을 알 수 있습니다.
(* ㉠이 a라면 아버지의 유전자형은 aa__이므로 대문자 수가 3일 수 없습니다.)
또한, 어머니의 대문자 수는 2여야 하므로 ㉥이 B이고, ㉢이 b임을 알 수 있습니다.
아버지와 어머니는 모두 D_ 표현형이어야 하므로 ㉤이 D이고, ㉡이 d입니다.

선지 해설

㉠ ㉡

ㄷ̸ 아버지의 유전자형은 AABbDD이고, 어머니의 유전자형은 aaBBDd이므로
(가)의 표현형이 어머니와 같을 확률 : $\frac{1}{2}$, (나)의 표현형이 어머니와 같을 확률 : 1이므로 $\frac{1}{2} \times 1 = \frac{1}{2}$입니다.
(* 이 확률 계산이 어려울 경우, 다음 단원 개념 설명 페이지를 참고해주시기 바랍니다. 다만 이 계산이 어렵다면, 지금 기출문제집을 푸시기보다는 개념 강의를 먼저 수강하시는 게 바람직합니다.)

☑ comment

이 가족의 (나)에 대한 표현형이 모두 D_임을 알 수 있습니다.
따라서 D를 모두 갖고 있어야 하는데, 이는 ㉤ 또는 ㉥만 가능합니다.
그런데 어머니는 ㉡-㉤을 제외하면 모두 동형 접합성입니다.
만약 ㉡-㉤이 다인자라면, 어머니의 대문자 수 합은 홀수가 되므로 ㉤이 D임을 알 수도 있습니다.

PART 2

01

문항 해설

1. 2개는 암컷, 2개는 수컷의 세포입니다.

2. (다)에서 E/e가 이형 접합성이므로 (다)의 핵상은 2n입니다.
   (라)에서 e의 DNA 상대량은 2인데, f의 DNA 상대량은 1이므로 2n입니다.

3. (다)에서 f의 DNA 상대량이 0인데, (라)에는 있으므로 서로 다른 개체의 세포입니다.
   (라)에서 d의 DNA 상대량이 2인데, (나)에는 없으므로 서로 다른 개체의 세포입니다.
   따라서 (가)와 (라)가 같은 개체의 세포, (나)와 (다)가 같은 개체의 세포임을 알 수 있습니다.

4. (다)에서 F/f의 DNA 상대량이 (1, 0)이므로 F/f는 성염색체에 있는 유전자이고, 수컷의 세포임을 알 수 있습니다.
   이때, 암컷의 세포인 (라)에 f가 있으므로 F/f는 X 염색체에 있는 유전자입니다.
   또한, 수컷의 세포인 (다)에서 E/e의 DNA 상대량이 (1, 1)이므로 E/e는 상염색체에 있는 유전자입니다.

5. (라)에서 d의 DNA 상대량이 0이므로 (가)에서도 0입니다.
   (가)에서 D/d의 DNA 상대량이 (0, 0)이므로 D/d는 성염색체에 있는 유전자입니다.
   그런데 암컷의 세포에서 성염색체에 있는 유전자의 DNA 상대량이 (0, 0)이므로
   D/d는 Y 염색체에 있는 유전자임을 알 수 있습니다.

세포	DNA 상대량					
	D	d	E	e	F	f
(가)	0	?	㉠	1	0	?
(나)	?	2	?	0	㉡	?
(다)	㉢	?	1	1	1	0
(라)	?	0	?	2	?	1

선지 해설

ㄱ. Ⅰ은 ee 동형 접합성인데 (가)에서 e의 DNA 상대량이 1이므로 (가)의 핵상은 n입니다. 따라서 ㉠은 0입니다.

(나)에는 e가 없는데 (다)에는 e가 있으므로 (나)의 핵상은 n입니다. 그런데 (나)에는 Y 염색체에 있는 유전자 d가 있으므로 X 염색체가 없는 세포임을 알 수 있습니다. 따라서 X 염색체에 있는 유전자 F도 없어야 하므로 ㉡은 0입니다.

(다)는 수컷의 2n 세포이므로 성염색체에 있는 유전자의 DNA 상대량은 (1, 0) 또는 (0, 1)입니다.
그런데 같은 개체의 세포인 (나)에서 d가 있으므로 (0, 1)임을 알 수 있습니다.
따라서 ㉢은 0입니다.

따라서 ㉠+㉡+㉢ = 0+0+0= 0입니다.

ㄴ. Ⅰ은 암컷이므로 ⓐ~ⓒ에 대한 유전자형은 eeFf입니다. (X)

ㄷ. d는 Y 염색체에, F는 X 염색체에 있는 유전자이므로 서로 다른 염색체에 존재합니다. (O)

02

문항 해설

1. 유전자가 모두 서로 다른 '상'염색체에 존재합니다.
   따라서 핵상이 n인 세포에서 O와 X의 수가 3개씩 나와야 함을 알 수 있습니다.

2. (가)에는 ㉢이 없는데 (나)에는 있으므로 (가)의 핵상은 n,
   (나)에는 ㉠이 없는데 (가)에는 있으므로 (나)의 핵상은 n,
   (다)에는 ㉢이 없는데 (라)에는 있으므로 (다)의 핵상은 n,
   (라)에는 ㉠이 없는데 (다)에는 있으므로 (라)의 핵상은 n입니다.

3. 모두 상염색체에 있는 유전자이므로 (가)와 (다)에서 ?는 O임을 알 수 있습니다.

(가)에서 ⓒ, ⓓ, ⓜ이 서로 대립유전자일 수 없음을 알 수 있는데,
(다)에서 ⓑ, ⓒ, ⓜ이 서로 대립유전자일 수 없음을 알 수 있으므로
ⓑ과 ⓓ이 서로 대립유전자임을 알 수 있습니다.

4. ⓑ과 ⓓ이 서로 대립유전자이므로 (나)에서 ⓓ은 ×이고, ⓜ이 ○가 됩니다.
또한, (라)에서 ⓑ은 ○가 되고, ⓜ은 ×가 됩니다.

5. (라)에서 ⓑ, ⓒ, ⓗ은 서로 대립유전자일 수 없음을 알 수 있으므로
㉠과 ⓒ이 대립유전자이고, 남은 ⓜ과 ⓗ도 대립유전자입니다.

유전자	Ⅰ의 세포		Ⅱ의 세포	
	(가)	(나)	(다)	(라)
㉠	○	×	○	×
㉡	○	○	×	?
㉢	×	○	×	○
㉣	×	?	?	×
㉤	×	?	×	ⓐ
㉥	?	×	○	○

(○ : 있음, × : 없음)

선지 해설

ㄱ. (가)~(라)의 핵상은 모두 n으로 같습니다.
ㄴ. ⓐ는 ×입니다.
ㄷ. ㉠의 대립유전자는 ⓒ입니다.

comment

일반적으로 핵상이 n일 때 '×'끼리는 대립유전자일 수 없다는 논리는 사용할 수 없습니다.
이 문항은 모두 '상'염색체에 있는 유전자이고, 복대립이 아니기 때문에 가능한 겁니다.

03

문항 해설

1. (다)에서 A의 DNA 상대량이 1인데, b의 DNA 상대량은 2이므로
(다)의 핵상이 2n임을 알 수 있습니다.

2. (가)에서 B/b의 DNA 상대량이 (0, 0)이므로 B/b는 성염색체에 있는 유전자입니다.
그런데 (다)에서 b의 DNA 상대량이 2이므로 동형 접합성입니다.
성염색체에 있는 대립유전자가 동형 접합성으로 존재하므로
B/b는 X 염색체에 있는 유전자임을 알 수 있습니다.

따라서 (가)는 남자의 세포이고, (다)는 여자의 세포임을 알 수 있습니다.

3. (가)는 남자의 세포인데 X 염색체가 없으므로 핵상이 n이고 ㉠은 0입니다.
(다)는 여자의 세포이고 핵상이 2n이므로 ㉣은 1입니다.

4. ⓐ+ⓑ+ⓒ=4이므로 4+0+0, 2+2+0, 2+1+1꼴임을 알 수 있습니다.
그런데 (가)~(다) 모두 DNA 상대량이 1인 유전자가 있으므로 '4'는 불가능합니다.
또한 2+2+0 꼴은 ㉡, ㉢이 2여야 하는데 (나)에서 b의 DNA 상대량이 1이므로 불가능합니다.
따라서 2+1+1꼴임을 확정할 수 있고, ⓓ는 ㉠입니다.

㉢은 위와 같은 이유로 2일 수 없으므로 ㉡이 2이고 ㉢은 1입니다.
(나)에는 B/b의 DNA 상대량이 (1, 1)임로 (나)는 여자의 2n 세포임을 알 수 있습니다.

5. (가)에서 B/b가 없는데, A가 있으므로 A/a는 X 염색체에 있는 유전자가 아닙니다.
여자의 세포인 (다)에서 A가 있으므로 A/a는 Y 염색체에 있는 유전자가 아닙니다.

따라서 A/a는 상염색체에 있는 유전자입니다.

세포	DNA 상대량			
	A	a	B	b
(가)	1	㉠	0	0
(나)	㉡	0	㉢	1
(다)	1	㉣	?	2

선지 해설

ㄱ. X 염색체에 있는 유전자입니다.

ㄴ. ⓓ는 ㉠입니다.

ㄷ. 남자는 (가)의 세포를 갖고 있는 사람 1명입니다.

04

문항 해설

1. (가)에는 ㉣이 없는데 (나)에는 있으므로 (가)의 핵상은 n, (나)에는 ㉠이 없는데 (가)에는 있으므로 (나)의 핵상은 n, (다)에는 ㉤이 없는데 (라)에는 있으므로 (다)의 핵상은 n, (라)에는 ㉢이 없는데 (다)에는 있으므로 (라)의 핵상은 n입니다.

2. (가)에서 ㉡은 ㉠과 대립유전자일 수 없고 (나)에서 ㉡은 ㉣과 대립유전자일 수 없고 (다)에서 ㉡은 ㉢과 대립유전자일 수 없으므로 ㉡은 ㉤과 대립유전자이고, ⓑ를 결정하는 유전자입니다. 남은 ㉠, ㉢, ㉣은 ⓐ를 결정하는 유전자입니다.

3. Ⅱ의 (라)에서 ㉠, ㉢, ㉣이 모두 없으므로 ⓐ를 결정하는 유전자는 성염색체에 있는 유전자입니다. 그런데 Ⅰ은 ㉠과 ㉣이 모두 있으므로 ⓐ를 결정하는 유전자가 X 염색체에 있는 유전자이고, Ⅰ은 여자, Ⅱ는 남자임을 알 수 있습니다.

남자인 Ⅱ에서 ㉡과 ㉤이 모두 있으므로 ⓑ를 결정하는 유전자는 상염색체에 있는 유전자입니다.

유전자	Ⅰ의 세포		Ⅱ의 세포	
	(가)	(나)	(다)	(라)
㉠	○	×	?	×
㉡	○	○	○	?
㉢	?	?	○	×
㉣	×	○	?	×
㉤	?	?	×	○

(○: 있음, ×: 없음)

선지 해설

ㄱ. ⓐ를 결정하는 유전자는 ㉠, ㉢, ㉣입니다.

ㄴ. 맞습니다.

ㄷ. (다)에는 X 염색체에 있는 유전자 ㉢이 있으므로 X 염색체가 있고 Y 염색체는 없습니다.

05

문항 해설

1. 세포 Ⅰ에는 E와 f가 있는데 e+F의 DNA 상대량 합이 1이므로 핵상이 2n임을 알 수 있습니다. 세포 Ⅱ에는 f가 없으므로 핵상이 n, 세포 Ⅲ에는 E가 없으므로 핵상이 n입니다.

2. 세포 Ⅲ에서 f가 있으므로 e+F는 1+0임을 알 수 있습니다. 따라서 (가)는 e를 가져야 하므로 Ⅰ에서 e+F도 1+0임을 알 수 있습니다.

3. Ⅱ에는 f가 없고, 이 사람은 F가 없는 사람이므로 F/f가 모두 없는 세포임을 알 수 있습니다. 따라서 F/f는 성염색체에 있는 유전자이고, 이 사람은 남자임

을 알 수 있습니다.

남자인데 E와 e를 모두 갖고 있으므로 E/e는 상염색체에 있는 유전자입니다.

(* 이 문제에서는 여자가 없으므로 F/f가 X 염색체에 있는 유전자인지, Y 염색체에 있는 유전자인지는 확정할 수 없습니다.)

세포	대립유전자		e+F
	E	f	
Ⅰ 2n	○	○	1+0 1
Ⅱ n	ⓐ X	×	2+0 2
Ⅲ n	×	○	1+0 1

(○ : 있음, × : 없음)

다른 풀이

어느 정도 실력이 쌓이시면 Ⅰ에서 E와 f가 있고 e+F=1인데 세포 Ⅱ와 Ⅲ 각각에서 f와 E가 없으므로

두 유전자 중 하나는 성염색체에 있는 유전자이고, (가)가 남자임을 바로 알 수도 있습니다.

(* 세포 Ⅰ에는 E와 f가 있고, e+f = 1이므로 (가)의 유전자형은 Eef? 또는 E?Ff입니다.

그런데 f와 E 모두 동형 접합성이 아니므로 ?는 F/f, E/e가 모두 아님을 알 수 있습니다.

따라서 성염색체에 있는 유전자임을 알 수 있습니다.)

선지 해설

ㄱ. 남자입니다.

ㄴ. Ⅱ에는 e의 DNA 상대량이 2이므로 E가 없어야 합니다.
따라서 ⓐ는 ×입니다.

ㄷ. 0입니다.

06

문항 해설

1. Ⅰ에는 E와 f가 모두 있는데 e+F=1이므로 Ⅰ의 핵상은 2n입니다.
Ⅱ에는 e+F=4이므로 2+2 또는 4+0 꼴입니다.
2+2라면 F/f가 모두 있으므로 2n, 4+0꼴이면 4가 있으므로 2n이므로
Ⅱ의 핵상은 2n입니다.

2. 핵상이 2n인 Ⅱ의 세포에서 E가 없으므로 E가 있는 Ⅰ과 Ⅳ는 Ⅱ와 서로 다른 개체의 세포입니다.
따라서 Ⅰ과 Ⅳ가 같은 개체의 세포, Ⅱ와 Ⅲ이 같은 개체의 세포입니다.

3. Ⅳ에서 f가 없고 e+F=0이므로 F/f가 없음을 알 수 있습니다.
따라서 F/f는 성염색체에 있는 유전자입니다.

그런데 Ⅰ과 Ⅱ 모두 f를 갖고 있으므로 F/f는 X 염색체에 있는 유전자임을 알 수 있습니다.
따라서 Ⅰ과 Ⅳ는 P의 세포, Ⅱ와 Ⅲ은 Q의 세포입니다.

4. Ⅰ은 남자의 세포이므로 F와 f가 모두 있을 수 없습니다.
따라서 e+F=1+0이고, E/e는 상염색체에 있는 유전자이며 P의 유전자형은 EefY입니다.

Ⅱ에는 E가 없는데, e+F가 2+2일 경우 E/e에 대한 염색체가 1개만 있다는 뜻이므로 불가능합니다.
따라서 4+0이어야 하고, Q의 유전자형은 eeff입니다.

세포	대립유전자		e+F
	E 상	f 성X	
P Ⅰ	○	○	1+0 1
P, Q Ⅱ	×	○	4+0 4
P, Q Ⅲ	? X	? O	1+0 1
P Ⅳ	○	×	0+0 0

(○ : 있음, × : 없음)

선지 해설

ㄱ. Ⅱ는 Q의 세포입니다.
ㄴ. eeff입니다.
ㄷ. E/e는 상염색체에 있는 유전자입니다.

07

문항 해설

1. Ⅰ과 Ⅲ에서 ㉠, ㉡, ㉢이 모두 있으므로 Ⅰ과 Ⅲ은 G_1기 세포입니다.

2. Ⅰ에서 T와 t의 DNA 상대량이 ㉠, ㉢이므로 둘 중 하나는 0입니다.
   Ⅲ에서 H와 h의 DNA 상대량이 ㉠, ㉡이므로 둘 중 하나는 0입니다.

   따라서 ㉠이 0임을 알 수 있습니다.

3. 이를 채우면 다음과 같음을 알 수 있습니다.

세포	DNA 상대량			
	H	h	T	t
Ⅰ	㉡	?	0	㉢
Ⅱ	?	㉢	?	?
Ⅲ	0	㉡	㉢	?
Ⅳ	㉡	?	?	0

   Ⅲ에서 H의 DNA 상대량이 0인데, Ⅰ과 Ⅳ에는 ㉡이 있으므로 Ⅰ과 Ⅳ가 같은 개체의 세포, Ⅱ와 Ⅲ이 같은 개체의 세포임을 알 수 있습니다.

   그런데 Ⅳ에서 t의 DNA 상대량이 0이므로 G_1기 세포인 Ⅰ에서 t의 DNA 상대량 ㉢은 1입니다.
   (* ㉢이 2라면 동형 접합성이므로 0이 나올 수 없고, 0은 이미 ㉠임을 확정했습니다.)

   따라서 남은 ㉡은 2입니다.

4. Ⅰ은 G_1기 세포인데 T/t의 DNA 상대량이 (0, 1)이므로 P의 세포이고 T/t는 성염색체에 있는 유전자입니다.
   그런데 여자인 Q도 Ⅲ에서 T를 가짐을 알 수 있으므로 T/t는 X 염색체에 있는 유전자입니다.

   또한, Ⅰ에서 P가 동형 접합성으로 유전자를 가지는 H/h는 상염색체에 있는 유전자입니다.

세포	DNA 상대량 (상)		(X)	
	H	h	T	t
2n Ⅰ P	㉡ 2	? 0	㉠ 0	㉢ 1
n Ⅱ Q	? 0	㉢ 1	?	?
2n Ⅲ Q	㉠ 0	㉡ 2	㉢ 1	? 1
n Ⅳ P	㉡ 2	? 0	? 0	㉠

선지 해설

ㄱ. 맞습니다.
ㄴ. (나)를 결정하는 유전자는 X 염색체에 있으므로 틀린 선지입니다.
ㄷ. ㉢은 1입니다.

08

문항 해설

1. (가)에는 ○가 3개이므로 (가)의 핵상은 2n,
   (* 총 2쌍의 대립유전자가 있으므로 한 사람이 가질 수 있는 유전자는 최대 4개입니다.
   그런데 4개 중 3개를 가졌다면 이형 접합성으로 갖고 있는 유전자가 있을 수밖에 없으므로
   핵상이 2n임을 알 수 있습니다.)
   (나)에는 ㉠이 없는데 (가)에는 있으므로 (나)의 핵상은 n,
   (다)에는 ㉡이 없는데 (라)에는 있으므로 (다)의 핵상은 n,
   (라)에는 ㉢이 없는데 (다)에는 있으므로 (라)의 핵상은 n입니다.

2. (가)와 (나)를 통해 Ⅰ의 유전자형을 추론해보면,
Ⅰ은 ㉠, ㉡, ㉣, ㉤을 모두 갖고 있음을 알 수 있습니다.
따라서 ㉢은 복대립 유전자이고, (나)에서 ㉣은 ○입니다.

마찬가지로 (다)와 (라)를 통해 Ⅱ의 유전자형을 추론해보면,
Ⅱ는 ㉠, ㉡, ㉢, ㉤을 모두 갖고 있음을 알 수 있습니다.
따라서 ㉣은 복대립 유전자이고,
남자인 Ⅱ가 유전자를 모두 이형 접합성으로 갖고 있으므로
ⓐ와 ⓑ는 모두 상염색체에 있는 유전자입니다.

3. (나)에서 ㉡과 ㉣은 서로 대립유전자일 수 없음을 알 수 있습니다.
그런데 ㉣이 복대립 유전자이므로 ㉡은 ⓑ를 결정하는 유전자 중 하나입니다.

(다)에서 ㉠과 ㉢은 서로 대립유전자일 수 없음을 알 수 있습니다.
그런데 ㉢이 복대립 유전자이므로 ㉠은 ⓑ를 결정하는 유전자 중 하나입니다.

따라서 ㉠과 ㉡이 ⓑ를 결정하는 유전자이고,
남은 ㉢, ㉣, ㉤은 ⓐ를 결정하는 유전자입니다.

유전자	Ⅰ의 세포		Ⅱ의 세포	
	(가)	(나)	(다)	(라)
㉠	○	×	○	?
㉡	?	○	×	○
㉢	?	?	○	×
㉣	○	ⓧ	?	?
㉤	○	×	?	○

(○: 있음, ×: 없음)

선지 해설

ㄱ. (가)의 핵상은 2n입니다.
ㄴ. ⓧ는 ○입니다.
ㄷ. ⓐ를 결정하는 대립유전자는 ㉢, ㉣, ㉤입니다.

09

문항 해설

1. 세포 ⓒ에는 r이 없으므로 핵상이 n이고, H나 T의 DNA 상대량이 2이므로
ⓒ가 ㉢임을 알 수 있습니다.

또한, 다른 세포에는 R이 있으므로 이 사람의 유전자형은
H _ R r T _ 임을 알 수 있습니다.

2. ㉡은 복제된 세포이므로 ⓑ와 ⓓ 중 하나인데, ⓑ가 ㉡일 경우 H와 T가 이미 적어도 하나씩은 있음을 알고 있으므로 ㉮와 ㉯의 합은 최소 4입니다.
이는 모순되므로 ⓓ가 ㉡임을 알 수 있습니다.

㉡에서 r의 DNA 상대량은 2이므로 ㉰가 2입니다.

3. ㉮와 ㉯ 중 하나는 0, 다른 하나는 1이므로 ⓑ의 핵상은 n이며 ㉣입니다.
따라서 ⓐ는 ㉠입니다.

㉠에서 H의 DNA 상대량이 1이므로 ㉢과 ㉣에 H가 모두 있을 수는 없습니다.
㉢에 이미 H가 있음을 알고 있으므로, ㉣에는 H가 없어야 합니다.
따라서 ㉮는 0이고, ㉯는 1입니다.
T는 ㉢과 ㉣에 모두 있으므로 TT 동형 접합성임을 알 수 있습니다.

따라서 이 사람의 유전자형은 HhRrTT입니다.

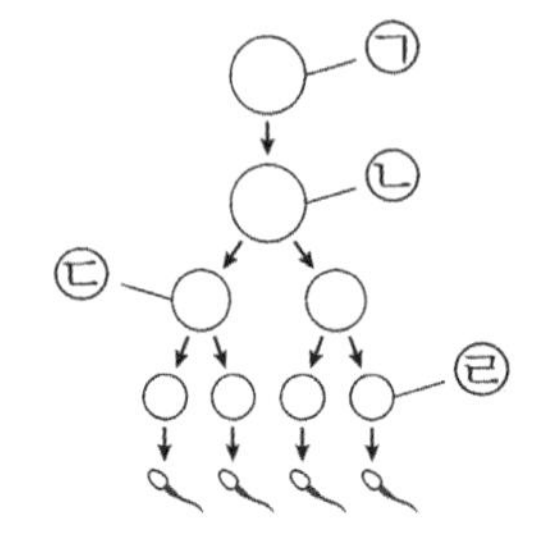

세포	DNA 상대량		
	H	r	T
ⓐ	1	1	?
ⓑ	㉮	?	㉯
ⓒ	2	0	2
ⓓ	?	㉰	?

선지 해설

ㄱ. ㉣은 ⓑ입니다.

ㄴ. n으로 같습니다.

ㄷ. HhRrTT입니다.

10

문항 해설

1. 여자의 세포에서 ×가 4개이므로, Y 염색체에 있는 유전자가 한 쌍 있음을 알 수 있습니다.
   (가)와 (나)에서 ×의 교집합은 ㉡과 ㉤뿐이므로, ㉡과 ㉤은 Y 염색체에 있는 유전자입니다.

2. (가)에서 ㉠과 ㉢은 서로 대립유전자일 수 없고, (라)에서 ㉢과 ㉣은 서로 대립유전자일 수 없으므로 ㉢은 ㉥과 대립유전자입니다.
   따라서, ㉠과 ㉣도 대립유전자임을 알 수 있습니다.

3. 남자가 ㉠과 ㉣이 모두 있으므로, ㉠과 ㉣은 상염색체에 있는 유전자임을 알 수 있습니다.
   (다)에서 ㉢과 ㉥이 모두 없으므로 성염색체에 있는 유전자이고, 여자는 갖고 있으므로 X 염색체에 있는 유전자임을 알 수 있습니다.

유전자	Ⅰ의 세포 여		Ⅱ의 세포 남	
	(가)	(나)	(다)	(라)
㉠	○	×	○	×
㉡	×	×	○	×
㉢	○	×	×	○
㉣	×	○	×	○
㉤	×	×	×	×
㉥	×	○	×	×
	n	n		

(○: 있음, ×: 없음)

선지 해설

ㄱ. ㉠의 대립유전자는 ㉣입니다.

ㄴ. ㉢은 X 염색체에 있는 유전자입니다.

ㄷ. (다)에는 ㉡이 있으므로 Y 염색체가 있는 세포입니다.
따라서 (다)로부터 형성된 생식세포가 수정되어 태어난 자손의 성별은 항상 남자입니다.

11

문항 해설

1. (가)는 E의 DNA 상대량이 2인데, F의 DNA 상대량은 1이므로 2n입니다.

2. (가)에서 D의 DNA 상대량은 0인데, (라)는 1이므로 (가)와 (라)는 서로 다른 사람의 세포입니다.
   (가)에서 E의 DNA 상대량은 2로 동형 접합성인데, (나)는 0이므로 (가)와 (나)는 서로 다른 사람의 세포입니다.

   따라서, (가)와 (다)가 같은 사람의 세포이고 (나)와 (라)가 같은 사람의 세포입니다.

3. 핵상이 2n인 (가)에서 D의 DNA 상대량이 0이므로 (다)에서도 0입니다.
   (다)에서 (D, d)가 (0, 0)이므로 D/d는 성염색체에 있는 유전자임을 알 수 있습니다.

   (나)와 (라)에는 각각 d와 D가 있으므로 성염색체에 있는 유전자가 이형 접합성으로 있음을 알 수 있습니다.
   따라서 D/d는 X 염색체에 있는 유전자이고, (나)와 (라)는 여자의 세포입니다.

4. (다)에서 (D, d)가 (0, 0)이므로 (가)와 (다)는 남자의 세포입니다.
   남자인데 E를 동형 접합성으로 갖고 있으므로 E/e는 상염색체에 있는 유전자입니다.

(다)에 f가 있으므로 2n인 (가)에도 있어야 합니다.
따라서 F와 f를 모두 가지므로 F/f도 상염색체에 있는 유전자임을 알 수 있습니다.

세포	DNA 상대량					
	D	d	E	e	F	f
(가)	0	?	2	?	1	?
(나)	0	1	0	?	?	0
(다)	?	0	1	?	?	1
(라)	1	?	1	?	0	1

선지 해설

ㄱ. 한 명은 남자, 다른 한 명은 여자이므로 다릅니다.
ㄴ. (라)에는 상염색체에 있는 유전자 F/f가 (0, 1)이므로 n입니다.
ㄷ. (가)는 남자의 세포, (라)는 여자의 세포입니다.

12

문항 해설

1. (가)와 (나)는 ㉥이 없는데 (다)에는 있으므로 (가)와 (나)의 핵상은 n,
(다)에는 ㉡이 없는데 (나)에는 있으므로 (다)의 핵상은 n,
(라)에는 ㉡이 없는데 (바)에는 있으므로 (라)의 핵상은 n,
(마)에는 ㉠이 없는데 (바)에는 있으므로 (마)의 핵상은 n,
(바)에는 ㉥이 없는데 (마)에는 있으므로 (바)의 핵상은 n입니다.

2. Ⅱ는 여자인데 (라)~(바)를 통해 유전자형을 추론하면, 최소한 ㉠, ㉡, ㉣, ㉤, ㉥를 모두 갖고 있음을 알 수 있습니다.
따라서 Y 염색체에 있는 유전자가 없음을 알 수 있습니다.

3. Y 염색체에 있는 유전자가 없으므로 핵상이 n인 여자의 세포에서는 ○와 ×의 수가 3개로 항상 같아야 합니다.
따라서 (마)에서 ㉡은 ○임을 알 수 있습니다.

4. (마)에서 ㉠, ㉢, ㉤은 서로 대립유전자일 수 없고,
(바)에서 ㉠과 ㉡도 대립유전자일 수 없고,
(다)에서 ㉠과 ㉥도 대립유전자일 수 없으므로
㉠과 ㉣은 대립유전자입니다.

5. 남자인 Ⅰ이 ㉠과 ㉣을 모두 갖고 있으므로
㉠과 ㉣은 상염색체에 있는 유전자임을 알 수 있습니다.

6. (다)에서 ㉠이 있으므로 ㉣은 ×입니다.
(다)에는 ×가 4개 있으므로 ×들 중 한 쌍은 성염색체에 있는 유전자이고,
Y에 있는 유전자가 없음을 밝혔으므로 X 염색체 위에 있는 유전자임을 알 수 있습니다.
따라서, ㉥도 상염색체에 있는 유전자임을 알 수 있습니다.

6. 남자인 Ⅰ의 유전자형을 (가)~(다)를 통해 추론하면,
㉠, ㉡, ㉣, ㉤, ㉥를 모두 갖게 되므로 ㉢은 X 염색체에 있는 유전자임을 알 수 있습니다.

7. (마)에서 ㉢과 ㉤은 서로 대립유전자일 수 없으므로 ㉢은 ㉡ 혹은 ㉥과 대립유전자임을 알고 있습니다.
그런데 ㉢은 X 염색체에 있는 유전자이고 ㉥은 상염색체에 있는 유전자이므로
㉢과 ㉡이 서로 대립유전자이며, ㉤과 ㉥이 서로 대립유전자임을 알 수 있습니다.

유전자	Ⅰ의 세포			Ⅱ의 세포		
	(가)	(나)	(다)	(라)	(마)	(바)
㉠	?	×	○	○	×	○
㉡	?	○	×	×	ⓐ	○
㉢	×	?	×	?	×	?
㉣	○	?	?	×	○	?
㉤	○	?	×	○	×	?
㉥	×	×	○	?	○	×

(○ : 있음, × : 없음)

선지 해설

ㄱ. ⓐ는 ○입니다.
ㄴ. ⓗ은 상염색체에 있는 유전자입니다.
ㄷ. ⓔ의 대립유전자는 ⓛ입니다.

13

문항 해설

1. 그림을 통해 (나)는 Ⅱ의 세포이고, (다)와 (라)에는 Y 염색체가 있으므로 Ⅰ의 세포임을 알 수 있습니다.
   (가)는 Ⅰ의 세포인지 Ⅱ의 세포인지 알 수 없습니다.

2. 세포 ⓐ에서 A의 DNA 상대량은 1인데, b의 DNA 상대량은 2이므로 ⓐ의 핵상은 2n입니다.
   ⓐ에서 b는 동형 접합성인데 ⓒ에는 b가 없으므로 ⓐ와 ⓒ는 서로 다른 개체의 세포입니다.
   ⓐ에서 D의 DNA 상대량은 0인데 ⓓ에는 D가 있으므로 ⓐ와 ⓓ는 서로 다른 개체의 세포입니다.

3. ⓒ에는 b가 없는데 ⓓ에는 있으므로 ⓒ의 핵상은 n,
   ⓓ에는 A가 없는데 ⓒ에는 있으므로 ⓓ의 핵상은 n입니다.

4. 그림에서 핵상이 2n인 세포가 2개 있음을 알 수 있으므로 남은 ⓑ의 핵상은 2n이 되고,
   ⓑ, ⓒ, ⓓ가 같은 개체(Ⅰ)의 세포임을 알 수 있습니다.
   따라서 (가)는 Ⅰ의 세포입니다.

5. 핵상이 2n인 ⓑ에 a가 없으므로 ⓓ에도 a가 없어야 합니다.
   ⓓ에는 A와 a가 모두 없으므로 A/a는 성염색체에 있는 유전자입니다.
   그런데 암컷의 세포인 ⓐ에는 A가 있으므로 A/a는 X 염색체에 있는 유전자입니다.

   마찬가지로 ⓑ에는 d가 없으므로 ⓒ에도 d가 없어야 합니다.
   ⓒ에는 D와 d가 모두 없으므로 D/d는 성염색체에 있는 유전자입니다.
   그런데 ⓒ에서 A는 있지만 D는 없으므로 D/d는 Y 염색체에 있는 유전자임을 알 수 있습니다.

   ⓓ에서 Y 염색체에 있는 유전자가 있는데 b도 있으므로 B/b는 상염색체에 있는 유전자이거나 Y 염색체에 있는 유전자여야 합니다.
   하지만 암컷의 세포인 ⓐ에도 b가 있으므로 B/b는 상염색체에 있는 유전자임을 확정할 수 있습니다.

세포	DNA 상대량					
	A	a	B	b	D	d
ⓐ	1	?	?	2	0	ⓧ
ⓑ	?	0	ⓨ	?	?	0
ⓒ	1	?	?	0	0	?
ⓓ	0	?	?	1	1	?

선지 해설

ㄱ. ⓧ는 0이고, ⓨ는 1입니다.
(* ⓒ에는 B가 있어야 하고, ⓓ에는 b가 있기 때문입니다.)
ㄴ. (가)는 Ⅰ의 세포입니다.
ㄷ. B/b는 상염색체에, D/d는 Y 염색체에 있으므로 아닙니다.

14

문항 해설

1. 그림을 통해 (나)는 Ⅱ의 세포, (다)와 (라)는 Ⅰ의 세포임을 알 수 있습니다.
   (가)는 그림만으로는 어떤 개체의 세포인지 확정할 수 없습니다.

2. 표에서 ⓐ와 ⓑ에는 DNA 상대량이 2인 유전자가 있으므로 핵상이 2n임을 알 수 있습니다.
   (* 그림을 통해 (가)와 (다)의 경우 DNA 상대량이 1 또는 0만

가능함을 알 수 있습니다.)

3. ⓐ는 핵상이 2n인데 D/d의 DNA 상대량이 (0, 0)이므로 D/d는 Y 염색체에 있는 유전자이고, ⓐ는 암컷의 세포임을 알 수 있습니다.
따라서 ⓐ는 (나)이고, ⓑ는 (라)입니다.

수컷인 Ⅰ이 B를 동형 접합성으로 가지고 있으므로 B/b는 상염색체에 있는 유전자입니다.

4. ⓐ에서 B의 DNA 상대량은 0임을 알 수 있습니다.
그런데 ⓓ는 B가 있으므로 서로 다른 개체의 세포임을 알 수 있습니다.
따라서 ⓓ도 Ⅰ의 세포입니다.

5. ⓑ에서 A의 DNA 상대량이 0이므로 ⓓ에서도 0입니다.
따라서 ⓓ에서 A/a가 (0, 0)이므로 A/a는 성염색체에 있는 유전자임을 알 수 있습니다.
그런데 암컷의 세포인 ⓐ에 A가 있으므로 A/a는 X 염색체에 있는 유전자입니다.

6. ⓓ에서 A/a의 DNA 상대량이 (0, 0)이므로 ⓓ에는 X 염색체가 없습니다.
따라서 ⓓ는 (다)이며, Y 염색체가 있으므로 ㉡=1이고, 남은 ㉠=0입니다.
남은 ⓒ는 (가)인데 (가)에는 X 염색체가 있으므로 A가 있음을 알 수 있습니다.
그런데 수컷의 2n 세포인 ⓑ에는 A가 없으므로 ⓒ는 암컷의 세포입니다.

세포	DNA 상대량					
	A	a	B	b	D	d
ⓐ	2	?	?	2	0	0
ⓑ	0	?	2	?	?	?
ⓒ	?	㉠	?	?	?	0
ⓓ	?	0	1	?	㉡	0

선지 해설

ㄱ. ⓒ는 (가)입니다.
ㄴ. (가)는 암컷의 세포이므로 Ⅱ의 세포입니다.
ㄷ. A/a는 X 염색체에 있는 유전자이고, B/b는 상염색체에 있는 유전자이므로 다른 염색체에 존재합니다.

15

문항 해설

1. (가)에서 E/e의 DNA 상대량이 (1, 1)이므로 (가)의 핵상은 2n입니다.
(나)에서 E의 DNA 상대량은 1인데, f의 DNA 상대량은 2이므로 (나)의 핵상은 2n입니다.

2. (가)에서 F/f의 DNA 상대량이 (0, 1)이므로 F/f는 성염색체에 있는 유전자이고,
(가)는 남자의 세포입니다.
남자의 세포인 (가)에서 E/e를 이형 접합성으로 갖고 있으므로 E/e는 상염색체에 있는 유전자입니다.

(나)는 f를 동형 접합성으로 갖고 있으므로 F/f는 X 염색체에 있는 유전자이고, (나)는 여자의 세포입니다.

3. (다)와 (라)에는 모두 e가 없는데 (가)와 (나)에는 모두 e가 있으므로
(다)와 (라)가 어떤 개체의 세포든 핵상이 n임을 알 수 있습니다.
또한, (가)와 (나)는 모두 d가 없으므로 (다)와 (라)에서도 d가 없음을 알 수 있습니다.

4. ㉠+㉡+㉢=2입니다.
이는 2+0+0 꼴 또는 1+1+0 꼴이 가능합니다.

그런데 (나)는 여자의 2n 세포이므로 ㉠은 0 또는 2만 가능합니다.
(다)는 복제된 n 세포이므로 ㉡은 0 또는 2만 가능합니다.
따라서 1+1+0 꼴은 고려할 필요 없고, 2+0+0 꼴임을 알 수 있습니다.

그런데 ㉠과 ㉢ 중 적어도 한 곳은 0일 수밖에 없으므로,

D/d의 DNA 상대량은 (0, 0)이 됨을 알 수 있습니다.

따라서 D/d는 성염색체에 있는 유전자입니다.

5. D/d와 F/f는 둘 다 성염색체에 있는 유전자이므로 연관이거나 (핵상이 n일 때) 하나는 있고, 다른 하나는 없어야 합니다.

그런데 두 유전자가 연관일 경우 ㉠과 ㉡은 모두 있어야 합니다. 모두 있을 경우 합이 최소 4가 되므로 없어야 함을 알 수 있습니다.
따라서 ㉠과 ㉡은 0 / ㉢은 2이고, D/d는 Y 염색체에 있는 유전자입니다.

(다)와 (라)에는 Y 염색체에 있는 유전자가 있으므로 모두 남자의 세포입니다.

세포	DNA 상대량					
	D	d	E	e	F	f
(가)	?	0	1	1	0	1
(나)	㉠	0	1	?	?	2
(다)	2	?	?	0	?	㉡
(라)	㉢	?	?	0	?	?

선지 해설

ㄱ. (나)는 여자의 세포이고, (라)는 남자의 세포이므로 아닙니다.
ㄴ. 맞습니다.
ㄷ. (라)에서 염색 분체 수는 n×2개이고, 총 염색체 수는 n개이므로 2입니다.

16

문항 해설

1. 그림을 통해 (가)와 (다)에는 DNA 상대량이 1 또는 0만 가능함을 알 수 있습니다.
세포 C와 D에는 2가 있으므로 하나는 (나)이고 다른 하나는 (라)입니다.
남은 A와 B 중 하나는 (가)이고 다른 하나는 (다)입니다.

2. A의 핵상은 n이므로 t의 DNA 상대량이 0입니다.
따라서 A와 B 모두 t의 DNA 상대량이 0임을 알 수 있는데, 세포 C에는 t의 DNA 상대량이 2이므로로 복제된 2n임을 알 수 있습니다.
따라서 C가 (라)이고, D가 (나)입니다.

3. D는 G_1기 세포임을 알고 있는데, h의 DNA 상대량이 2이므로 정자와 난자에 모두 h가 있어야 합니다.
B에는 h가 없으므로 A가 수정되어 D가 됐음을 알 수 있습니다.
따라서 A가 (가)이고 남은 B는 (다)입니다.

X 염색체가 있는 세포 (가)에 h와 T가 모두 있으므로 둘 중 성염색체에 있는 유전자는 X 염색체에 있는 유전자임을 알 수 있습니다.

4. D는 A가 수정되었으므로 T가 있어야 하는데, t가 없으므로 TT입니다.
따라서 ㉢은 2입니다.

B가 수정되어 C가 돼야 하는데, B에는 T가 있으므로 C도 T를 가지고 있어야 합니다.
수컷의 세포인 C에서 T와 t를 모두 가지고 있으므로 T/t는 상염색체에 있는 유전자입니다.
따라서 H/h는 X 염색체에 있는 유전자이고, ㉠=0, ㉡=0입니다.

다른 풀이

그림에서 (가)에는 X 염색체가, (다)에는 Y 염색체가 있음을 알 수 있습니다.
그런데 A와 B 모두 T가 있으므로 T/t가 상염색체에 있는 유전자임을 알 수도 있습니다.

세포	DNA 상대량			
	H	h	T	t
A	0	?	1	?
B	㉠	0	1	0
C	2	㉡	?	2
D	?	2	㉢	0

선지 해설

ㄱ. C는 (라)입니다.
ㄴ. ㉠+㉡+㉢ = 0+0+2 = 2입니다.
ㄷ. A가 수정되어 형성된 세포는 D입니다.

17

문항 해설

1. 세포 (나)에서 ㉡+㉢은 2+1 꼴이므로 (나)의 핵상은 2n이고, ㉡과 ㉢이 서로 대립유전자가 아님을 알 수 있습니다.
   세포 (라)에서 ㉠+㉢은 4+2 꼴이므로 (라)의 핵상은 2n이고, ㉠과 ㉢이 서로 대립유전자가 아님을 알 수 있습니다.

   따라서 ㉠과 ㉡이 서로 대립유전자이고, ㉢과 ㉣이 서로 대립유전자입니다.

2. 세포 (가)에서 ㉠+㉢과 ㉡+㉢이 1이고, ㉠+㉡이 2이므로 ㉠=1, ㉡=1, ㉢=0임을 알 수 있습니다.
   따라서 (가)에서 ㉡+㉣은 1+1이 되므로 ㉣=1임을 알 수 있습니다.

   ㉠과 ㉡은 서로 대립유전자이므로 세포 (가)의 핵상은 2n입니다.
   ㉢과 ㉣은 서로 대립유전자인데 ㉣ 1개만 존재하므로 성염색체에 있는 유전자이며,
   세포 (가)는 P의 세포이고 ㉠과 ㉡은 상염색체에 있는 유전자입니다.

3. P는 ㉢이 없는데 (나)와 (라)에는 ㉢이 존재할 수 밖에 없으므로 (나)와 (라)는 Q의 세포이며, ㉢과 ㉣은 X 염색체에 있는 유전자입니다.
   또한, Q의 유전자형이 ㉠㉡㉢㉢임도 알 수 있습니다.

4. 세포 (다)는 P의 세포여야 하는데, P는 ㉢이 없으므로 ㉠+㉢ = 2+0이고, ㉡+㉢ = 2+0입니다.
   따라서 ㉠과 ㉡이 모두 있으므로 (다)의 핵상은 2n입니다.

   지금까지 내용을 기존의 표로 정리하면 다음과 같습니다.

세포	DNA 상대량			
	㉠	㉡	㉢	㉣
(가)	1	1	0	1
(나)	1	1	2	0
(다)	2	2	0	2
(라)	2	2	4	0

선지 해설

ㄱ. (다)는 P의 세포입니다.
ㄴ. ⓐ = 1+0 = 1입니다.
ㄷ. 4개입니다.

18

문항 해설

1. 세포 Ⅰ에서 ㉡+㉢은 1+1 꼴이므로 ㉡과 ㉢은 서로 대립유전자가 아닙니다.
   세포 Ⅴ에서 ㉠+㉡은 2+1 꼴이므로 ㉠과 ㉡은 서로 대립유전자가 아닙니다.

   따라서 ㉠과 ㉢은 서로 대립유전자이며, ㉡은 B입니다.

2. 세포 Ⅱ에서 ㉠+㉢이 0이므로 ㉠과 ㉢은 성염색체에 있는 대립유전자임을 알 수 있습니다.
   그런데 세포 Ⅰ에서 아버지는 ㉢을 가지고 있음을 알 수 있습니다.
   따라서 아버지는 ㉠을 갖지 못합니다.

3. 세포 Ⅴ에서 ㉠+㉡이 3이므로 ㉠이 존재함을 알 수 있습니다.
   아버지에게는 ㉠을 받지 못하므로 어머니에게 ㉠을 받았음을 알 수 있고,

어머니가 ㉠을 가지고 있으므로 ㉠과 ㉢은 X 염색체에 있는 유전자임을 알 수 있습니다.

4. Ⅴ는 어머니에게 ㉠을 1개 받았으므로 ㉠+㉡은 1+2입니다. 따라서 아버지에게는 ㉡과 Y 염색체를 받고, 어머니에게 ㉠과 ㉡을 각각 1개씩 받아야 합니다.

   따라서 수정된 정자는 Ⅱ이고, (* Ⅰ은 ㉢이 있으므로 불가능합니다.)
   수정된 난자는 ㉠+㉡=2여야 하므로 Ⅳ입니다.

   지금까지 내용을 기존의 표로 정리하면 다음과 같습니다.

세포	DNA 상대량			
	㉠	㉢	B(㉡)	b
Ⅰ	0	1	1	0
Ⅱ	0	0	1	0
Ⅲ	?	?	?	?
Ⅳ	1	0	1	0
Ⅴ	1	0	2	0

선지 해설

ㄱ. ㉡입니다.
ㄴ. ⓧ = 1입니다.
ㄷ. ⓐ는 Ⅱ, ⓑ는 Ⅳ입니다.

19

문항 해설

1. Ⅲ에서 ㉠, ㉡, ㉢이 모두 있으므로 Ⅲ의 핵상은 2n입니다.
   ㉠~㉢ 중 하나는 0이므로 세포 분열 과정에서 다른 숫자가 나올 수 없는데,
   Ⅱ에서 H는 ㉡이므로 ㉠은 0이 아니고, Ⅱ에서 R은 ㉢이므로 ㉡도 0이 아닙니다.
   따라서 ㉢이 0임을 알 수 있고, Ⅱ에서 R의 DNA 상대량이 0이므로 Ⅲ에서 ㉡은 1입니다.
   남은 ㉠은 2입니다.

2. Ⅲ에서 R/r의 DNA 상대량이 (1, 0)이므로 R/R은 성염색체에 있는 유전자이며,
   동형 접합성인 H/h는 상염색체에 있는 유전자임을 알 수 있습니다.

   따라서 P는 h가 없으므로 세포 ⓐ~ⓒ에서 ㉠~㉢은 모두 t의 DNA 상대량임을 알 수 있습니다.
   Ⅲ에서 t의 DNA 상대량은 1이므로 Ⅲ이 ⓑ입니다.
   (* t의 DNA 상대량이 0이 나올 수 있어야 하므로 Ⅲ에서 1입니다.)

   Ⅰ은 ㉠의 DNA 상대량이 2이고, t의 DNA 상대량이 2 또는 0이므로 핵상이 n입니다.
   (* Ⅰ이 2n이라면, Ⅲ과 완전히 동일해야 하므로 t도 1이어야 합니다.)
   Ⅱ는 R이 없으므로 핵상이 n입니다.

   따라서 핵상이 n인데 H의 DNA 상대량이 2인 Ⅰ이 ⓐ이고, 남은 Ⅱ는 ⓒ입니다.

3. Ⅱ에서 T가 없는데, t도 없으므로 T/t는 성염색체에 있는 유전자입니다.
   그런데 Ⅱ에서 R와 t가 모두 없으므로 R/r와 T/t는 같은 성염색체에 있는 유전자입니다.

세포	DNA 상대량			
	H	R	r	T
ⓐ Ⅰ n	㉠ 2	? 2	? 0	? 0
ⓒ Ⅱ n	㉡ 1	㉢ 0	? 0	㉢ 0
ⓑ Ⅲ 2n	㉠ 2	㉡ 1	㉢ 0	?

선지 해설

ㄱ. ㉠은 2입니다.
ㄴ. Ⅰ의 핵상은 n입니다.
ㄷ. R와 t는 같은 염색체에 있습니다.

20

문항 해설

1. (가)에는 ㉡이 없는데, (다)에는 있으므로 (가)의 핵상은 n입니다.
   (나)에는 ㉥이 없는데, (다)에는 있으므로 (나)의 핵상은 n입니다.
   (다)에는 ㉠이 없는데, (나)에는 있으므로 (다)의 핵상은 n입니다.

2. (가)~(다)를 통해 이 사람의 유전자형을 추론하면 최소한 ㉠, ㉡, ㉣, ㉤, ㉥를 갖고 있음을 알 수 있습니다.
   그런데 세포 (가)와 (다)에서 ×가 4개이므로 3쌍의 유전자가 모두 이형 접합성 또는 동형 접합성으로 이루어지지는 않았음을 알 수 있습니다.
   (* 3쌍의 유전자가 모두 이형/동형 접합성이었다면 핵상이 n인 세포에서 ○와 ×는 3개씩 나와야 합니다.)

   그런데 이미 5개의 유전자가 있음을 알고 있으므로, 5개 중 4개는 서로 대립유전자 관계이며 이형 접합성임을 알 수 있습니다.
   따라서 남은 유전자 1개는 동형 접합성과 이형 접합성이 모두 아니므로 성염색체에 있는 유전자이고, 이 사람이 남자임을 알 수 있습니다.
   (* 핵상이 2n인 세포에서 DNA 상대량이 (1, 0) 꼴이면 성염색체에 있는 유전자라는 것과 같은 말입니다.)
   남자가 2쌍의 유전자를 이형 접합성으로 가지고 있으므로 2쌍은 상염색체에 있는 유전자입니다.
   (* 정리하면, 이 사람은 남자이고, 이 문제에 있는 3쌍의 유전자 중 한 쌍은 성염색체에, 나머지 2쌍은 상염색체에 있는 유전자입니다.)

3. (가)에서 ㉡, ㉢, ㉤, ㉥ 중 한 쌍이 성염색체에 있는 유전자이고,
   (다)에서 ㉠, ㉢, ㉣, ㉤ 중 한 쌍이 성염색체에 있는 유전자임을 알 수 있습니다.
   그런데 이 중 겹치는 게 ㉢과 ㉤밖에 없으므로 없으므로 ㉢과 ㉤은 서로 대립유전자이며 성염색체에 있는 대립유전자임을 알 수 있습니다.

4. 남은 ㉠, ㉡, ㉣, ㉥은 모두 상염색체에 있는 유전자입니다.
   상염색체에 있는 유전자는 모두 없을 수 없으므로
   (가)에서 ㉮는 ○이고, 같은 이유로 (나)에서 ㉡도 ○입니다.
   따라서 (가)에서 ㉠과 ㉣이 서로 대립유전자일 수 없고,
   (나)에서 ㉠과 ㉡이 서로 대립유전자일 수 없음을 알 수 있으므로
   ㉠과 ㉥이 서로 대립유전자이며, ㉡과 ㉣이 서로 대립유전자임을 알 수 있습니다.

세포	유전자					
	㉠	㉡	㉢	㉣	㉤	㉥
(가) n	㉮ ○	×	×	○	×	×
(나) n	○	?○	?×	×	○	×
(다) n	×	○	×	×	×	○

(○ : 있음, × : 없음)

선지 해설

ㄱ. ㉮는 ○입니다.
ㄴ. Ⅰ은 남자입니다.
ㄷ. ㉢의 대립유전자는 ㉤입니다.

21

문항 해설

1. ㉠+㉡+㉢=4이므로 4+0+0, 2+2+0, 2+1+1 꼴임을 알 수 있습니다.
   Ⅰ~Ⅲ의 세포 모두에 DNA 상대량이 1인 대립유전자가 있으므로 '4'는 불가능합니다.
   2+2+0 꼴이라면 ㉡, ㉢이 2여야 하는데 이럴 경우 Ⅱ에서는 B/b가 상염색체 유전자가 되고, Ⅲ에서는 B/b가 성염색체 유전자가 되므로 모순됩니다.
   따라서 ㉠+㉡+㉢은 2+1+1 꼴입니다.

2. ㉠은 A의 DNA 상대량이 1이므로 2가 불가능하고,

㉢은 A/a의 DNA 상대량이 (0, 0)인데 B/b의 DNA 상대량이 (1, 0)이므로 2일 수 없습니다.
(* ㉢이 2라면 해당 세포의 핵상은 2n이고, B/b 때문에 남자의 세포가 됩니다.
그런데 남자의 2n 세포에서 A/a와 같이 DNA 상대량이 (0, 0)일 수 없습니다.)

따라서 ㉡이 2이고, 나머지 ㉠과 ㉢은 1임을 알 수 있습니다.

3. 이를 표로 나타내면 다음과 같습니다.

세포	DNA 상대량					
	A	a	B	b	D	d
Ⅰ의 세포	1	1	?	1	0	?
Ⅱ의 세포	0	1	2	0	1	0
Ⅲ의 세포	0	0	1	0	0	1

Ⅱ의 세포는 a의 DNA 상대량이 1이고, B의 DNA 상대량이 2이므로 핵상이 2n입니다.
핵상이 2n인데 A/a와 D/d의 DNA 상대량이 각각 (0, 1), (1, 0)이므로 Ⅱ는 남자입니다.
남자인 Ⅱ가 B를 동형 접합성으로 가지고 있으므로 B/b는 상염색체에 있는 유전자이고,
A/a와 D/d는 성염색체에 있는 유전자입니다.

그런데, Ⅰ의 세포에서 A/a를 이형 접합성으로 가지고 있으므로 Ⅰ는 여자이고 A/a는 X 염색체에 있는 유전자입니다.

Ⅲ의 세포에서 A/a가 없는데 d가 있으므로 D/d는 Y 염색체에 있는 유전자임을 알 수 있습니다.

따라서 정리하면 다음과 같습니다.

세포	DNA 상대량					
	A	a	B	b	D	d
Ⅰ의 세포	1	㉠ 1	? 1	1	0	? 0
Ⅱ의 세포	0	1	㉡ 2	0	1	0
Ⅲ의 세포	0	0	1	0	0	1 ㉢

여 2n
남 2n
남 n

선지 해설

ㄱ. ㉡은 2입니다.
ㄴ. Y 염색체에 있습니다.
ㄷ. Ⅰ은 X 염색체에 있는 유전자 A/a를 이형 접합성으로 가지고 있으므로 여자입니다.

22

문항 해설

1. (나)에서 b의 DNA 상대량이 1인데, d의 DNA 상대량은 2이므로 (나)의 핵상은 2n입니다.
(라)에서 B/b의 DNA 상대량이 (2, 2)이므로 (라)의 핵상은 2n입니다.

(나)에서 d 동형 접합성임을 알 수 있는데, (라)에는 d가 없으므로 (나)와 (라)는 다른 개체의 세포입니다.
(나)에서 a의 DNA 상대량이 0인데 (다)에는 a가 있으므로 (나)와 (다)도 다른 개체의 세포입니다.
따라서 (다)와 (라)는 같은 개체의 세포입니다.

2. 핵상이 2n인 (라)에서 d의 DNA 상대량이 0이므로 (다)에서도 0입니다.
따라서 (다)에서 D/d의 DNA 상대량이 (0, 0)이므로 D/d는 성염색체에 있는 유전자입니다.

(나)에서 d가 동형 접합성이었으므로 D/d는 X 염색체에 있는 유전자임을 알 수 있고,
(나)는 여자의 세포 / (다)와 (라)는 남자의 세포임을 알 수 있습니다.

또한, 남자의 세포 (라)에서 B/b가 이형 접합성이므로 B/b는 상염색체에 있는 유전자입니다.

3. 3개는 Ⅰ의 세포, 2개는 Ⅱ의 세포이므로 (가)와 (마) 중 한 개는 (나)와 같은 개체의 세포입니다.

그런데 (나)에서 a의 DNA 상대량이 0이므로, (가) 또는 (마)에서도 0이어야 하는데,
어디가 0이든 A/a의 DNA 상대량이 (0, 0)이 되므로 A/a는 Y 염색체에 있는 유전자임을 알 수 있습니다.

4. (마)는 b가 없는데 (나)와 (라)에 b가 있으므로 어떤 사람의 세포이든 핵상이 n임을 알 수 있습니다.
따라서 ⓩ는 1 또는 0만 가능하고, (가)에서 ⓧ나 ⓨ가 2일 경우 (가)도 핵상이 2n인 세포가 되는데,
(나) 또는 (라)와 비교할 때 유전자 구성이 다르므로 불가능함을 알 수 있습니다.

따라서 ⓧ+ⓨ+ⓩ는 1+1+0 꼴임을 확정할 수 있습니다.

5. ⓧ, ⓨ, ⓩ 순서대로 생각해볼 때,
(1, 1, 0) → (가)는 핵상이 2n인 남자의 세포 + (마)는 여자의 세포
(1, 0, 1) → (가)와 (마) 모두 남자의 세포가 되므로 개수 조건 위배
(0, 1, 1) → (마)가 남자의 세포이므로 (가)는 여자의 세포여야 하는데 D가 있으므로 모순

따라서 (1, 1, 0)임을 알 수 있습니다.

세포	DNA 상대량					
	A	a	B	b	D	d
(가)	0	ⓧ	?	1	ⓨ	?
(나)	?	0	?	1	?	2
(다)	?	1	?	1	0	?
(라)	0	?	2	2	?	0
(마)	0	ⓩ	1	0	0	?

선지 해설

ㄱ. X 염색체와 Y 염색체가 모두 있으므로 2n입니다.
ㄴ. (가), (다), (라)가 남자의 세포이고, (나), (마)가 여자의 세포입니다.
3개가 Ⅰ의 세포라 제시되어 있으므로 Ⅰ은 남자입니다.
ㄷ. Ⅱ는 여자이므로 a가 없습니다.

23

문항 해설

1. ㉮와 ㉰는 ㉠~㉥ 6개 중 4개가 있으므로 2n입니다.
㉮에서 ㉥이 없는데 ㉯와 ㉰에는 있으므로 서로 다른 개체의 세포입니다.
㉰에서 ㉣이 없는데 ㉲에는 있으므로 서로 다른 개체의 세포입니다.

2. ㉮와 ㉰는 각각 하나는 남자의 세포, 다른 하나는 여자의 세포일 수밖에 없는 상황입니다.
그런데 DNA 상대량 1이 4개, 0이 2개이므로 상염색체 1쌍, X 염색체 1쌍, Y 염색체 1쌍이 있음을 알 수 있습니다.
따라서 ㉮와 ㉰에서 공통적으로 없는 ㉠은 Y 염색체에 있는 유전자이고,
㉣과 ㉥은 성염색체에 있는 유전자임을 알 수 있습니다.

3. 그림에서 2n은 2개밖에 없었으므로 ㉯, ㉱, ㉲의 핵상은 모두 n입니다.
그런데 어떤 개체도 유전자를 동형 접합성으로 갖고 있는 개체가 없었으므로
Ⅲ과 Ⅳ의 유전자 구성은 완전히 반대여야 합니다.

그런데 ㉯에는 ㉤이 있는데, ㉱에도 ㉤이 있습니다.
이는 같은 개체의 세포라면 불가능하므로 ㉱는 ㉲와 같은 개체의 세포입니다.
그러면 ㉮, ㉱, ㉲ 3개가 같은 개체의 세포이므로 남자의 세포임을 알 수 있습니다.

4. 여자인 ㉰에서 ㉠과 ㉣이 모두 없으므로 ㉠/㉣은 Y 염색체에 있는 유전자이고,
남은 ㉥은 X 염색체에 있는 유전자임을 알 수 있게 됩니다.

5. ㉯에서 X 염색체에 있는 유전자 ㉥이 있으므로 ㉤은 상염색체 유전자입니다.

㉲에서 Y 염색체에 있는 유전자 ㉣이 있으므로 ㉱에는 X 염색체에 있는 유전자가 있어야 합니다.

그런데 ㉮에서 ㉥이 없으므로 ㉱에서 ㉥도 없어야 합니다.
따라서 ㉱에서 ㉡ 또는 ㉢ 중 X 염색체에 있는 유전자의 DNA 상대량이 1이어야 하는데,
㉢의 DNA 상대량은 0이므로 ㉡이 X 염색체에 있는 유전자임을 알 수 있습니다.
하나 남은 ㉢은 상염색체에 있는 유전자가 됩니다.

세포	DNA 상대량					
	㉠	㉡	㉢	㉣	㉤	㉥
㉮	0	1	1	1	1	0
㉯	?	?	?	?	1	1
㉰	0	1	1	0	1	1
㉱	?	?	0	?	1	ⓐ
㉲	?	ⓑ	?	1	?	?

선지 해설

ㄱ. ㉮는 Ⅰ입니다.
ㄴ. ㉥은 X 염색체에 있는 유전자입니다.
ㄷ. ⓐ=0, ⓑ=0이므로 0입니다.

24

문항 해설

1. Ⅰ과 Ⅱ의 G_1기 세포 P와 Q로부터 생식세포가 형성될 때 관찰되는 서로 다른 세포들 중 하나라는 조건을 줬습니다.
해설의 편의를 위해 다음 그림을 참고하며 읽어주세요. 1, 3, 5, 7은 Ⅰ의 세포, 2, 4, 6, 8은 Ⅱ의 세포입니다.

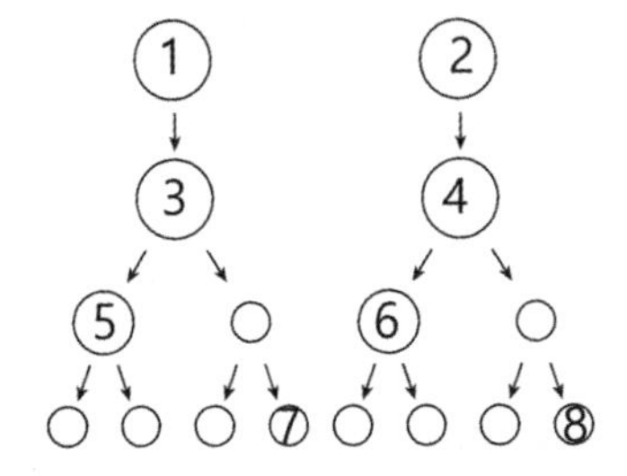

2. (가)는 B의 DNA 상대량은 1인데, d의 DNA 상대량은 2이므로 2n이고, 그림상 1번입니다.
(나)는 D/d의 DNA 상대량이 (1, 1)이므로 2n이고, 그림상 2번입니다.

(가)에서 a의 DNA 상대량이 0인데, (다)에는 있으므로 (나)와 (다)는 같은 사람의 세포입니다.
그림상으론 8번 정도로 둘 수 있습니다.
또한, (나)와 (다)는 같은 사람의 세포이므로 (나)에서 a의 DNA 상대량 1을 채울 수 있습니다.

이제부터 알 수 있는 게 없습니다.

3. 문제에서 '하나의 세포가 분열하는 과정 중에서 나타나는 서로 다른 세포들'이라고 했습니다.
분열하는 과정 중에 나타난 세포들을 비교하여 어떤 개체의 세포인지 찾아내란 뜻임을 알 수 있습니다.
그러기 위해선 핵심이 n임도 알 수 있습니다.
따라서 (라)와 (마)의 핵상을 찾아야 하고, n끼리 비교할 생각을 해야 합니다.

3-1. (라)는 D/d의 DNA 상대량이 (0, 1)입니다.
(가)의 세포든, (나)의 세포든 n일 수밖에 없습니다.

3-2. (마)도 위와 같은 이유로 n임을 확정할 수 있습니다.

4. (다)~(마)의 핵상이 n이므로, 서로 비교해야 하는데 이미 확실히 어떤 사람의 세포인지 아는 건 (다)밖에 없습니다.
따라서 (다)를 기준으로 비교해야 합니다.

1) (다)와 (라) 비교
(다)와 (라)가 같은 사람의 세포라면, A/a는 둘 다 (0, 1)인데 D/d는 하나는 (1, 0), 다른 하나는 (0, 1)이므로 모순됩니다.
따라서 (라)는 (가)와 같은 사람의 세포임을 알 수 있고, 번호로 치면 7번 정도임을 알 수 있습니다.

(가)에서 a가 없으므로 (라)에서도 없음을 알 수 있습니다.
따라서 (라)에서 A/a의 DNA 상대량이 (0, 0)이므로 A/a는 성염색체에 있는 유전자임을 알 수 있습니다.

세포 (나)를 갖고 있는 사람은 성염색체에 있는 유전자가 이형 접합성이므로 (나)는 여자의 세포이며 A/a가 X 염색체에

있는 유전자임을 알 수 있습니다.
또한 X 염색체에 있는 대립유전자의 DNA 상대량이 (0, 0)인 세포 (라)를 가진 사람은 남자임을 알 수 있습니다.

남자의 세포인 (가)에서 d는 동형 접합성이므로 D/d는 상염색체에 있는 유전자입니다.

2) (다)와 (마) 비교
(다)와 (마)에서 D/d는 각각 (1, 0), (0, 1)인데 B/b에서 (0, 1), (0, 1)이므로 모순됩니다.

따라서 (마)는 남자의 세포입니다.
이때, B/b 부분에서 하나는 (1, 0), 다른 하나는 (0, 1)이므로 (마)는 5번 세포가 분열하여 형성된 세포입니다.

다른 풀이

(나)와 (다)가 같은 개체의 세포임을 알고 있으므로
(나)에서 A, a, B, D, d는 모두 각각 DNA 상대량이 1임을 알 고 있습니다.

따라서 (다)와 같은 방향의 세포라면
A, a, B, D, d 순으로 0, 1, 0, 1, 0 또는 0, 2, 0, 2, 0이고

(다)와 반대 방향의 세포라면
A, a, B, D, d 순으로 1, 0, 1, 0, 1 또느 2, 0, 2, 0, 2임을 알 수 있습니다.

위의 배열이 가능한 세포는 없으므로 (라)와 (마)는 (가)와 같은 개체의 세포입니다.

세포	DNA 상대량						
	A (성X)	a	B (상)	b	D (상)	d	
(가)	? 1	0	1	? 1	? 0	2	2n 남
(나)	1	? 1	1	? 1	1	1	2n 여
(다)	0	1	0	? 1	? 1	0	n 여
(라)	0	? 0	? 1	0	0	1	n 남
(마)	㉠ 1	? 0	? 0	1	0	1	n 남

선지 해설

ㄱ. 한 명은 남자이고, 다른 한 명은 여자입니다.
ㄴ. 맞습니다.
ㄷ. ㉠은 1입니다.

25

문항 해설

1. 세포 Ⅰ에는 E와 G가 있는데 e+g가 1이므로 핵상이 2n임을 알 수 있습니다.
   세포 Ⅱ는 e+g가 3이므로 핵상이 2n임을 알 수 있습니다.

2. 세포 Ⅱ에는 이미 G가 있으므로 e+g가 2+1임도 알 수 있습니다.
   따라서 세포 Ⅱ를 가진 사람은 E를 갖고 있지 않습니다.

   세포 Ⅰ과 Ⅳ에는 E가 있으므로 Ⅱ와 다른 사람의 세포임을 알 수 있습니다.
   문제에서 Ⅳ가 P의 세포임을 제시해주었으므로,
   Ⅰ과 Ⅳ는 P의 세포, Ⅱ는 Q의 세포입니다.

3. 세포 Ⅲ에서 E와 G가 모두 없는데 e+g가 1이므로,
   둘 중 하나는 아예 없는 세포임을 알 수 있습니다.
   따라서 E/e와 G/g 중 하나는 성염색체에 있는 유전자입니다.

4. Ⅱ의 E/e와 G/g에 대한 유전자형이 eeGg이므로 어떤 게 성염색체에 있는 유전자이든 X 염색체에 있는 유전자이며 Q가 여자임을 알 수 있습니다.

   Ⅲ에는 X 염색체에 있는 유전자가 없다는 뜻이 되므로 남자의 세포입니다.
   따라서 Ⅲ은 P의 세포이며 P는 남자입니다.

5. Ⅳ에는 f가 없으므로 핵상이 n인데, E가 있습니다.

따라서 e+g = 0+2임을 알 수 있습니다.

따라서 P는 G/g에 대한 유전자형이 Gg이므로 G/g는 상염색체에 있는 유전자이고,
E/e가 X 염색체에 있는 유전자임을 알 수 있습니다.

F/f의 경우, 남자인 P와 여자인 Q가 모두 갖고 있으므로 상염색체에 있는 유전자 또는 X 염색체에 있는 유전자입니다. 그런데 X 염색체에 있는 유전자 E가 있는 Ⅳ에서 f가 없으므로 F/f는 상염색체에 있는 유전자임을 알 수 있습니다.

세포	대립유전자			e+g
	E	f	G	
Ⅰ	○	○	○	1
Ⅱ	?	○	○	3
Ⅲ	×	?	×	1
Ⅳ	○	×	?	2

(○ : 있음, × : 없음)

선지 해설

ㄱ. P에는 e가 없습니다.
(* 참고로 P의 유전자형은 EYFfGg입니다.)
ㄴ. P의 세포입니다.
ㄷ. 2입니다.

26

문항 해설

1. ⓐ에는 ㉡이 없는데 ⓑ에는 있으므로 ⓐ의 핵상은 n,
ⓑ에는 ㉠이 없는데 ⓐ에는 있으므로 ⓑ의 핵상은 n,
ⓓ에는 ㉢이 없는데 ⓒ에는 있으므로 ⓓ의 핵상은 n,
ⓔ에는 ㉣이 없는데 ⓕ에는 있으므로 ⓔ의 핵상은 n,
ⓕ에는 ㉡이 없는데 ⓔ에는 있으므로 ⓕ의 핵상은 n입니다.

2. ⓑ의 핵상은 n인데 ○가 이미 3개 있으므로 ㉢은 ×입니다.
따라서 ㉠, ㉢, ㉣은 서로 대립유전자일 수 없습니다.
ⓔ에서 ㉠과 ㉡은 서로 대립유전자일 수 없고,
ⓓ에서 ㉠과 ㉥은 서로 대립유전자일 수 없으므로
㉠은 ㉤과 대립유전자입니다.

3. Ⅰ은 ㉠과 ㉤이 둘 다 있고, Ⅲ도 ㉠과 ㉤이 둘 다 있습니다.
문제에서 2명이 남자라 했으므로, 남자면서 ㉠과 ㉤이 모두 있는 사람이 있을 수밖에 없습니다.
따라서 ㉠과 ㉤은 상염색체에 있는 유전자임을 알 수 있습니다.

4. ⓕ에서 ㉤이 있으므로 ㉠은 ×입니다.
그러면 ×가 4개가 되므로, × 4개들 중 성염색체에 있는 유전자가 1쌍 있어야 합니다.
그런데 이미 ㉠은 상염색체에 있는 유전자임을 알고 있으므로 ㉡, ㉢, ㉥ 3개 중 한 쌍은 성염색체에 있는 유전자여야 합니다.

Ⅰ의 세포에는 ㉡, ㉢, ㉥이 모두 있습니다.
따라서 성염색체는 X 염색체에 있는 유전자이고,
Ⅰ이 여자가 되므로 Ⅱ와 Ⅲ은 남자로 확정됩니다.

5. ⓒ에서 ㉠과 ㉤을 제외하고 보면, ㉡, ㉢, ㉣, ㉥ 4개 중 3개가 ○입니다.
따라서 ⓒ의 핵상은 2n임을 알 수 있고, Ⅱ는 남자이므로 ㉡은 X 염색체에 있는 유전자입니다.
(* 남자는 X 염색체를 1개만 가지므로 4개 중 없는 1개는 성염색체에 있는 유전자입니다.)
ⓑ에서 ㉡과 ㉥은 서로 대립유전자일 수 없으므로 ㉥은 상염색체에 있는 유전자입니다.
ⓕ에서 ㉡, ㉢, ㉣, ㉥ 중 1개만 ○인 ㉣은 상염색체에 있는 유전자입니다.
따라서 남은 ㉢은 X 염색체에 있는 유전자입니다.

유전자	Ⅰ의 세포		Ⅱ의 세포		Ⅲ의 세포	
	ⓐ	ⓑ	ⓒ	ⓓ	ⓔ	ⓕ
㉠	○	×	?	○	○	?
㉡	×	○	×	?	○	×
㉢	○	?	○	×	×	×
㉣	?	×	○	?	×	○
㉤	?	○	?	×	?	○
㉥	×	○	○	○	?	×

(○ : 있음, × : 없음)

선지 해설

ㄱ. ㉠의 대립유전자는 ㉤입니다.

ㄴ. Ⅱ는 남자입니다.

ㄷ. ⓕ는 ㉡과 ㉢이 모두 없으므로 X 염색체가 없는 세포입니다. 따라서 Y 염색체가 있습니다.

27

문항 해설

1. Ⅰ에서 ㉠, ㉡, ㉢이 모두 있으므로 G_1기 세포임을 알 수 있습니다.

2. Ⅰ에서 T/t의 DNA 상대량이 ㉠과 ㉢이므로 ㉠과 ㉢ 중 하나는 0입니다.
   Ⅱ에서 T/t의 DNA 상대량이 ㉠과 ㉡이므로 ㉠과 ㉡ 중 하나는 0입니다.
   따라서 ㉠이 0임을 알 수 있습니다.

3. Ⅰ에서 ㉡과 ㉢ 중 하나는 1, 다른 하나는 2이므로
   Ⅰ이 남자의 세포이고, (가)와 (나) 중 하나는 성염색체에, 다른 하나는 상염색체에 있는 유전자임을 알 수 있습니다.
   (* 처음부터 Ⅰ에서 ㉡+0+㉠+㉢ = 3이므로 G_1기 세포 + 성 한 쌍, 상 한 쌍 + 남자임을 알 수도 있습니다.)

4. Ⅰ에서 T가 0인데, Ⅲ에는 T가 있으므로 Ⅲ은 여자의 세포입니다.

   여자의 세포인 Ⅲ에서 H/h가 없으므로 H/h는 Y 염색체에 있는 유전자임을 알 수 있고,
   따라서 Ⅰ을 통해 ㉡=1, ㉢=2임을 알 수 있습니다.
   또한, Ⅰ에서 T/t에 대한 유전자형이 tt로 동형 접합성이므로 T/t는 상염색체에 있는 유전자입니다.

   H를 가지고 있는 Ⅱ는 남자의 세포입니다.

   남자의 세포가 2개(Ⅰ, Ⅱ)이므로 P는 남자, Q는 여자입니다.

세포	DNA 상대량			
	H	h	T	t
남 2n Ⅰ P	㉡ 1	0	㉠ 0	㉢ 2
남 n Ⅱ P	1	? 0	㉠ 0	㉡ 1
여 n Ⅲ Q	㉠ 0	0	㉡ 1	0

선지 해설

ㄱ. (가)는 Y 염색체에 있는 유전자입니다.

ㄴ. ㉡은 1입니다.

ㄷ. P는 남자가 맞습니다.

28

문항 해설

1. 세포 (가)에는 적어도 대립유전자 ㉠, ㉢, ㉣ 3개가 있으므로 핵상이 2n입니다.
   그런데 3개 중 한 쌍은 서로 대립유전자 관계이므로 이형 접합성입니다.
   이형 접합성이었던 유전자는 핵상이 n이 될 때 둘 다 없어질 수 없으므로
   (나)에서 ㉢은 ○이고, 이형 접합성이었던 유전자 중 하나임을 알 수 있습니다.

   그런데, (나)에서 ㉢을 제외한 다른 유전자는 모두 ×이므로 (가)에서 ㉠~㉣이 모두 있으면 안 됨을 알 수 있습니다.
   따라서 ㉮는 ×이고, ㉠, ㉢, ㉣ 중 이형 접합성이 아니었던 유전자는 G_1기 기준 1개 있었음을 알 수 있습니다.
   (* 2개 있었다면 동형 접합성이므로 (나)에서 ○가 2개, ×가 2개여야 합니다.)
   그런데, 이형 접합성이 아니었던 유전자의 대립유전자는 ㉡인데, ㉡이 없으므로 ㉡은 성염색체에 있는 유전자임을 알 수

있습니다.
(* 예를 들어, DNA 상대량으로 이해하면, 핵상이 2n인 세포에서 DNA 상대량이 (1, 0)인 경우와 같은 케이스입니다.)

따라서 Ⅰ은 남자이고, 남자가 이형 접합성으로 유전자를 가지고 있던 ㉢은 상염색체에 있는 유전자입니다.

2. (다)에는 성염색체에 있는 유전자 ㉡이 있는데, 상염색체에 있는 유전자 ㉢은 없습니다.
상염색체에 있는 유전자가 아예 없을 수는 없으므로 ㉣은 ○어야 하며, 상염색체에 있는 유전자입니다.

따라서 ㉠과 ㉡은 성염색체에, ㉢과 ㉣은 상염색체에 있는 대립유전자입니다.

3. Ⅱ에서 (다)에는 ㉠이 없는데 (라)에는 있으므로 (다)의 핵상은 n,
(다)에는 ㉣이 있는데 (라)에는 없으므로 (라)의 핵상은 n입니다.

그런데 (다)에는 ㉡이, (라)에는 ㉠이 있으므로 Ⅱ는 성염색체에 있는 유전자를 이형 접합성으로 가짐을 알 수 있습니다.
따라서 ㉠과 ㉡은 X 염색체에 있는 유전자이며, Ⅱ는 여자입니다.

유전자	Ⅰ의 세포 (남자)		Ⅱ의 세포 (여자)	
	(가) n	(나) n	(다) n	(라) n
㉠ 성X	○	×	×	○
㉡ 성X	㉮ X	×	○	? X
㉢ 상	○	? o	×	? O
㉣ 상	○	×	? o	×

(○ : 있음, × : 없음)

선지 해설

ㄱ. 맞습니다.
ㄴ. ㉠은 X 염색체에 있는 유전자입니다.
ㄷ. 맞습니다.

29

문항 해설

1. (가)~(다)에서 복제된 세포가 없는데 세포 C에서 T의 DNA 상대량이 2이므로 핵상이 2n임을 알 수 있습니다.
따라서 C는 (가)이고, A와 B 중 하나는 (나), 다른 하나는 (다)의 세포입니다.

2. C는 암컷의 세포이므로 ㉢은 2 또는 0이고, ㉠과 ㉡은 모두 0 또는 1입니다.
따라서 ㉠+㉡+㉢=1+1+1 꼴이 불가능하고, 2+1+0 꼴만 가능함을 알 수 있습니다.
따라서 ㉢은 2입니다.

3. C에서 R이 동형 접합성인데 A에는 R이 없으므로 A는 다른 개체의 세포입니다.
C에서 T가 동형 접합성인데 B에는 T가 없으므로 B는 다른 개체의 세포입니다.

따라서 A와 B가 Ⅰ의 세포이고, C가 Ⅱ의 세포입니다.

4. C는 h를 갖고 있지 않습니다.
그런데 D는 H가 없으므로 C에게 H도 받지 않았음을 알 수 있습니다.
따라서 C는 H와 h가 모두 없어야 하므로 H/h는 Y 염색체에 있는 유전자입니다.

5. D는 C로부터 형성된 난자가 수정되어 태어났으므로 C로부터 R와 T를 1개씩 받게 됩니다.
그런데 A에는 R이 없고, B에는 T가 없으므로 C로부터 형성된 난자가 A와 B 중 어떤 세포로부터 형성된 정자와 수정되었든 R와 T 중 적어도 하나는 1개를 갖게 됩니다.

그런데 D에서 R와 T의 DNA 상대량이 모두 2이므로 (라)는 복제된 세포임을 알 수 있습니다.
복제된 세포에서 T/t의 DNA 상대량이 (2, 0)이므로 T/t는 성염색체에 있는 유전자이고, D는 수컷입니다.

암컷의 세포인 C가 T/t를 가지고 있으므로 T/t는 X 염색체에 있는 유전자입니다.

6. D는 수컷의 2n 세포이므로 Y 염색체를 갖고 있습니다.
   따라서 h를 갖고 있어야 하므로 B로부터 형성된 생식세포가 수정되어 태어났음을 알 수 있습니다.
   따라서 Y 염색체가 있는 (다)가 B이고, A는 (나)입니다.
   ㉡이 1이므로 ㉠은 0입니다.

7. D에서 R의 DNA 상대량이 2이므로 R도 1개만 갖고 있음을 알 수 있는데,
   B와 C 모두 R을 갖고 있지 않으므로 R/r도 성염색체에 있는 유전자입니다.
   암컷의 세포인 C가 R을 갖고 있으므로 R/r도 X 염색체에 있는 유전자입니다.

세포	DNA 상대량					
	H	h	R	r	T	t
A	?	0	0	?	?	㉠
B	?	㉡	?	0	0	?
C	?	0	㉢	0	2	?
D	0	?	2	?	2	0

선지 해설

ㄱ. A는 (나)입니다.
ㄴ. I은 수컷입니다.
ㄷ. R은 X 염색체에 있습니다.

30

문항 해설

1. Ⅳ에서 B/b의 DNA 상대량이 ㉢, ㉠이므로 둘 중 하나는 0입니다.
   그런데 ㉢이 0이라면, Ⅱ에서 A/a가 (0, 0), Ⅳ에서 D/d가 (0, 0)이 되므로
   남자 R의 세포가 1개라는 조건에 위배됩니다.
   (* P의 유전자형이 AaBbDd이므로 이 문제에는 Y 염색체에 있는 유전자가 없습니다.
   따라서 DNA 상대량이 (0, 0)일 경우 남자의 세포가 됩니다.)

   따라서 ㉠이 0입니다.

2. Ⅰ에서 B/b가 (0, 0)이므로 B/b는 X 염색체에 있는 유전자이고, Ⅰ은 R의 세포입니다.
   Ⅰ에는 X 염색체가 없으므로 핵상이 n임을 알 수 있고, ㉡은 2입니다.

   또한, Ⅰ에는 X 염색체가 없는 세포인데, a와 D가 있으므로 A/a와 D/d는 상염색체에 있는 유전자이고,
   유전자가 2개의 염색체에 있다는 조건을 통해서로 A/a와 D/d는 연관되어 있음을 알 수 있습니다.

3. Ⅱ에는 A와 D가, Ⅲ에는 a와 d가, Ⅳ에는 A와 d가 있는데,
   P의 유전자형은 AaDd이고, Ⅱ~Ⅳ에서 P의 세포가 2개이므로 Ⅱ와 Ⅲ의 세포가 P의 세포이며, Ⅳ가 Q의 세포임을 알 수 있습니다.

세포	DNA 상대량					
	A	a	B	b	D	d
Ⅰ	?	2	0	㉠	㉡	?
Ⅱ	㉢	0	0	?	?	0
Ⅲ	0	㉡	?	0	㉠	?
Ⅳ	?	0	㉢	㉠	0	㉢

선지 해설

ㄱ. ㉠은 0입니다.
ㄴ. P의 세포는 Ⅱ와 Ⅲ입니다.
ㄷ. Ⅰ에는 Y 염색체가 있으므로 항상 남자입니다.

31

문항 해설

1. (다)에서 ㉠과 ㉡의 DNA 상대량이 각각 1, 2이므로 (다)의 핵상은 2n입니다.
   또한 1과 2는 대립유전자일 수 없으므로 ㉠과 ㉢은 대립유전자입니다.

2. 세포 (나)와 (라)에는 ㉠과 ㉢이 모두 없으므로 (나), (라)와 (다)는 서로 다른 개체의 세포임을 알 수 있습니다.
   (* 유전자형이 ㉠㉢ 이형 접합성인 개체는 감수 분열 과정에서 ㉠ 또는 ㉢을 n 세포에 줄 수밖에 없습니다.)
   또한 (나)에는 ㉠, ㉢과 대립유전자 관계가 아닌 ㉡만 있으므로 ㉠과 ㉢은 성염색체에 있는 유전자임도 알 수 있습니다.
   그런데 (다)에서 ㉠과 ㉢을 이형 접합성으로 갖고 있었으므로 (다)는 여자의 세포이고, ㉠과 ㉢은 X 염색체에 있는 유전자입니다.
   따라서 (나)와 (라)는 남자의 세포이고, ㉡은 상염색체에 있는 유전자입니다.
   (* 여자인 (다)에서 유전자를 ㉡ 동형 접합성으로 갖고 있으므로 Y 위에 있는 유전자는 아닙니다.)

3. ⓐ+ⓑ+ⓒ=3인데, 1+1+1꼴이라면 (가)와 (라)의 세포도 핵상이 2n이 됩니다.
   그러면 (가), (다), (라) 모두 2n인데 유전자형이 각각 서로 다르므로 문제에 모순됨을 알 수 있습니다.
   (* 이 문제는 개체가 P와 Q 둘입니다.)

   따라서 ⓐ+ⓑ+ⓒ는 2+1+0꼴입니다.
   ⓐ와 ⓒ는 2일 수 없으므로 ⓑ=2입니다.
   (* (가)에서 ㉠은 X에, ㉡은 상염색체에 있는 유전자임을 알았습니다. 그런데 ⓐ=2가 되면, ㉣은 ㉠, ㉡과 대립유전자일 수 없으므로 제 3의 유전자여야 하므로 모순됩니다. 이 문제에 유전자는 2쌍만 있습니다.
   ⓒ=2라면 (마)도 2n인데, ㉢ 동형 접합성에서 (나)를 만들 수 없으므로 모순됩니다.)

4. ⓑ=2이므로 (라)에서 ㉡과 ㉤의 수가 같습니다.
   (라)는 남자의 세포이므로 핵상이 n임을 알 수 있고, ㉣은 상염색체에, ㉤은 X 염색체에 있는 유전자입니다.
   따라서 ㉠, ㉢, ㉤이 대립유전자이고, ㉡, ㉣이 대립유전자 관계임을 알 수 있습니다.

   남자는 ㉤Y이므로 ㉠이 있는 (가) 세포는 여자의 세포이고, 여자의 세포이므로 핵상이 n입니다.
   따라서 ⓐ=0입니다.
   남은 ⓒ=1이므로 (마)도 ㉢이 있어 여자의 세포이고, 핵상이 n임을 알 수 있습니다.

   3개는 P, 나머지 2개는 Q의 세포라 제시했으므로 (가), (다), (마)는 P의 세포이며, P는 여자입니다.
   (나)와 (라)는 Q의 세포이며, Q는 남자입니다.

선지 해설

ㄱ. 2입니다.
ㄴ. 여자 P의 세포입니다.
ㄷ. 상염색체에 있는 유전자입니다.

사람의 유전(1)

Part 1) 기출 문제

Part 2) 고난도 N제

오늘따라 공부에 집중이 안 된다.
교감 신경이 미쳐 날뛰고 있다, 옆자리에도 내 심장 소리가 들릴까봐 걱정된다.

오빠 생각을 안 하려 해도 상상 속에선 이미 컵라면도 먹었고,
자전거도 같이 탔으며 치킨과 맥주도 먹었다.

뭐? f(x)가 미분 불가능한 점이 하나일 때, a의 값을 구하라고?
미분 불가능한 점은 뾰족하니까 걸어가다 발에 걸려 넘어질 수도 있겠지?
그러면 하늘이 오빠가 넘어지는 날 잡아주겠지?

"샛별아.. 너 왜..그래...? 아픈 거 아니야..?"
"응..?"
"왜.. 수학 문제 풀다가 혼자 실실 웃고.. 있어..?"

아.. 정신 차리자!
약속 시간에 늦게 가면 너무 무례해 보이니까 30분 일찍 가야겠다!

<잠실역 롯데백화점 앞>

와.. 이 시간에 사람도 많은데 길거리에서 뽀뽀를 하는 사람도 있네.
부끄러움도 없나..? 참나, 남자친구가 개야? 왜 머리는 쓰다듬어 주고 있어?

심장이 '쿵' 하고 내려 앉았다. 정말 말 그대로 쿵.
다른 여자와 뽀뽀하고 있던 저 사람은, 누가 봐도 하늘 오빠였다.

PART 1

01 〉 15학년도 4월 7번 | 정답 ⑤

문항 해설

1. 자료 해석

꽃 색은 한 쌍의 대립유전자에 의해 결정되며 대립유전자가 2가지이므로 복대립 유전이 아닙니다.
따라서 꽃 색 유전자를 A/a라 할 때, 가능한 유전자형은 AA, Aa, aa입니다.
그런데 표에서 꽃 색에 대한 표현형이 붉은색, 분홍색, 흰색으로 3가지이므로 AA, Aa, aa의 표현형이 모두 다름을 알 수 있습니다.
따라서 꽃 색 유전은 중간 유전입니다.

붉은색과 흰색 사이에서 분홍색만 태어났으므로
분홍색이 Aa이고, 붉은색과 흰색은 AA와 aa 중 하나임을 알 수 있습니다.
이때, 붉은색이 AA인지 aa인지, 흰색이 AA인지 aa인지는 확정할 수 없습니다.
(* 이 부분이 아닌, 실험 Ⅱ에서 분홍색과 분홍색을 교배했는데 붉은색, 분홍색, 흰색이 모두 나왔음을 통해 분홍색이 Aa임을 알 수도 있습니다.)

선지 해설

ㄱ ㄴ

ㄷ 분홍색을 Aa, 흰색을 aa라 했을 때,
자손은 Aa와 aa가 1:1로 태어나므로
붉:분:흰 = 0:1:1이 맞습니다.

02 〉 16학년도 3월 13번 | 정답 ⑤

문항 해설

1. 자료 해석

㉠은 한 쌍의 대립유전자에 의해 결정되며 대립유전자가 2가지이므로 복대립 유전이 아닙니다.
따라서 ㉠ 유전자를 A/a라 할 때, 가능한 유전자형은 AA, Aa, aa입니다.
그런데 ㉠의 표현형이 3가지이므로 ㉠은 중간 유전임을 알 수 있습니다.

ⓐ인 암컷과 ⓑ인 수컷 사이에서 표현형이 ⓒ인 자손만 태어났으므로 ⓐ와 ⓑ의 유전자형이 AA, aa 중 하나이고, ⓒ는 Aa입니다.
이때, ⓐ가 AA인지 aa인지, ⓑ가 AA인지 aa인지는 확정할 수 없습니다.

선지 해설

ㄴ ⓐ의 유전자형이 AA든 aa든
AA×AA는 AA만 태어나고,
aa×aa는 aa만 태어나므로
자손의 표현형은 최대 1가지입니다.

ㄷ Aa×Aa → AA:Aa:aa = 1:2:1
이므로 자손의 표현형이 ⓒ일 확률은 $\frac{2}{4}=\frac{1}{2}$ 입니다.

03 〉 14학년도 예비시행 12번 | 정답 ⑤

☑ **참고**

본 문항은 '키와 꽃 색은 각각 한 쌍의 대립유전자에 의해 결정된다.'라는 조건만 있던 문항입니다. 복대립과 우열이 불분명한 경우를 고려할 때, 답을 낼 수 없으므로 표현을 수정했습니다.

문항 해설

1. 자료 해석

(가)에서 생식 세포의 유전자형 종류가 4가지이므로 (가)의 유전자형은 RrTt이며 R/r와 T/t가 독립되어 있음을 알 수 있습니다.
(* 연관되어 있다면 최대 2종류의 생식 세포만 형성될 수 있습니다.)
따라서 RrTt인 (가)의 표현형이 큰 키 + 붉은 꽃이므로 큰 키와 붉은 꽃이 우성임을 알 수 있습니다.

선지 해설

ㄱ 독립입니다.

ㄴ (다)와 (라)는 모두 큰 키&붉은 꽃이므로 R_T_입니다.
그런데 h와 j가 수정되었을 때 작은 키가 태어났으므로 r이 있음을 알 수 있습니다.
따라서 RrT?인데, 둘 중 한 명이라도 t를 갖고 있었다면 생식 세포의 유전자형이 4가지여야 하므로 (다)와 (라) 모두 RrTT임을 알 수 있습니다.
따라서 꽃 색에 대한 유전자형은 TT로 동일합니다.

ㄷ b와 f가 수정되었을 때 작은 키가 태어났으므로 b와 f에는 R이 있습니다.
h와 j가 수정되었을 때 작은 키가 태어났으므로 h와 j에도 R이 있습니다.
따라서 b, f, h, j에서 키에 대한 유전자형은 r로 동일합니다.

04 〉 17학년도 9월 9번 | 정답 $\frac{5}{32}$

문항 해설

1. 자료 해석

유전자형이 Aa인 개체를 자가 교배하여 유전자형이 aa인 개체가 태어날 확률은 $\frac{1}{4}$입니다.

㉠~㉢을 결정하는 유전자가 모두 다른 염색체에 있으므로, 2가지 형질에 대한 유전자형이 열성 동형 접합성일 확률은

$3\times\left(\frac{1}{4}\right)^2\times\left(\frac{3}{4}\right)=\frac{9}{64}$입니다.

(* 열성 동형 접합성인 경우를 ○, 열성 동형 접합성이 아닌 경우를 ●라 했을 때,
㉠, ㉡, ㉢ 순으로 ●○○, ○●○, ○○● 3가지 구성이 가능합니다. 따라서 앞에 3을 곱했습니다.)

3가지 형질에 대한 유전자형이 모두 열성 동형성일 확률은

$\left(\frac{1}{4}\right)^3=\frac{1}{64}$입니다.

따라서 $\frac{9}{64}+\frac{1}{64}=\frac{5}{32}$입니다.

05 〉 18학년도 3월 15번 | 정답 ④

문항 해설

1. 자료 해석

표현형 6가지는 3가지 × 2가지입니다.
이때, 독립된 D/d에서 2가지 표현형이 나타났음이 자명하므로 3가지는 연관된 염색체에서 나온 표현형 가짓수임을 알 수 있습니다.
표현형이 3가지가 나와야 하므로 상반 연관이어야 하며, ⓐ는 r, ⓑ는 R입니다.

선지 해설

㉠

D_H_R_일 확률은 $\frac{3}{4} \times \frac{1}{2} = \frac{3}{8}$

ddhhR_일 확률은 $\frac{1}{4} \times \frac{1}{4} = \frac{1}{16}$

이므로 6:1입니다.

㉢ dd일 확률 : $\frac{1}{2}$

H_rr일 확률 : $\frac{1}{2}$

이므로 $\frac{1}{2} \times \frac{1}{2} = \frac{1}{4}$입니다.

06 19학년도 7월 16번 | 정답 ①

문항 해설

1. 자료 해석

P1과 P2를 교배하여 얻은 자손들 중 표현형이 aaB_dd인 자손이 있으므로

P1과 P2는 a와 d를 모두 갖고 있음을 알 수 있습니다.

따라서 P1과 P2의 유전자형은 AaB?Dd입니다.

P1과 P2에서 (가)와 (다)에 대한 유전자형이 같은데,

자가 교배 결과 표현형의 가짓수가 다르므로 (나)에 대한 유전자형이 다름을 알 수 있습니다.

P1이 P2보다 표현형이 더 적어야 하므로 P1이 AaBBDd, P2가 AaBbDd입니다.

선지 해설

㉠ A/a → 3가지(AA, Aa, aa)

B/b → 2가지(BB, Bb)

D/d → 3가지(DD, Dd, dd)

이므로 3×2×3 = 18가지입니다.

㉡에서 (가)에 대한 유전자형은 aa, (나)에 대한 유전자형은 BB/Bb, (다)에 대한 유전자형은 dd입니다.

각각의 유전자는 독립되어 있으므로 (가)에서 A_, (나)에서 B_, (다)에서 D_일 확률을 구한 후 곱하면 됩니다.

Ⅰ. aa×Aa → A_일 확률 : $\frac{1}{2}$

Ⅱ. (나)에서 B_일 확률

1) ㉡에서 유전자형이 BB일 확률 : $\frac{1}{2}$, BB×Bb → B_일 확률 : 1 이므로 $\frac{1}{2} \times 1 = \frac{1}{2}$

2) ㉡에서 유전자형이 Bb일 확률 : $\frac{1}{2}$, Bb×Bb → B_일 확률 : $\frac{3}{4}$ 이므로 $\frac{1}{2} \times \frac{3}{4} = \frac{3}{8}$

따라서 $\frac{1}{2} + \frac{3}{8} = \frac{7}{8}$

Ⅲ. dd×Dd → D_일 확률 : $\frac{1}{2}$

이므로 $\frac{1}{2} \times \frac{7}{8} \times \frac{1}{2} = \frac{7}{32}$입니다.

문제편 개념 설명 부분대로 푼다면 아래와 같이 풀 수 있습니다.

P2		㉡	
A/a		a/a	A_ : $\frac{1}{2}$
B/b	X	B/B, B/b	B_ : $\frac{7}{8}$
D/d		d/d	D_ : $\frac{1}{2}$

$\therefore \frac{1}{2} \times \frac{7}{8} \times \frac{1}{2} = \frac{7}{32}$

P2를 자가 교배하여 얻은 자손들 중

(가)와 (나)의 표현형이 모두 우성인 개체 수의 비율은

$\frac{3}{4} \times \frac{3}{4} = \frac{9}{16}$이고,

(가)와 (나)의 표현형이 모두 열성인 개체 수의 비율은

$\frac{1}{4} \times \frac{1}{4} = \frac{1}{16}$이므로 9배입니다.

07 〉 19학년도 4월 17번 | 정답 ③

문항 해설

1. 자료 해석

해설의 편의를 위해
종자 색깔에 대한 유전자를 A/a, A〉a
종자 모양에 대한 유전자를 B/b, B〉b
라 하겠습니다.

표 (가)를 통해 유전자형을 채울 수 있는 만큼만 채워보면,
Ⅰ : A_B_　　Ⅱ : A_B_　　Ⅲ : aaB　　Ⅳ : A_bb
임을 알 수 있습니다.
이때 조금이라도 더 확정된 Ⅲ과 Ⅳ를 기준으로 생각하는 게 쉽습니다.

표 (나)에서 Ⅲ과 Ⅳ를 교배했을 때 A_B_일 확률이 $\frac{400}{1600} = \frac{1}{4}$ 입니다.
Ⅲ과 Ⅳ의 유전자형을 고려했을 때, $\frac{1}{4} = \frac{1}{2} \times \frac{1}{2}$ 임을 알 수 있습니다.
따라서 Ⅲ은 aaBb, Ⅳ는 Aabb입니다.

Ⅱ와 Ⅳ를 교배했을 때 A_B_일 확률은
$\frac{600}{1600} = \frac{3}{8}$ 입니다.
이는 $\frac{3}{4} \times \frac{1}{2}$ 꼴이고, Ⅱ가 A_B_, Ⅳ가 Aabb임을 고려했을 때
Ⅱ의 유전자형은 AaBb임을 알 수 있습니다.

Ⅰ과 Ⅲ을 교배했을 때 A_B_일 확률은
$\frac{800}{1600} = \frac{1}{2}$ 입니다.
이는 $1 \times \frac{1}{2}$ 꼴이고, Ⅰ이 A_B_, Ⅲ이 aaBb임을 고려했을 때
Ⅰ의 유전자형은 AaBB임을 알 수 있습니다.

선지 해설

ㄱ. Ⅰ의 유전자형은 AaBB, Ⅱ의 유전자형은 AaBb이므로 A_B_일 확률은 $\frac{3}{4} \times 1 = \frac{3}{4}$ 입니다.

따라서 $1600 \times \frac{3}{4} = 1200$이므로 ㉠은 1200입니다.

ㄴ. Ⅱ와 Ⅳ의 유전자형은 각각 AaBb, Aabb이므로 Ⅱ와 Ⅳ 사이에서 유전자형이 AaBb인 자손이 태어날 확률은 $\frac{1}{2} \times \frac{1}{2} = \frac{1}{4}$ 입니다.

따라서 $1600 \times \frac{1}{4} = 400$개체가 AaBb임을 알 수 있습니다.

(* ⓐ 중에서 구한다면,
ⓐ는 A_B_인 개체들이므로
A_에서 AA와 Aa의 비율 1:2
B_에서는 Bb만 있음
따라서 $600 * \frac{2}{3} \times 1 = 400$으로 구해야합니다.)

ㄷ

08 〉 14학년도 3월 18번 | 정답 ④

문항 해설

1. 자료 해석

(가) (나)

A | a
B | b × |
D | d

(가)와 (나)를 교배했을 때, A_bbdd인 개체와 aaB_D_인 개체는 (가)에서 abd가 있는 생식 세포가 수정되어 태어난 개체임을 알 수 있습니다.
따라서 (나)는 A, b, d가 같은 염색체에, a, B, D가 같은 염색체에 있음을 알 수 있습니다.

(가) (나)

A | a A | a
B | b × b | B
D | d d | D

선지 해설

㉠ ✗

㉢ AABbDd인 개체가 태어날 확률 : $\frac{1}{4}$

AaBBDD인 개체가 태어날 확률 : $\frac{1}{4}$

이므로 1:1입니다.

09 〉 19학년도 3월 11번 | 정답 ③

문항 해설

1. 자료 해석

유전자형이 AaBbDd인 개체를 '자가 교배' 했습니다.
이때 유전자형이 AaBBDd인 자손이 태어났으므로 B/b가 독립된 유전자임을 알 수 있습니다.
(* '자가 교배'했을 때 연관된 유전자 중 하나가 이형 접합성이라면, 연관되어 있는 다른 유전자도 이형 접합성이어야 합니다. 한 쌍의 염색체 중 하나를 ⓟ, 다른 하나를 ⓠ라 할 때, 자가 교배 결과 자손이 가질 수 있는 염색체 구성은 ⓟⓟ, ⓟⓠ, ⓠⓠ 중 하나입니다. 이때 유전자형이 이형 접합성인 개체에서 자손의 유전자형이 이형 접합성이려면 염색체 구성이 ⓟⓠ여야만 하고, 이 경우 연관된 다른 유전자도 이형 접합성일 수밖에 없음을 알 수 있습니다.
그런데 문제에서 A/a와 D/d는 이형 접합성인데, B/b는 동형 접합성이므로 B/b는 A/a, D/d와 이형 접합성일 수 없습니다. 따라서 B/b는 독립입니다.)

A/a와 D/d가 연관인데, AAdd인 개체가 없으므로 상인 연관임을 알 수 있습니다.

선지 해설

㉠ 상인 연관이므로 연관된 염색체에서 2가지, 독립된 염색체에서 2가지 표현형이 나타납니다.
따라서 2×2 = 4가지입니다.

㉡ A/a, D/d 상인 연관이고 B/b는 독립이므로 aaBbdd인 개체가 있습니다.

㉢ ✗ A_D_일 확률 $\frac{1}{2}$, B_일 확률 $\frac{1}{2}$ 이므로 $\frac{1}{2}\times\frac{1}{2}=\frac{1}{4}$입니다.

10 〉 19학년도 4월 19번 | 정답 ⑤

문항 해설

1. 자료 해석

P2는 BB로 우성 동형 접합성이므로, B/b를 고려하지 않아도 되는 P2와 P3의 교배 결과를 먼저 보는 게 유리합니다.
P2와 P3를 교배하여 얻은 자손의 표현형은 6가지이므로 2×3이고, A/a와 D/d가 독립되어 있음을 알 수 있습니다.

P1과 P3를 교배한 결과 표현형이 4가지이므로 B/b는 A/a 또는 D/d와 연관되어야 합니다.
이때, D/d와 연관된다면 표현형이 3가지이므로
(* 이 부분은 외우지 않았다면 실제로 해보셔야 합니다.)
A/a와 연관되어야 하고, 표현형이 2가지여야 하므로 상인 연관입니다.
(* 현실적인 방법은 P1과 P3 모두 AaBb이므로 상인 연관일 때 표현형이 2가지임은 이미 알고 있으므로 그냥 AaBb 상인이라고 확정하고 푸는 겁니다. 최소한 이렇게 풀어도 틀릴 일은 없을 테니까요.)

선지 해설

ㄱ

ㄴ P2는 BB이므로 B/b에 대해선 B_로 확정됩니다.
따라서 A/a, B/b에서 자손이 가질 수 있는 표현형은 A_B_, aaB_ 로 2가지이고,
D/d에서 자손이 가질 수 있는 표현형은 Dd, dd로 2가지입니다.
따라서 $2\times2=4$가지입니다.

ㄷ P3는 A/a와 B/b가 상인 연관이므로 A_B_일 확률 : $\frac{3}{4}$,
Dd일 확률 : $\frac{1}{2}$ 이므로 $\frac{3}{4}\times\frac{1}{2}=\frac{3}{8}$입니다.

11 〉 20학년도 수능 12번 | 정답 $\frac{5}{8}$

문항 해설

1. 자료 해석

AaBbDd × AaBBdd에서 표현형이 8가지입니다.
$8=4\times2$ 또는 $2\times2\times2$입니다.
(* $4\times2\times1$이 아니라 4×2인 이유는 한 쌍의 대립유전자에서 나타날 수 있는 유전자형은 AA, Aa, aa꼴로 최대 3가지입니다.
따라서 독립된 유전자에서 표현형이 4가지가 나올 수는 없으므로 연관되어야만 4가지가 가능합니다.)

B/b가 우열이 뚜렷하다면 어머니가 BB이므로 B/b에 대한 자손의 표현형은 B_일 수밖에 없습니다.
따라서 B/b를 고려하지 않아도 되므로 사실상 AaDd × Aadd가 되는데, 이는 당연히 표현형이 8가지일 수 없습니다.
따라서 B/b는 중간 유전이어야 합니다.

모두 독립일 때 표현형 가짓수가 최댓값이므로 독립을 먼저 해본 후 줄여나가는 게 맞습니다.
그런데 모두 독립일 때 표현형 가짓수가 8가지이므로 모두 독립입니다.

* 참고
2연관 1독립일 때,
A/a와 B/b가 연관이라면, 표현형은 3가지가 나오게 되므로 안 됩니다.
A/a와 D/d가 연관이라면, 표현형은 3가지가 나오게 되므로 안 됩니다.
B/b와 D/d가 연관이라면, 표현형은 2가지가 나오게 되므로 안 됩니다.
따라서 모두 독립이어야 합니다.
(* 동형 접합성이 포함된 경우도 교배 결과를 외워두면 편합니다.)

적어도 2가지 형질에 대한 표현형이 ㉠과 같을 확률

1) 2가지 형질에 대해 ㉠과 같을 확률
(가)와 (나)'만' 같을 확률 : $\frac{3}{4}\times\frac{1}{2}\times\frac{1}{2}=\frac{3}{16}$
(가)와 (다)'만' 같을 확률 : $\frac{3}{4}\times\frac{1}{2}\times\frac{1}{2}=\frac{3}{16}$

(나)와 (다)'만' 같을 확률 : $\frac{1}{4} \times \frac{1}{2} \times \frac{1}{2} = \frac{1}{16}$

(* 곱은 (가), (나), (다)순입니다.)

$\frac{3}{16} + \frac{3}{16} + \frac{1}{16} = \frac{7}{16}$

2) 3가지 형질에 대해 ㉠과 같을 확률 : $\frac{3}{4} \times \frac{1}{2} \times \frac{1}{2} = \frac{3}{16}$

따라서 $\frac{7}{16} + \frac{3}{16} = \frac{5}{8}$ 입니다.

12 16학년도 4월 19번 | 정답 ⑤

문항 해설

1. 자료 해석

P를 자가 교배하여 얻은 자손들 중 aaBbDD인 개체가 있으므로 P는 a, B, b, D를 갖고 있음을 알 수 있습니다.
따라서 P의 유전자형은 AaBbDd입니다.

P를 자가 교배하여 얻은 자손의 표현형이 6가지이므로 6=3×2, 2연관 1독립임을 알 수 있습니다.

자손들 중 aaBbDD인 개체가 있으므로 A/a와 D/d가 상반 연관임을 알 수 있습니다.
(* A/a와 B/b가 연관이라면 상인/상반, B/b와 D/d가 연관이라면 상인/상반입니다.)
(* 물론 자가 교배이므로 Bb만 이형 접합성임을 통해 독립임을 알 수도 있습니다.)

선지 해설

ㄱ ㉡
㉢

㉠에서 aaB_DD　　　㉠에서 A_bbDd

a|a　　　A|a
D|D　　　d|D

B|B , B|b　　　b|b
(1)　(2)

1) aaDD × AaDd → AaDd일 확률 : $\frac{1}{2}$

2) AabbDd인 자손이 태어나려면 ㉠에서 유전자형이 Bb인 개체가 교배되어야 하므로, Bb일 확률 : $\frac{2}{3}$

Bb × bb → bb일 확률 : $\frac{1}{2}$

$\frac{2}{3} \times \frac{1}{2} = \frac{1}{3}$ 이므로 $\frac{1}{2} \times \frac{1}{3} = \frac{1}{6}$ 입니다.

13 19학년도 10월 14번 | 정답 ①

문항 해설

1. 자료 해석

자가 교배 결과 표현형이 9가지이므로 3*3임을 알 수 있습니다.
2연관 1독립임이 명확한데, 독립에서 표현형이 3가지이므로 독립된 유전자는 중간 유전입니다.
연관된 유전자 중 하나는 우열이 분명하고, 다른 하나는 중간 유전입니다.

㉡이 표현형 가짓수와 ㉢의 표현형 가짓수가 같은데,
우열이 뚜렷한 경우 2가지, 중간 유전인 경우 3가지이므로
㉡과 ㉢이 중간 유전임을 알 수 있습니다.
따라서 ㉠이 연관되어 있습니다.

자손들 중 AABBDd인 개체가 있는데, A/a와 D/d가 연관일 경우

상인/상반이어야 합니다.
자가 교배이므로 A/a와 B/b가 연관이고, 상인 연관임을 알 수 있습니다.
물론 자가 교배이므로 Dd만 이형 접합성임을 통해 독립임을 알 수도 있습니다.

선지 해설

㉠

AaBb일 확률 : $\frac{1}{2}$, Dd일 확률 : $\frac{1}{2}$이므로 $\frac{1}{2} \times \frac{1}{2} = \frac{1}{4}$입니다.

14 〉 18학년도 수능 10번 ❙ 정답 ②

문항 해설

1. 자료 해석

AaBbDdEe인 개체를 aabbddee인 개체와 교배했습니다.
aabbddee는 '열성' 유전자밖에 없으므로 AaBbDdEe로부터 만들어진 생식 세포와 수정되면,
AaBbDdEe에 있던 생식 세포의 유전자형이 그대로 표현형이 됩니다.
예를 들어 AbdE + abde의 표현형은 A_bbddE_입니다.

주어진 표를 통해, P1에서 만들어진 생식 세포의 유전자형이
ABde, AbdE, aBDe, abDE
임을 알 수 있습니다.

A/a와 B/b만 봤을 때, AB, Ab, aB, ab가 모두 있으므로 A/a와 B/b는 독립
A/a와 D/d만 봤을 때, Ad와 aD만 있으므로 A/a와 D/d는 상반
A/a와 E/e만 봤을 때, Ae, AE, ae, aE가 모두 있으므로 A/a와 E/e는 독립
B/b와 E/e만 봤을 때, Be와 bE만 있으므로 B/b와 E/e는 상반
임을 알 수 있으므로 2연관 2연관입니다.

P1과 P2를 교배하여 자손을 얻을 때, 자손이 가질 수 있는 유전자형의 가짓수가 16가지입니다.
2연관 2연관임을 이미 알고 있으므로 16=4×4입니다.
상인×상인이나 상반×상반에서는 유전자형의 가짓수가 3가지이므로, 상인×상반임을 알 수 있습니다.

P1은 A/a, D/d 상반이므로 P2는 A/a, D/d 상인
P1은 B/b, E/e 상반이므로 P2는 B/b, E/e 상인
입니다.

P1 P2
A|a d|D A|a D|d
B|b e|E B|b E|e

선지 해설

$3 \times 3 = 9$입니다.

㉡

$\frac{3}{4} \times \frac{1}{4} = \frac{3}{16}$ 입니다.

15 〉 19학년도 수능 11번 ❙ 정답 ⑤

문항 해설

1. 연관 꼴 추론

AaBbDdEe인 개체를 자가 교배하여 표현형이 18가지가 나왔습니다.
18 = 3×3×2임이 명확하므로, 2연관 1독립 1독립임을 알 수 있습니다.
또한 독립된 염색체에서 표현형이 3가지가 나와야 하므로, 중간 유전은 독립입니다.

2. 연관된 유전자 추론

AABbddEe × AaBbDDee → 표현형 3가지, AabbDdEe 있음

표현형 3가지는 3×1×1입니다.

따라서 표현형이 1가지인 경우가 두 번 있어야 하는데, B/b에서는 2개 이상, E/e에서는 2개로 확정됩니다.
따라서 A/a와 D/d에서 표현형이 1가지가 나와야 하고, B/b와 E/e가 연관임을 알 수 있습니다.
중간 유전은 독립이므로 A/a와 D/d 중 하나가 중간 유전이어야 하는데, AA×Aa에서 표현형이 1가지이므로 A〉a입니다.
따라서 D/d가 중간 유전입니다.

AABbddEe에서 B/b와 E/e가 상인인지 상반인지 알기 위해 B/b와 E/e만 봤을 때, BbEe × Bbee → bbEe인 개체입니다.
자손의 유전자형 중 be는 Bbee인 개체에게 받았음이 자명하므로 BbEe는 bE를 줬습니다.
따라서 상반 연관입니다.

선지 해설

ㄱ)

ㄴ) ⓑ에서 연관된 염색체에서 표현형이 3가지가 나왔으므로 상반입니다. 따라서 맞습니다.

ㄷ)

ⓑ B|b e|E A|a D|d × ⓒ b|b E|e A|a D|d → A_bbDdE_ 확률?

1) A_일 확률 : $\frac{3}{4}$

2) Dd일 확률 : $\frac{1}{2}$

3) bbE_일 확률 : $\frac{1}{2}$

이므로 $\frac{3}{4} \times \frac{1}{2} \times \frac{1}{2} = \frac{3}{16}$ 입니다.

☑ comment

이 문제에서의 핵심은 곱하기 1입니다. 우리가 표현형을 곱하기로 쪼개어 나타내는 이유는 염색체가 몇 쌍 있는지를 추론하기 위함입니다. 평소에도 문제를 풀 때 1을 생략하지 않고 엄밀하게 푸는 연습을 하셔야 합니다.

16 〉 20학년도 6월 17번 | 정답 ②

문항 해설

1. 자료 해석

1) P1 자가 교배

표현형이 9가지이므로 3×3이고, 2연관 2연관이거나 3연관 1독립입니다.
자손들 중 유전자형이 aaBBddEE인 개체와 AABBddee인 개체가 있는데
B/b와 D/d는 고정되어 있지만, A/a와 E/e는 바뀌었습니다.

따라서 B/b와 D/d는 연관일 '가능성'이 있고, A/a와 E/e도 연관일 '가능성'은 있지만,
B/b&D/d와 A/a&E/e는 독립임을 알 수 있습니다.

3연관 1독립이거나 2연관 2연관 중 하나여야 하므로 2연관 2연관임을 알 수 있습니다.
따라서 P1에서 B/b와 D/d는 상반, A/a와 E/e도 상반 연관입니다.
(* B/b와 D/d 또는 A/a와 E/e가 독립이라면 염색체가 3쌍 이상이 되므로 불가능합니다. 따라서 2연관 2연관이어야 합니다.)

2) P2 자가 교배

B/b와 D/d의 유전자형이 BBDD이므로 상인 연관,
A/a와 E/e의 유전자형이 AAEE이므로 상인 연관입니다.
그런데 표현형이 9가지이므로 B/b와 D/d 중 하나가 중간, A/a와 E/e 중 하나가 중간임을 알 수 있습니다.

3) AaBBddEe × AABbDdEE에서 ㉡의 표현형 가짓수 〉 ㉠의 표현형 가짓수

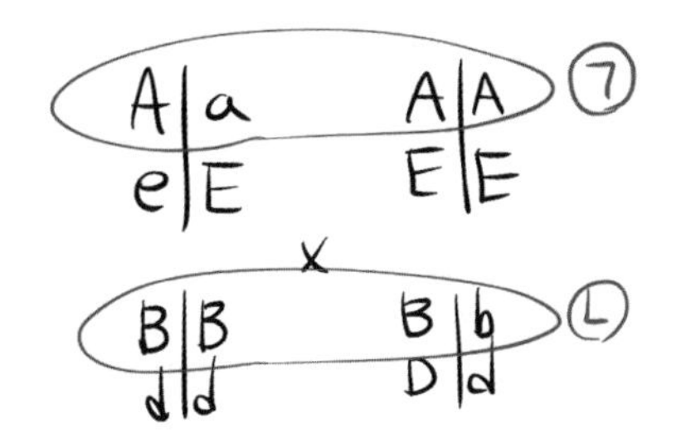

BB×Bb에서 표현형이 Aa×AA보다 많아야 하므로 B=b, A〉a임을 알 수 있습니다.
따라서 E=e, D〉d입니다.

선지 해설

ㄱ̸ A/a와 D/d는 독립입니다.

ㄴ E/e는 중간 유전이므로 맞습니다.

ㄷ̸ A/a와 E/e가 있는 염색체에서 나타날 수 있는 표현형은 2가지, B/b와 D/d가 있는 염색체에서 나타날 수 있는 표현형은 2가지이므로
$2 \times 2 = 4$가지입니다.

17 〉 16학년도 9월 7번 ❙ 정답 ④

문항 해설

1. 자료 해석

긴 꼬리 수컷과 긴 꼬리 암컷 사이에서 짧은 꼬리 암컷이 태어났으므로 긴 꼬리가 짧은 꼬리에 대해 우성입니다.
(* 이 부분은 가계도 파트에서 자세히 다룹니다. 간단히 생각해보면, 긴 꼬리가 열성이었을 경우 부모 모두 유전자형이 aa인데 우성인 A_가 태어날 수 없습니다.)
마찬가지로, 검은색 털과 검은색 털 사이에서 회색 털이 태어났으므로 검은색 털이 회색 털에 대해 우성입니다.

이를 토대로 유전자를 채우면 다음과 같음을 알 수 있습니다.

㉠	㉡	㉢	㉣
A|a	A|a	A|A	a|a
H*|H	H*|H	H*|H*	H|H
B|b	B|b	b|b	b|b

(* 유전자를 채우는 순서 : 확정 가능한 유전자를 먼저 채운 후, 유전자형이 동형 접합성인 개체를 통해 위/아래로 유전자를 올리거나 내리면서 채우다보면 다 채워집니다.
예를 들어, ㉣은 짧은 꼬리이며 뿔이 있는 암컷이므로 유전자형이 aaHH 입니다. 따라서 부모인 ㉠과 ㉡은 모두 aH를 가져야 합니다.
그런데 ㉠과 ㉡은 긴 꼬리(우성)이므로 A도 가지고 있어야 하므로 ㉠과 ㉡의 꼬리 길이에 대한 유전자형은 Aa가 됩니다.
㉢은 수컷인데 뿔이 없으므로 유전자형이 H*H*이므로 부모인 ㉠과 ㉡은 모두 H*를 가져야 합니다.
따라서 ㉠과 ㉡의 유전자형은 AaHH*로 확정됩니다.
이때, 연관 관계를 고려하면 ㉢의 꼬리 길이에 대한 유전자형이 AA임을 알 수 있습니다.)

선지 해설

ㄱ ㄱ̸

ㄷ ㉢에서 AA 우성 동형 접합성이므로 A_는 확정됐습니다.
따라서 뿔의 유무와 털색만 고려하면 되는데, 수컷의 경우 뿔의 유무 2가지, 털 색 2가지가 가능하므로
$2 \times 2 = 4$가지가 맞습니다.

18 〉 18학년도 9월 11번 ❙ 정답 $\frac{3}{8}$

문항 해설

1. 자료 해석

주어진 정보를 통해 확정 가능한 부분을 채우면 오른쪽 그림과 같습니다.

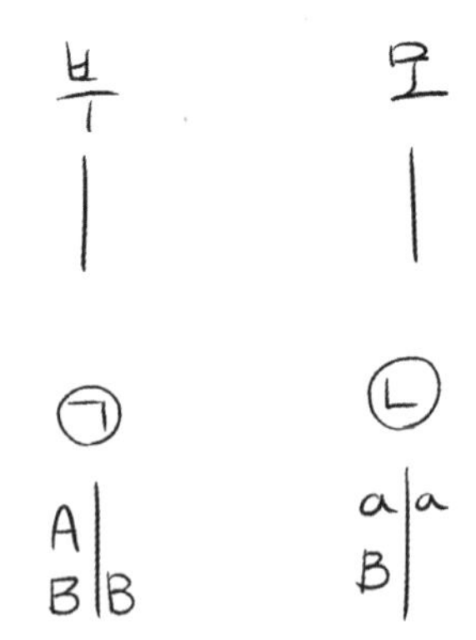

그런데 ㉠에서는 AB가 같이 있고, ㉡에서는 aB가 같이 있으므로 각각 서로 다른 사람에게 받은 염색체임을 알 수 있습니다.
(* 예를 들어, AB를 아빠에게 받았다면, aB는 엄마에게 받았음을 알 수 있습니다.)
엄마와 아빠 중 어떤 사람이 AB가 있는 염색체를 갖는지 확정할 수는 없습니다.

편의상 아빠가 AB를 갖는다 했을 때, 아래와 같습니다.

부	모
A|a B|B*	a|A B|B*

㉠	㉡
A|a B|B	a|a B|B*

확률 구하기

뿔의 유무는 성별에 따라 달라지므로 수컷이 태어난 경우와 암컷이 태어난 경우를 나눠 생각해야 합니다.

Ⅰ) 수컷이 태어날 확률 : $\frac{1}{2}$, (수컷일 때) 긴 꼬리&뿔이 있을 확률 : $\frac{1}{2}$

$\frac{1}{2}*\frac{1}{2}=\frac{1}{4}$

Ⅱ) 암컷이 태어날 확률 : $\frac{1}{2}$, (암컷일 때) 긴 꼬리&뿔이 있을 확률 : $\frac{1}{4}$

$\frac{1}{2}*\frac{1}{4}=\frac{1}{8}$

이므로 $\frac{1}{4}+\frac{1}{8}=\frac{3}{8}$입니다.

19 23학년도 6월 15번 | 정답 ④

문항 해설

1. 자료 해석

표에서 P의 유전자형은 _ _ bbdd이고, Q의 유전자형은 _ _ _ _ DD임을 알 수 있습니다.
따라서, Ⅰ~Ⅲ의 유전자형은 _ _ _ bDd입니다.

Ⅰ에서 A+B+D의 합이 1이므로 Ⅰ은 A, B, D 순서대로 0+0+1임을 알 수 있습니다.
따라서 Ⅰ의 유전자형은 aabbDd이고, P와 Q의 유전자형은 P : _abbdd / Q : _a_bDD입니다.

Ⅲ은 A, B, D 순서대로 1+0+1 또는 0+1+1인데,
Ⅱ와 Ⅲ의 (가)~(다)의 표현형이 모두 같으므로 Ⅱ는 2+0+1 또는 0+2+1임을 알 수 있습니다.

그런데 P가 bb이므로 Ⅱ는 2+0+1(AAbbDd)이고, Ⅲ도 1+0+1(AabbDd)임을 알 수 있습니다.
따라서 P의 유전자형은 Aabbdd이고, Q의 유전자형은 Aa_bDD입니다.

P와 Q에서 (가)와 (나) 중 한 형질에 대해서만 유전자형이 서로 같다 제시되어 있는데,
(가)에 대한 유전자형이 같으므로 Q의 (나)에 대한 유전자형은 Bb입니다.
따라서 P의 유전자형은 Aabbdd이고, Q의 유전자형은 AaBbDD입니다.

선지 해설

ㄱ ㄴ

ㄷ A_bb_D_일 확률이므로 $\frac{3}{4}\times\frac{1}{2}\times1=\frac{3}{8}$입니다.

20 〉 23학년도 수능 9번 | 정답 $\frac{3}{4}$

문항 해설

1. 자료 해석

$\frac{3}{16} = \frac{3}{4} \times \frac{1}{4}$인데, 독립된 유전자 (라)에서 우성 표현형일 확률이 $\frac{1}{4}$일 수는 없으므로

(라)에서 $\frac{3}{4}$이 나왔음을 알 수 있습니다.

따라서 부모의 (라)에 대한 유전자형은 Ee입니다.

(가)~(다) 중 모두 우성 표현형일 확률이 $\frac{1}{4}$이어야 합니다.

Sol 1) 부모 중 한 명이 ABD가 연관된 염색체를 가질 경우,

자녀는 A_B_D_일 확률이 최소 $\frac{2}{4}$이므로 불가능함을 알 수 있습니다.

그러면 편의상 ABd가 연관된 염색체가 있는 꼴로 둘 수 있는데,

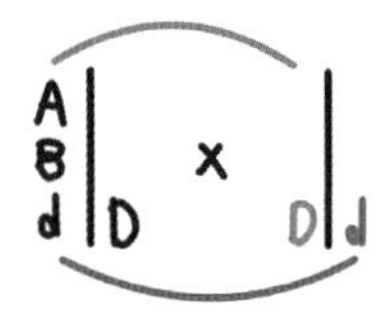

그림에서 파란색 쌍을 A_B_D_ 표현형이라 고정한다면, 분홍색 쌍에서는 A_B_D_면 안 되므로 dd입니다.

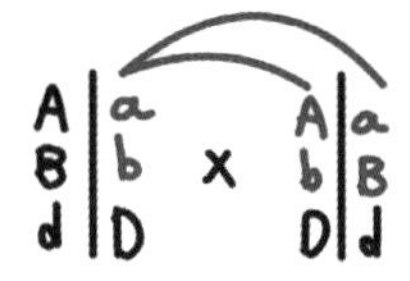

이후 초록색 쌍에서 A_B_D_가 나오면 안 되는데, 오른쪽 개체도 A, B를 가져야 하므로 그림과 같이 엇갈린 구성이어야 하고, 나머지는 열성이어야만 합니다.

Sol 2) 부모 중 한 명이라도 (가)~(다) 중 하나의 유전자를 우성 동형 접합성으로 가질 경우,

두 쌍의 유전자가 모두 우성 표현형일 확률이 $\frac{1}{4}$이어야 하는데, 이는 불가능함을 쉽게 알 수 있습니다.

(* 예를 들어, 부모 중 한 명이 DD라면, D/d는 고려할 필요가 없으므로 A/a와 B/b만 고려하면 됩니다.

A/a, B/b 중 우성 동형 접합성이 있으면 안 되므로 부모의 유전자형은 모두 AaBb인데,

AB가 연관된 경우 $\frac{1}{4}$이 아니므로 부모 모두 Ab/aB 연관이어야 하는데, 이는 $\frac{2}{4}$이므로 안 됩니다.)

따라서 부모의 (가)~(다)에 대한 유전자형은 AaBbDd입니다.

이때, 한 명이라도 ABD가 연관된 염색체를 가질 경우 $\frac{1}{4}$이 불가능하므로 우성 유전자가 엇갈려 있어야 함을 알 수 있습니다.

편의상 부모 중 한 명이 아래와 같이 연관되어 있다는 전제 하에 해설하겠습니다.

(* 실제로는 확정 못 합니다.)

A | a
B | b
d | D

이때, 다른 한 명도 위와 연관 관계가 같을 경우 자가 교배와 같으므로 부모 모두와 같은 표현형일 확률은 $\frac{2}{4}$가 됩니다.

따라서 연관 관계가 달라져야 하는데, 이때는 AbD/aBd 연관으로 하든, aBD/Abd 연관으로 하든 항상 성립함을 알 수 있습니다.

(* 추가로, 부모의 유전자형이 AaBbDd이고, 세 유전자가 연관되어 있을 때

표현형이 4가지가 나오려면 위와 같은 케이스만 가능함도 같이 알아두시는 게 좋습니다.)

확률 구하기

독립된 유전자(E/e)를 기준으로 케이스를 분류하는 게 간단합니다.

1) Ee일 확률 : $\frac{1}{2}$

A/a, B/b, D/d에서 적어도 1가지 유전자형이 이형 접합성일 확률 : 1

$\frac{1}{2} \times 1 = \frac{1}{2}$

2) Ee가 아닐 확률 : $\frac{1}{2}$

A/a, B/b, D/d에서 적어도 2가지 유전자형이 이형 접합성일 확률 : $\frac{1}{2}$

$\frac{1}{2} \times \frac{1}{2} = \frac{1}{4}$

이므로 $\frac{1}{2} + \frac{1}{4} = \frac{3}{4}$ 입니다.

21 15학년도 9월 15번 | 정답 ①

문항 해설

1. 자료 해석

㉠은 AA, Aa, aa의 표현형이 모두 다르므로 중간 유전
㉡은 대문자 수에 따라 표현형이 달라지는 다인자 유전입니다.

선지 해설

ㄱ)

ㄴ̸ 세 쌍의 대립유전자 각각이 2개의 대립유전자를 가지므로 복대립 유전이 아닙니다.

ㄷ̸ EeFfGg인 사람의 생식 세포에는 E/e, F/f, G/g에 대해 대문자와 소문자가 모두 올 수 있지만
eeffgg인 사람의 생식 세포에는 e, f, g로 확정됩니다.
따라서 자손의 유전자형은 _e_f_g 가 되고 빈칸은 대문자나 소문자 중 하나이므로,
표현형은 대문자 수 기준 0, 1, 2, 3개가 가능합니다.
따라서 표현형은 최대 4가지입니다.

22 16학년도 6월 13번 | 정답 ①

선지 해설

ㄱ) 대문자 수에 따라 표현형이 달라지므로 우열이 불분명합니다.

ㄴ̸ a와 b는 확정됐으므로 자손의 유전자형은
_a_b 입니다.
따라서 대문자수는 0, 1, 2가 가능하므로 표현형은 최대 3가지입니다.

ㄷ̸ 부모의 대문자 수가 2개이므로, 눈색이 3개&4개일 확률을 구하면 됩니다.
$\frac{{}_4C_3 + {}_4C_4}{2^4} = \frac{5}{16}$ 입니다.

23 17학년도 3월 10번 | 정답 ⑤

문항 해설

1. 자료 해석

AaBb인 개체 P를 자가 교배할 경우,
자손의 대립유전자 4개는 모두 확정되지 않으므로
자손의 대문자 수는 0, 1, 2, 3, 4가 모두 가능합니다.
따라서 표현형은 최대 5가지이므로 ㉠=5입니다.

선지 해설

ㄱ) ㄴ)

ㄷ) P와 (가)에 대한 표현형이 같을 확률이 $\frac{{}_4C_2}{2^4} = \frac{3}{8}$ 이므로,

다를 확률은 $1 - \frac{3}{8} = \frac{5}{8}$ 입니다.

24 16학년도 4월 14번 | 정답 ②

선지 해설

ㄱ̸ 세 쌍의 대립유전자 각각이 2개의 대립유전자를 가지므로 복대립 유전이 아닙니다.

ㄴ) AaBbDd인 개체의 대문자 수 : 3

AaBBdd인 개체의 대문자 수 : 3
으로 대문자 수가 같으므로 표현형이 같습니다.

ㄷ 자손이 가질 수 있는 대립유전자 6개는 모두 확정되지 않으므로 자손이 가질 수 있는 대문자 수는 0, 1, 2, 3, 4, 5, 6입니다.
따라서 표현형은 최대 7가지입니다.

25 〉 20학년도 3월 15번 | 정답 ⑤

문항 해설

1. 자료 해석
개체 Ⅰ의 유전자형이 aabbDD이므로 자손에게 반드시 a, b, D를 주게 됩니다.
따라서 자손의 유전자형은 _ a _ b D _ 인데,
AaBbDd일 확률이 $\frac{1}{8}$이므로 각각의 빈칸에서 A, B, d일 확률이 $\frac{1}{2}$씩임을 알 수 있습니다.
따라서 Ⅱ의 유전자형은 AaBbDd임을 알 수 있습니다.

선지 해설

ㄱ Ⅰ은 대문자 수가 2개, Ⅱ는 3개이므로 다릅니다.

ㄴ Ⅱ는 AaBbDd이므로 맞습니다.

ㄷ AaBbDd * aabbDD에서 대문자 수가 2개인 자손이 태어날 확률을 구하면 됩니다.
자손의 유전자형은 _ a _ b D _ 이므로, 빈 칸 3개 중 1개가 대문자여야 합니다.
따라서 $\frac{{}_3C_1}{2^3} = \frac{3}{8}$입니다.

26 〉 13학년도 10월 14번 | 정답 ⑤

선지 해설

ㄱ ㉠은 A_와 aa로 2가지이며,
㉡은 대문자 수가 0, 1, 2, 3, 4인 경우들이 가능하므로 5가지가 맞습니다.

ㄴ P의 유전자형은 AaBbDd이므로 생식 세포의 유전자형은 2^3 =8가지입니다.
(* 유전자형이 Aa일 때, 생식 세포로 A가 갈 수도 있고 a가 갈 수도 있습니다. B/b, D/d도 마찬가지이므로 2×2×2 = 8가지입니다.)

ㄷ A_ 면서 대문자 수가 2개인 자손이 태어날 수 있으므로 맞습니다.

27 〉 17학년도 4월 9번 | 정답 $\frac{3}{16}$

확률 구하기

Aa 일 확률 : $\frac{1}{2}$

대문자 수가 2개일 확률 : $\frac{{}_4C_2}{2^4} = \frac{3}{8}$

따라서 $\frac{1}{2} \times \frac{3}{8} = \frac{3}{16}$입니다.

28 〉 17학년도 6월 18번 | 정답 ②

선지 해설

ㄱ 2^4 = 16가지입니다.

ㄴ AaBbDd × aabbdd에서 자손의 유전자형은
_ a _ b _ d이므로 대문자 수는 0, 1, 2, 3가 가능합니다. 따

라서 표현형은 4가지입니다.

Ee × ee에서 자손의 표현형은 2가지가 가능합니다.

따라서 4×2 = 8가지입니다.

ㄷ. A/a, B/b, D/d에서 대문자가 3개일 확률 : $\frac{{}_6C_3}{2^6}$

E_일 확률 : $\frac{3}{4}$

따라서 $\frac{5}{16} \times \frac{3}{4} = \frac{15}{64}$ 입니다.

29 18학년도 3월 16번 | 정답 ②

선지 해설

ㄱ. 다인자 유전입니다.

ㄴ. 자손의 유전자형은 _ _ _ b 이므로

자손이 가질 수 있는 대문자 수 구성은 0, 1, 2, 3입니다.

따라서 털색의 종류는 최대 4가지입니다.

ㄷ. 부모의 대문자 수가 각각 2개, 1개이므로 0개, 3개, 4개일 확률을 구하면 됩니다.

_ _ _ b

에서 대문자 수가 4개일 수는 없으므로 0개일 확률과 3개일 확률을 더하면 됩니다.

$$\frac{{}_3C_0 + {}_3C_3}{2^3} = \frac{1}{4}$$

30 22학년도 3월 16번 | 정답 ③

문항 해설

1. 자료 해석

㉠이 E든 e든 P와 Q에서 (가)에 대한 유전자형 중 이형 접합성인 유전자의 수는 총 2이므로,

확률은 $\frac{{}_2C_r}{2^2}$임을 알 수 있습니다.

그런데 대문자 수가 2일 확률이 $\frac{1}{4}$이어야 하는데, ㉠=e라면 $\frac{{}_2C_1}{2^2} = \frac{1}{2}$이므로 ㉠=E임을 알 수 있습니다.

〈다른 풀이〉

다인자 심화 내용을 활용하면 이형 접합성인 유전자의 수가 총 2이므로 1:2:1임을 알 수 있습니다.

이때 대문자 수가 2일 확률이 $\frac{1}{4}$이어야 하므로 자녀의 대문자 수는 2,3,4 또는 0,1,2여야 합니다.

그런데 이미 Q의 유전자형이 DD이므로 최솟값이 0일 수는 없으므로 2,3,4여야 하고, 최솟값이 2여야 하므로 ㉠=E임을 알 수 있습니다.

선지 해설

㉠ ㉡

ㄷ. 대문자 수가 3개여야 하므로 $\frac{{}_2C_1}{2^2} = \frac{1}{2}$입니다.

31 18학년도 10월 18번 | 정답 ⑤

문항 해설

1. 자료 해석

Sol 1) ㉠이 대문자 수가 0개라면, 자녀의 대문자 수는 최대 3이므로 (가)는 태어날 수 없습니다.

그런데 (나) 표현형일 확률이 $\frac{{}_3C_3}{2^3} = \frac{1}{8}$이므로 7:1임을 알 수 있습니다.

㉠이 대문자 수가 1개라면, 자녀의 대문자 수는 최대 4이므로 (가)는 태어날 수 없습니다.

이때 이형 접합성인 유전자의 수는 4이므로 (나)의 표현형일 확률은 $\frac{{}_4C_3 + {}_4C_4}{2^4} = \frac{5}{16}$이므로 11:5임을 알 수 있습니다.

따라서 ㉠은 대문자 수가 2입니다.
㉠의 유전자형이 AaBbdd 꼴이라면, 자녀의 대문자 수는 최대 5이므로 (가)가 태어날 수 있습니다.
이형 접합성인 유전자의 수는 5이므로 (가)의 표현형일 확률은 $\frac{{}_5C_5}{2^5} = \frac{1}{32}$입니다.
따라서 (나)와 (다) 표현형일 확률의 분자가 31인데, 이는 1:1일 수 없으므로 틀린 경우임을 알 수 있습니다.

㉠의 유전자형이 AAbbdd 꼴이라면, 자녀의 대문자 수는 최대 4이므로 (가)는 태어날 수 없습니다.
이때, (나) 표현형일 확률은 $\frac{{}_3C_2 + {}_3C_3}{2^3} = \frac{1}{2}$이므로 이때가 답임을 알 수 있습니다.

Sol 2) 아래의 풀이는 개념 설명에서 다인자 심화 내용을 활용한 풀이입니다.
이미 유전자형이 AaBbDd인 개체가 있고, ㉠은 대문자 수가 0~2 중 하나이므로 가능한 비율은 1:3:3:1 또는 1:4:6:4:1 또는 1:5:10:10:5:1임을 알 수 있습니다.
이때 0~2와 3~4의 비율이 1:1이어야 하는데, (3개 합) = (2개 합)일 수 없으므로 최솟값을 0이 아니도록 바꿔야 함을 알 수 있습니다.
최솟값을 바꾸려면 대문자 동형 접합성이 필요하므로 ㉠은 AAbbdd꼴이며, 이때 비율은 1:3:3:1이고 대문자 수는 1234로 답임을 알 수 있습니다.

선지 해설

㉠

~~ㄱ~~ ㉠의 유전자형은 AAbbdd 꼴이므로 자녀의 표현형은 최대 1가지입니다.

ㄷ 대문자 수가 4개일 확률은 $\frac{{}_3C_3}{2^3} = \frac{1}{8}$ 또는 1:3:3:1이므로 $\frac{1}{8}$입니다.

(* 이 문제처럼 대문자 수의 범위에 따라 표현형이 달라지는 문항의 경우, 대문자 수가 4개일 확률과 대문자 수가 4개인 개체와 같은 표현형일 확률은 다른 확률임을 꼭 인지하시기 바랍니다. 대문자 수가 4개인 개체와 같은 표현형일 확률은 (나) 표현형일 확률이므로 $\frac{{}_3C_2 + {}_3C_3}{2^3} = \frac{1}{2}$입니다.)

☑ comment

> 1번 풀이로 푸시더라도, 전체 케이스를 해보는데 1분 이상 걸리면 안 됩니다.
> 독립의 경우 간단한 계산은 빠르게 가능하셔야 합니다.

32 〉 20학년도 7월 10번 | 정답 ①

문항 해설

1. 자료 해석

(가)와 (나)는 e가 없으므로 EE입니다.
(가)는 대문자 수가 2개이므로 aabbddEE임을 확정할 수 있습니다.

(나)는 동형 접합성을 이루는 대립유전자 쌍의 수가 2개인데, B/b 중 한 종류만 가지므로 B/b에서 동형 접합성일 수밖에 없습니다.
따라서 A/a, D/d의 유전자형이 AaDd임을 알 수 있습니다.
(나)는 Aa??DdEE이므로 대문자가 4개인데, (나)의 대문자 수가 4개이므로 bb임을 알 수 있습니다.
따라서 (나)의 유전자형은 AabbDdEE입니다.

(다)도 (나)와 마찬가지로, B/b 중 한 종류만 가지므로 B/b에서 동형 접합성일 수밖에 없습니다.
그런데 동형 접합성이 1쌍이므로 Aa??DdEe임을 알 수 있는데, 대문자 수가 3개이므로 bb임을 알 수 있습니다.
따라서 (다)의 유전자형은 AabbDdEe입니다.

(라)는 e가 있는데 대문자 수가 7개이므로 AABBDDEe임을 알 수 있습니다.

(마)도 B와 b 중 한 종류만 가져야 하는데, (라)가 부모 중 한 명일

경우 Bb일 수밖에 없으므로 (라)는 부모가 아님을 알 수 있습니다.
(마)는 대문자 수가 5개인데, (가)가 부모일 경우 (마)의 유전자형이
_ a b b _ d E _ 가 되므로
대문자 수가 5개일 수 없습니다.
따라서 (나)와 (다)가 부모이며, (마)의 유전자형은 AabbDDEE꼴임을 알 수 있습니다.
(* 확정은 불가능합니다. AAbbDdEE도 되고, AAbbDDEe도 됩니다.)

선지 해설

ㄱ)

(가)의 유전자형은 aabbddEE이므로 생식 세포는 a, b, d, E를 갖는 생식 세포만 형성됩니다.
따라서 1가지입니다.

AabbDdEE × AabbDdEe에서 대문자가 4개인 자손이 태어날 확률을 구하면 됩니다.
자손의 유전자형은 _ _ b b _ _ E _ 이므로,
확정되지 않은 5개의 대립유전자 중 대문자가 3개일 확률을 구하면 됩니다.
$\frac{{}_5C_3}{2^5} = \frac{5}{16}$ 입니다.

33 〉 16학년도 수능 15번 | 정답 ①

문항 해설

1. 자료 해석
주어진 표를 정리하면,
H_R_ : 검은색
hhR_ : 갈색
rr : 흰색
임을 알 수 있습니다.

선지 해설

ㄱ) 유전자형이 hhRr인 경우 hhR_과 rr 표현형으로 갈색 / 흰색이 태어날 수 있습니다.
따라서 표현형은 최대 2가지입니다.
(* 이 선지를 '유전자형이 Hhrr인 암수를 교배하여 ~'로 수정하였을 때, '실수'라며 틀리는 학생들이 많았습니다. 이런 식으로 출제된 문제에서 표현형 정리는 반드시 습관을 들이셔야 하고, 선지를 풀 때도 항상 참고해야 합니다.)

ㄴ은 H_R_인데, H_의 경우 HH와 Hh로 2가지, R_의 경우 RR와 Rr로 2가지가 가능합니다.
따라서 H_R_의 경우 2*2 = 4가지가 가능합니다.

'흰색' 털이 나타날 확률을 구해야 합니다.
흰색 털은 H/h와 관련이 없으므로 R/r만 찾으면 됩니다.

㉠에서 R/R은 RR과 Rr의 비율이 1:2이고
㉡에서 R/r도 RR과 Rr의 비율이 1:2입니다.

그런데 흰색 털은 rr여야 하므로 Rr × Rr인 경우에만 나올 수 있습니다.
(* RR과 교배할 경우 rr 표현형은 태어날 수 없습니다.)

Rr이 나올 확률이 $\frac{2}{3}$ 이므로
$(\frac{2}{3} \times \frac{2}{3}) \times \frac{1}{4} = \frac{1}{9}$ 입니다.

34 〉 19학년도 수능 16번 | 정답 $\frac{2}{3}$

문항 해설

1. 자료 해석
표를 통해 표현형을 정리하면
A_ : 검은색
aaB_ : 회색
aabb : 흰색
임을 알 수 있습니다.

검은색인 개체 P를 자가 교배했는데 자손들 중 회색(aaB_)인 개체

와 흰색(aabb)인 개체가 있으므로
P의 유전자형이 AaBb임을 알 수 있습니다.

확률 구하기

종자 껍질 색이 검은색일 확률을 구해야 하므로 A/a에 대한 유전자만 고려하면 됩니다.

㉠에서 A/a에 대한 유전자는 AA와 Aa가 가능하고,
㉡에서 A/a에 대한 유전자는 aa입니다.

1) ㉠에서 A/a에 대한 유전자형이 AA일 확률 : $\frac{1}{3}$, AA×aa → A_ 일 확률 : 1

따라서 $\frac{1}{3} \times 1 = \frac{1}{3}$

2) ㉠에서 A/a에 대한 유전자형이 Aa일 확률 : $\frac{2}{3}$, Aa×aa → A_ 일 확률 : $\frac{1}{2}$

따라서 $\frac{2}{3} \times \frac{1}{2} = \frac{1}{3}$

이므로 $\frac{1}{3} + \frac{1}{3} = \frac{2}{3}$ 입니다.

35 〉 19학년도 6월 19번 | 정답 ⑤

문항 해설

1. 자료 해석

Ⅰ) ㉠과 aabbDD를 교배한 경우

aabbDD에서 DD이므로 D_는 확정되므로 고려할 필요가 없습니다.

따라서 A/a, B/b만 고려하면 되는데, 자주색인 자손이 태어날 확률이 $\frac{400}{800} = \frac{1}{2}$ 이므로

㉠의 유전자형은 AaBB나 AABb임을 알 수 있습니다.

Ⅱ) ㉠과 aaBBdd를 교배한 경우

aaBBdd에서 BB이므로 B_는 확정되므로 고려할 필요가 없습니다.

따라서 A/a, D/d만 고려하면 되는데, 자주색인 자손이 태어날 확률이 $\frac{200}{800} = \frac{1}{4}$ 이므로

㉠의 유전자형은 AaDd임을 알 수 있습니다.

Ⅰ과 Ⅱ를 통해 ㉠의 유전자형이 AaBBDd임을 확정할 수 있습니다.

선지 해설

~~ㄱ~~

ㄴ ⓐ의 유전자형은 AaBBdd, aaBBdd, aaBBDd입니다.
따라서 생성될 수 있는 생식 세포의 유전자형은 ABd, aBd, aBD 3가지입니다.

ㄷ ⓑ의 유전자형은 AaBBDd이므로,

AaBBDd × aabbdd → A_B_D_일 확률은 $\frac{1}{4}$ 입니다.

36 〉 22학년도 9월 15번 | 정답 10

문항 해설

1. 자료 해석

P와 Q 사이에서 유전자형이 AABBDDEE인 사람과 같은 표현형인 아이가 태어날 수 있습니다.
이는 대문자 수가 6개이며 유전자형이 EE인 아이가 태어날 수 있다는 뜻이므로,
P와 Q는 모두 A, B, D, E를 가짐을 알 수 있습니다.

그런데 (나)의 표현형이 서로 다르므로 한 명은 EE이고, 다른 한 명은 Ee입니다.

(나)에 대한 표현형이 P와 같을 확률은 P가 EE든 Ee든 $\frac{1}{2}$ 이므로,

(가)에 대한 표현형이 P와 같을 확률이 $\frac{3}{8}$ 임을 알 수 있습니다.

Sol 1) 표현형에 따른 분류

P와 Q의 (가)에 대한 대문자 수가 3개로 같다면,

각각 유전자형이 AaBbDd이므로 대문자 수가 3개일 확률은 $\frac{{}_{6}C_{3}}{2^{6}}$

$= \frac{5}{16}$ 이므로 아닙니다.

P와 Q의 (가)에 대한 대문자 수가 4개로 같다면,
각각 유전자형이 AABbDd 꼴이므로 대문자 수가 4개일 확률은
$\frac{{}_{4}C_{2}}{2^{4}} = \frac{3}{8}$이므로 답입니다.

Sol 2) 확률에 따른 분류

$\frac{3}{8} = \frac{6}{16} = \frac{12}{32} = \frac{24}{64}$입니다.

그런데, 분모가 2^n인데, n이 홀수라면 이형 접합성인 유전자 쌍의 수가 홀수개라는 뜻이 됩니다.
그러면 P와 Q의 대문자 수가 서로 같을 수 없음을 알 수 있습니다.
(* P와 Q는 이미 A, B, D가 있음을 알고 있는데, 대문자 수가 같을 경우 P와 Q에서 이형 접합성인 유전자 쌍의 수도 같을 수밖에 없음을 알 수 있습니다. 따라서 전체에서 이형 접합성인 유전자 쌍의 수가 홀수일 수 없습니다.)

따라서 $\frac{6}{16}$ 또는 $\frac{24}{64}$인데, 후자는 이형 접합성인 쌍의 수가 6개라는 뜻이므로 $\frac{{}_{6}C_{3}}{2^{6}} = \frac{5}{16}$이 됩니다.

이는 불가능하므로 이형 접합성인 쌍의 수가 4개임을 알 수 있고, 나머지 두 쌍은 대문자 동형 접합성이므로
$\frac{{}_{4}C_{2}}{2^{4}} = \frac{3}{8}$로 답입니다.

표현형 가짓수 구하기

(가)에 대한 표현형은 총 5가지, (나)에 대한 표현형은 2가지이므로 $5 \times 2 = 10$입니다.

37 24학년도 6월 19번 | 정답 $\frac{1}{8}$

문항 해설

1. 자료 해석

자녀의 (가)와 (나)에 대한 표현형이 최대 15가지이므로, 이는 5×3입니다.
표현형 5가지는 다인자에서 나와야 하므로 3가지는 (나)에서 나온 표현형 가짓수입니다.
따라서, Q의 (나)에 대한 유전자형은 Ee입니다.

(가)에 대한 표현형이 5가지려면 P와 Q에서 (가)에 대한 유전자형 중 이형 접합성인 유전자형이 4개여야 합니다.
P와 Q의 (가)에 대한 표현형이 서로 같으므로 Q는 A/a, B/b, D/d에 대한 대문자 수가 3입니다.
따라서 Q의 유전자형은 AABbdd꼴임을 알 수 있습니다.
(* aaBBDd여도 되고, aaBbDD여도 되고 여러 가지 가능합니다. 이 문제의 조건만으로는 확정이 불가능합니다.)

선지 해설

(가)에 대한 표현형이 같을 확률 : $\frac{{}_{4}C_{1}}{2^{4}} = \frac{1}{4}$ 또는 이형 접합성인 유전자가 4개이므로 비율은 1:4:6:4:1이고, 최솟값은 1이므로 대문자 2개일 확률은 $\frac{4}{16} = \frac{1}{4}$

(나)에 대한 표현형이 같을 확률 : $\frac{1}{2}$

따라서 (가)와 (나)에 대한 표현형이 모두 같을 확률 :
$\frac{1}{4} \times \frac{1}{2} = \frac{1}{8}$

38 〉 22학년도 7월 10번 | 정답 ③

문항 해설

1. 자료 해석

그림을 통해 아버지의 유전자형이 A_B_dY임을 알 수 있습니다. 표에서 철수는 대문자 수가 0이므로, 아버지와 어머니는 대문자를 동형 접합성으로 가지면 안 됩니다.

따라서 아버지의 유전자형은 AaBbdY이고, 어머니의 유전자형은 _a_b_d입니다.
이를 통해 대문자 수가 2인 ⓒ는 아버지고, 대문자 수가 4인 ⓐ는 누나, 남은 ⓑ는 어머니임을 알 수 있습니다.
또한 어머니의 유전자형은 AaBbDd입니다.

선지 해설

ㄱ)

누나는 대문자 수가 4인데, 아버지에게 d를 받아야만 하므로 a와 b를 모두 가질 수는 없습니다.
(* a와 b를 모두 가지고 있다면, 대문자 수는 최대 3입니다.)

ㄷ) 성별에 대한 조건이 없으므로 Y 염색체를 소문자로 생각해도 괜찮습니다.

따라서 대문자 수가 2일 확률은 $\frac{{}_5C_2}{2^5} = \frac{5}{16}$ 입니다.

comment

ㄷ 선지에서 성별에 대한 조건이 있을 경우, 아버지에게서 X 염색체를 받는 경우와 Y 염색체를 받는 경우만 나눈 후, 나머지는 원래 구하던 것처럼 구하면 됩니다.

예를 들어 유전자형이 AaBbDY인 아버지와 AaBbDd인 어머니 사이에서 대문자 수가 2인 '아들'이 태어날 확률을 구하는 게 문제였다면,
(아버지가 Y 염색체를 줄 확률)×(남은 염색체 쌍에서 대문자 수가 2일 확률) = $\frac{1}{2} \times \frac{{}_5C_2}{2^5} = \frac{5}{32}$이고,

대문자 수가 2인 '딸'이 태어날 확률을 구하는 게 문제였다면,
(아버지가 X 염색체(D)를 줄 확률)×(남은 염색체 쌍에서 대문자 수가 1일 확률) = $\frac{1}{2} \times \frac{{}_5C_1}{2^5} = \frac{5}{64}$입니다.

39 〉 17학년도 9월 17번 | 정답 ⑤

문항 해설

1. 자료 해석

Ⅰ) 부모 모두 AaBbDd일 때, 자녀의 표현형이 최대 7가지 → 모두 독립 or 부모 모두 상인/독립
Ⅱ) 부모 모두 AaBbDd일 때, 자녀의 표현형이 최대 3가지 → 부모 모두 상반/독립 or 3연관에서 (3, 0)*(3, 0) 또는 (2, 1)*(2, 1)
(* 무슨 소리인지 모르겠다면 문제편 개념 설명 부분을 참고해주세요. 위에 쓴 부분들은 생각하지 않아도 바로 떠오를 수 있을 정도로 완벽히 외우셔야 합니다.)

문제에서 서로 다른 2개의 상염색체에 있다고 했으므로
1과 2는 상인/독립
3과 4는 상반/독립
임을 알 수 있습니다.

1과 2 사이에서 유전자형이 AaBbDd인 자녀가 태어나려면 5도 상인일 수밖에 없습니다.
3과 4 사이에서 유전자형이 AaBbDd인 자녀가 태어나려면 6도 상반일 수밖에 없습니다.

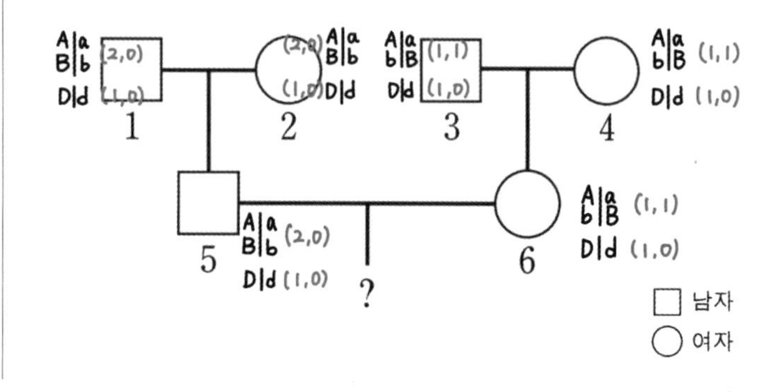

(* 이 문제에선 어떤 유전자와 어떤 유전자가 같은 염색체에 있는지 알 수 없으므로 A/a와 B/b가 같은 염색체에 있다는 전제하에 표시했습니다.)

선지 해설

ㄱ. 세 쌍의 대립유전자 각각이 2개의 대립유전자를 가지므로 복대립 유전이 아닙니다.

ㄴ. 6은 대문자가 3개이므로 대문자가 3개가 아닌 자손이 태어날 확률을 구하면 됩니다.

상반×상반일 때 대문자가 3개일 확률이 $\frac{1}{2}$이므로 3개가 아닐 확률은 $1-\frac{1}{2} = \frac{1}{2}$입니다.

ㄷ. 5는 상인, 6은 상반이므로 최대 5가지입니다.

(* ㄴ과 ㄷ 선지가 이해되지 않는다면 문제편 개념 설명 부분을 참고해주세요.)

40 18학년도 수능 15번 | 정답 ④

문항 해설

1. 자료 해석

㉠에 대한 표현형이 4가지이므로 3연관에서 (3, 0) × (2, 1)입니다.
㉡에 대한 표현형이 7가지이므로 모두 독립이거나 2연관 1독립에서 상인×상인임을 알 수 있습니다.

㉡의 유전자형이 eeffgg일 확률이 $\frac{1}{16}$ 입니다.

모두 독립일 경우 $\left(\frac{1}{4}\right)^3 = \frac{1}{64}$이므로 2연관 1독립에서 상인임을 알 수 있습니다.

선지 해설

ㄱ. 한 명은 (3, 0)이므로 A, B, D가 연관되어 있습니다.

ㄴ. 2연관 1독립이므로 아닙니다.

ㄷ. ㉠에서 대문자가 3개일 확률은 0이고, ㉡에서 대문자가 3개일 확률은 $\frac{1}{4}$이므로

㉠과 ㉡의 표현형이 모두 부모와 다를 확률은

$(1-0) \times (1-\frac{1}{4}) = \frac{3}{4}$입니다.

41 22학년도 6월 14번 | 정답 $\frac{1}{4}$

문항 해설

1. 자료 해석

ⓐ의 유전자형이 AABbDD일 수 있으므로 아래와 같이 나타낼 수 있습니다.

이후 풀이는 사전 지식이 있는 경우와 없는 경우 풀이가 차이가 많이 납니다.

Sol 1) 사전 지식이 없는 경우

표현형이 서로 같다는 조건으로 분류할 경우 (* 제가 시험장에서 한 풀이입니다.)

1) 대문자 수가 3개로 같은 경우

(2, 0) (1, 0) × (1, 1) (1, 0) → (3, 1) (2, 1, 0) $\frac{1+1}{8}=\frac{1}{4}$

대문자 수가 3개일 확률이 $\frac{1}{4}$이므로 모순됩니다.

(* 해설지에서 다인자 유전 심화 개념 설명 파트에서 다룬 것처럼, 다인자 유전에서 순서는 상관 없으므로
오른쪽 사람이 (1, 1) / (1, 0)인 경우와 (1, 0) / (1, 1)인 경우를 두 번 구할 필요 없습니다.)

2) 대문자 수가 4개로 같은 경우

(2, 1) (1, 0) × (1, 2) (1, 0) → (4, 3, 2) (2, 1, 0) $\frac{1+4+1}{16}=\frac{3}{8}$

(2, 0) (1, 1) × (1, 2) (1, 0) → (4, 3, 2, 1) (2, 1) $\frac{1+1}{8}=\frac{1}{4}$

(* 오른쪽 사람이 (1, 1) / (1, 1)이 될 경우 2쌍이 동형 접합성이므로 분모가 8일 수 없으므로 제외했습니다.)
(* 여기서 동형 접합성은 AaBb에서 상반 연관의 경우, 실제적 의미에서 동형 접합성은 아니지만
대문자는 (1, 1)로 같으므로 동형 접합성으로 간주한 표현입니다.)

이때, $\frac{3}{8}$을 만족하므로 다른 조건(표현형 가짓수, 유전자형 확률)도 확인해야 합니다.
표현형 가짓수는 6, 5, 4, 3, 2로 5가지를 만족하며, 유전자형은 대문자 수를 그대로 옮겨적으면

A|A B|b D|d   A|A b|B D|d

파란색처럼 할 경우 만족시킴을 알 수 있습니다.
따라서 이 경우가 답입니다.

* 대문자 수가 5개인 경우,
왼쪽은 (2,2) / (1,0) 또는 (2, 1) / (1, 1)이 되고,
오른쪽은 (1, 2) / (1, 1)이 되므로 어떤 경우든 총 동형 접합성이 2쌍이 생길 수밖에 없으므로
분모가 8일 수 없어 고려할 필요가 없습니다.

Sol 2) 사전 지식이 있는 경우 (* 이해가 안 될 경우 해설지 개념 설명 부분을 참고해주세요.)

2연관 1독립에서 표현형이 5가지일 때, 나타날 수 있는 비율은 1:2:2:2:1 또는 1:4:6:4:1만 가능합니다.

따라서 $\frac{3}{8}$은 $\frac{6}{16}$임을 알 수 있습니다.

그런데 분모가 16이므로 염색체 4쌍 모두 동형 접합성이 있으면 안 됨을 알 수 있습니다.
(* 여기서 동형 접합성은 AaBb에서 상반 연관의 경우, 실제적 의미에서 동형 접합성은 아니지만
대문자는 (1, 1)로 같으므로 동형 접합성으로 간주한 표현입니다.)
따라서 아래의 그림과 같이 나타낼 수 있습니다.

2: A B | 1/0, D|d   1: A b | 2/0, D|d

(* 비율이 1:4:6:4:1이려면, 4쌍의 염색체에서 대문자 수의 차이가 같아야 함을 알고 있으면 더 빠르게 풀 수 있습니다.
이 문제에서는 Dd에서 대문자 수가 (1, 0)으로 1 차이가 나므로 나머지도 1씩 차이가 나야 합니다.)

그런데 P와 Q의 표현형이 서로 같으므로 대문자 수가 같아야 합니다.

이는 4개로 같아질 수밖에 없고, DD일 확률이 $\frac{1}{4}$이므로 AABb일 확률이 $\frac{1}{2}$임을 감안하면 아래와 같음을 알 수 있습니다.

A|A B|b D|d   A|A b|B D|d

확률 구하기

(2, 1) (1, 0) × (1, 2) (1, 0) → (4, 3, 2) (2, 1, 0) $\frac{2+2}{16}=\frac{1}{4}$

42 〉 22학년도 4월 13번 | 정답 ①

문항 해설

1. 자료 해석

ⓐ에게서 나타날 수 있는 표현형이 최대 3가지이므로 P의 염색체 2쌍과 Q의 염색체 2쌍 총 4쌍의 염색체 중 2쌍의 염색체에서 대문자 수의 차잇값이 같고, 나머지 2쌍의 염색체에는 차잇값이 없음을 알 수 있습니다.
(* 해설편 시작 부분의 다인자 유전 심화 파트 설명을 읽어보세요! 그러면, 차잇값이 같을 때 표현형이 3가지이며, 더 이상 표현형 가짓수가 늘어나면 안 되므로 나머지 염색체 쌍에서는 차잇값이 없어야 함을 알 수 있습니다.)

그런데, ⓐ가 가질 수 있는 대문자 수가 1, 3, 5이므로 차잇값이 2로 같아야 함을 알 수 있습니다.
따라서 P와 Q에서 A/a, B/b가 있는 염색체에서 대문자 수는 (2, 0)임을 알 수 있습니다.
D/d가 있는 염색체에는 차잇값이 없어야 하는데 P는 d를 가지고 있으므로 (0, 0)이고,
최솟값이 1이어야 하므로 Q는 DD, 즉 (1, 1)임을 알 수 있습니다.

선지 해설

ㄱ

ㄴ. $\frac{1}{2}$ 입니다.

ㄷ. 아래와 같으므로 $\frac{1}{2}$ 입니다.

P (2, 0) (0, 0) × Q (2, 0) (1, 1) → 4, 2, 0 (1, 2, 1) / 1

43 〉 19학년도 10월 17번 | 정답 $\frac{1}{8}$

문항 해설

1. 자료 해석

표현형 28가지는 (다인자 표현형 가짓수) × (20번 염색체에서 나타나는 표현형 가짓수)입니다.
따라서 28을 1개의 곱으로 쪼개야 합니다.

28 = 14 × 2 = 7 × 4

이때, 14는 다인자 유전에서 나올 수 있을까요?
다인자 유전은 4쌍의 대립유전자가 형질을 결정하므로 모두 소문자부터 모두 대문자까지
표현형은 0, 1, 2, 3, 4, 5, 6, 7, 8로 9가지가 최대입니다.

따라서 7×4임을 확정할 수 있습니다.
한 쌍의 염색체에서 표현형이 7개가 나올 순 없으므로 7개가 다인자에서,
4개가 20번 염색체에서 나온 표현형 가짓수임을 알 수 있습니다.

20번 염색체의 경우
상인 × 상인이나 상반 × 상반일 경우 표현형이 3가지이므로 상인 × 상반 꼴임을 쉽게 알 수 있습니다.
(* 실제로 나열해서 구하기보다는, 자가 교배의 경우 나타날 수 있는 염색체 구성이 최대 3개임을 통해
표현형 4개가 불가능하므로 상인 × 상반이라고 판단하시는 게 좋습니다.)

2. 다인자 유전에서 표현형 7가지 구하기

Sol 1) 다인자 유전의 경우, 3연관일 때 대문자 수는
(6, 3, 0) / (5, 4, 2, 1) / (4, 3, 2)
가 나올 수 있음을 알고 있습니다.

독립된 유전자에서는 (2, 1, 0)이 나오게 되므로 각각을 더해보면,
(6, 3, 0) × (2, 1, 0) = (8, 7, 6, 5, 4, 3, 2, 1, 0) 9가지
(5, 4, 2, 1) × (2, 1, 0) = (7, 6, 5, 4, 3, 2, 1) 7가지
(4, 3, 2) × (2, 1, 0) = (6, 5, 4, 3, 2) 5가지
가 되므로 (5, 4, 2, 1) × (2, 1, 0) 임을 알 수 있습니다.

(* 이렇게 3가지 케이스를 하는데 10초 이상 걸리면 안 됩니다. 완벽히 외워두셔야 합니다.)

Sol 2) (* 이 부분은 개념 설명 부분에서 '다인자 유전 심화' 파트를 이해 했어야 이해할 수 있습니다.)
독립된 유전자에서 (2, 1, 0)이 나오게 되므로, 3연관인 부분에서 표현형 4가지를 더해 7가지가 나오도록 추론해야 합니다.

유전자형이 모두 이형 접합성이므로 3연관인 부분에서 나올 수 있는 구성은 (3, 0) 또는 (2, 1)만 가능합니다.
(3, 0)은 k가 3이고, (2, 1, 0)은 이미 3개의 숫자가 붙어 있으므로 표현형이 3가지가 늘어나게 됩니다.
(2, 1)은 k가 1이므로 표현형이 1가지가 늘어나게 됩니다.

표현형은 총 4가지가 늘어나야 하므로, 부모 중 한 명은 (3, 0), 다른 한 명은 (2, 1)임을 알 수 있습니다.
구체적인 연관 관계는 알 수 없으므로 아래와 같이 표현할 수 있습니다.

ⓐ ⓑ
(3, 0) (2, 1)
(1, 0) x (1, 0)
F|f F|f
G|g g|G

확률 구하기
2가지 형질의 표현형이 같을 확률을 구해야 하는데,
20번 염색체의 경우, 자녀의 유전자형은 FFGg, FfGG, Ffgg, ffGg가 되므로 반드시 1개의 표현형'만' 같게 됩니다.
따라서 다인자 유전에서 대문자가 4개일 확률을 구하면 됩니다.
(5, 4, 2, 1) + (2, 1, 0)에서 대문자가 4개인 경우는 (4+0)과 (2+2)가 있습니다.

4+0 : $\frac{1}{4} \times \frac{1}{4} = \frac{1}{16}$

2+2 : $\frac{1}{4} \times \frac{1}{4} = \frac{1}{16}$

이므로 $\frac{1}{16} + \frac{1}{16} = \frac{1}{8}$ 입니다.

44 17학년도 10월 18번 | 정답 $\frac{1}{8}$

문항 해설

1. 자료 해석

이 문제처럼 유전자형에 따라 표현형을 정해주는 경우,
A_B_ : 긴 뿔
A_bb, aaB_ : 짧은 뿔
aabb : 뿔 없음
이와 같이 정리해두셔야 합니다.

(가)의 유전자형이 모두 이형 접합성인데 생성되는 생식 세포의 유전자형이 4가지입니다.
따라서 염색체가 2쌍있음을 알 수 있습니다.
(* 3쌍이었다면 8가지, 4쌍이었다면 16가지입니다.)
따라서 2연관 2연관일 수도 있고, 3연관 1독립일 수도 있습니다.

(가)를 aabbddee인 개체와 교배했을 때, 뿔에 대한 표현형이 1가지입니다.
A/a와 B/b가 독립이라면, A_B_, A_bb, aaB_, aabb가 모두 나올 수 있으므로
긴 뿔, 짧은 뿔, 뿔 없음으로 3가지가 됩니다.
따라서 A/a와 B/b는 연관임을 알 수 있고, 표현형이 1가지여야 하므로 상반 연관임을 알 수 있습니다.
(* 상인일 경우 A_B_와 aabb로 긴 뿔, 뿔 없음 2가지 표현형이 나타나게 됩니다.)

이를 정리하면 다음과 같습니다.

(가)
A|a
b|B
d|D

E|e

(* 털색의 종류 조건은 과조건입니다.)

확률 구하기

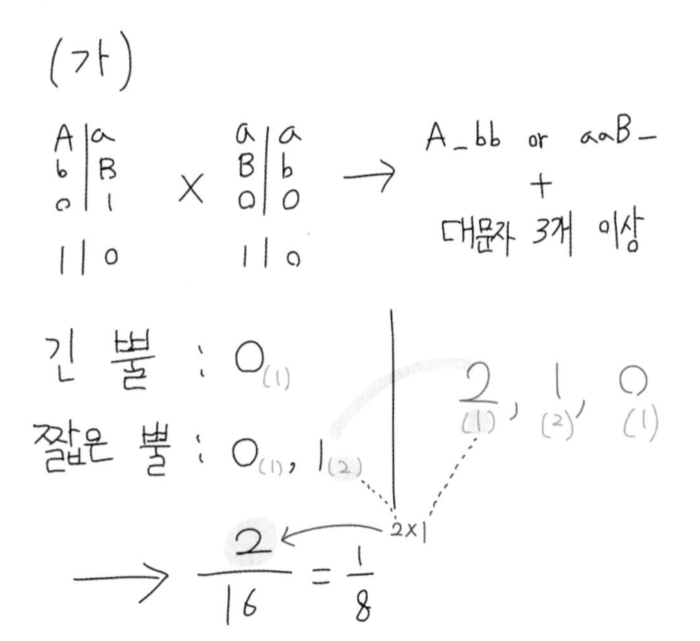

(* 분홍색은 비율입니다. 파란색은 E/e에서 나올 수 있는 대문자 수입니다.)

45 〉 21학년도 6월 14번 | 정답 7

표현형 가짓수 구하기

단일 인자 유전과 다인자 유전이 같은 염색체에 있는 경우,
단일 인자 유전을 기준으로 케이스를 분류하는 게 훨씬 쉽습니다.

따라서 다음과 같이 정리할 수 있습니다.

P × Q

A|a A|a
0|1 1|0

2|0 1|1

AA : 1
Aa : 0, 2 | 3, 1
aa : 1

(옆의 3, 1은 D/d, E/e 염색체에 있는 대문자 수입니다.)

이 수들을 조합하면,
AA : 4, 2
Aa : 5, 3, 1
aa : 4, 2
로 2+3+2 = 7가지 표현형이 나옴을 알 수 있습니다.

46 〉 21학년도 4월 16번 | 정답 $\frac{1}{4}$

문항 해설

1. 자료 해석
(* 해설의 편의를 위해, H* 대신 h로 작성하겠습니다.)

(가)와 (나)에서 H/h에 따라 B/b의 대문자 수를 정리하면 다음과 같습니다.

HH : 2
Hh : 1
hh : 0

또한, A/a에서 대문자 수는 2, 1입니다.

이때, 표현형 6가지가 나와야 하므로 다인자 유전에서 대문자 수가 겹치면 안 됨을 알 수 있습니다.
(* H/h가 있는 염색체에서 표현형은 3가지, A/a가 있는 염색체에서 표현형은 2가지가 나타났습니다.
따라서, 최대 표현형 가짓수는 $3 \times 2 = 6$입니다. 대문자 수가 하나라도 겹칠 경우 6보다 작아지게 됩니다.)

H〉h나 H〈h로 우열이 뚜렷해질 경우, 겹치는 문자가 생겨 불가능해짐을 알 수 있습니다.
(* 예를 들어, H〉h라면,
H_ 표현형일 때 대문자 수는 2, 1인데 이때 A/a에서 2, 1을 더하면 4, 3, 3, 2로 3이 겹치게 됩니다.)

따라서 H/h는 우열 관계가 뚜렷하지 않음을 알 수 있습니다.

확률 구하기

HH 2[1]
Hh 1[2] × 2, 1[1] → 2/8 = 1/4
hh 0

(* 파란색 글씨는 비율입니다.)

47 〉 18학년도 9월 17번 | 정답 ①

문항 해설

1. 자료 해석

단일 인자 유전과 다인자 유전이 연관되어 있으므로, 단일 인자 유전을 기준으로 케이스를 분류합니다.
이때, 남자 P와 여자 Q의 (가)에 대한 표현형이 같으므로 유전자형이 모두 Aa임을 알 수 있습니다.

AA : □
Aa : ?
aa : □

이때, AA나 aa의 경우 대문자 수가 구체적으로 몇 인지는 몰라도, 대문자 수의 '종류'가 1개(□)임을 확정할 수 있습니다.
Aa일 때는 경우에 따라 대문자 수의 종류가 1개일 수도 있고, 2개일 수도 있습니다.

그런데, 대문자 수의 종류가 1개라면, AA / Aa / aa일 때 각각 대문자 수의 종류가 1개씩이므로
표현형 가짓수는 3 × (D/d, E/e가 연관된 염색체에서 나온 대문자 수 가짓수)로 3의 배수가 됩니다.
그런데 표현형이 10가지여야 하므로 Aa일 때 대문자 수의 종류가 2개임을 추론할 수 있습니다.

AA : □
Aa : □, □
aa : □

A/a와 B/b가 연관된 염색체에서 표현형이 4가지가 나왔으므로, D/d와 E/e가 연관된 염색체에서 표현형은 3가지 또는 4가지임을 알 수 있습니다.
(* D/d와 E/e가 연관된 염색체에서 표현형이 2가지가 나왔다면, 4×2로 8이 최대 표현형 가짓수가 됩니다.
이는 10보다 작으므로 불가능합니다. 3가지나 4가지의 경우 4×3 − 2 또는 4×4 − 6으로 10가지가 가능합니다.)
(* 여기서 − 는 다인자 유전에서 대문자 수가 중복되어 빠지는 표현형 가짓수입니다.)

2. D/d와 E/e가 연관된 염색체에서 표현형 가짓수 찾기

Ⅰ) D/d와 E/e가 연관된 염색체에서 표현형이 3가지인 경우

AA : □ → 3가지
Aa : □, □ → 4가지
aa : □ → 3가지

위와 같이 표현형이 나올 경우 3+4+3 = 10가지가 가능합니다.

Ⅱ) D/d와 E/e가 연관된 염색체에서 표현형이 4가지인 경우

AA : □ → 4가지
Aa : □, □ → 2가지
aa : □ → 4가지

위에서 Aa일 때 표현형이 2가지여야 하는데, 2가지는 불가능합니다.

따라서 Ⅰ 임을 알 수 있습니다.

3. 표현형 10가지 맞추기

AA : □ → 3가지
Aa : □, □ → 4가지
aa : □ → 3가지

D/d와 E/e가 연관된 염색체에서 표현형이 3가지가 나와야 합니다.
P에서 (2, 0)임을 알고 있으므로 Q도 (2, 0)입니다.
(* 다인자 유전에서 한 쌍의 염색체에 있는 대문자 수의 차이가 같으면 표현형이 3가지이고,
3가지가 나오기 위해선 차이가 같아야 함은 알고 계시는 게 좋습니다.
이 문제에서는 P에서 대문자 수의 차이가 2이므로 Q에서도 차이가 2여야 합니다.
그런데 2연관이므로 (2, 0)만 가능합니다. 만약 3연관이었다면 (3, 1)도 가능성이 있겠죠?)

따라서 P와 Q의 대문자 수가 같으므로 Q는 B를 1개만 가질 수 있습니다.
그런데 A/a와 B/b가 연관된 염색체에서 표현형이 4가지가 나와야 하므로 Q는 상인 연관임을 알 수 있습니다.

(* P가 상반인데, Q도 상반이라면 자가 교배와 같은 꼴이므로 최대 3가지입니다.)

(* 조금 더 일반적인 풀이로는, (2, 0) × (2, 0) → (4, 2, 0)인데, A/a에서 ㅁ, ㅁ를 더했을 때 표현형이 1가지만 늘어나야 합니다. 그러면 ㅁ와 ㅁ의 차이가 2여야 함을 추론할 수 있습니다.)

P Q
A|a 0|1 × A|a 1|0 → AA 1, Aa 2,0 × (4,2,0), aa 1
210 210
→ AA 5,3,1 (3), Aa 6,4,2,0 (4), aa 5,3,1 (3) 10가지

선지 해설

ㄱ

Aa면서 대문자 수가 3개여야 하는데, 이는 불가능하므로 0입니다.

comment

ㄷ 선지를 판단할 때 분모가 16의 약수가 아니므로 안 풀어도 틀렸음을 알 수 있습니다.

검토진 : 표현형 가짓수 조건을 활용해서 유전자형이 추론되는 과정을 잘 파악하시고 복습하셔야 합니다.
단일 인자-다인자 유전 유형은 암기가 의미 없을 정도로 경우의 수가 많기 때문에 꼭 사고 과정을 이해하셔야 합니다.
다른 강사 분의 강의를 들으시는 경우, 강사 분들의 풀이도 같이 확인하셔서 본인에게 맞는 풀이를 정립해 나가시길 바랍니다.

48 21학년도 10월 15번 | 정답 오류

문항 해설

1. 자료 해석

해당 문항은 오류 문항이므로 왜 오류인지에 대해 알아보겠습니다.
마지막 조건에서 부모의 (나)에 대한 유전자형이 Ee임이 제시되어 있는데,
(나)의 유전자가 (가)의 유전자와 독립될 경우 표현형이 3×(다인자 표현형 가짓수)로 3의 배수가 됩니다.
따라서 이는 불가능하므로 (나)의 유전자와 (가)의 유전자가 연관되어 있음을 알 수 있습니다.

그런데, (나)의 유전자형에 따른 (가)의 대문자 수를 개략적으로 나열하면 다음과 같습니다.

EE ㅁ
Ee ㅁ 또는 ㅁ, ㅁ
ee ㅁ

그런데, 유전자형이 Ee일 때 (가)의 대문자 수가 한 종류(ㅁ)라면 표현형 가짓수는 여전히 3의 배수가 되므로 불가능합니다.
따라서 유전자형이 Ee일 때 (가)의 대문자 수는 두 종류(ㅁ, ㅁ)여야 함을 알 수 있습니다.

또한, 표현형은 4가지가 나와야 하므로, E/e와 연관되지 않은 염색체에서 (가)에 대한 표현형은 1가지가 나오면 모두 만족함을 알 수 있습니다.

이를 만족하는 케이스가 여러개여서 오류입니다.

예를 들어,
A/a, B/b와 D/d, E/e가 연관이라면
A/a, B/b에서 부모의 대문자 수가 (1, 1)이 되기만 하면 되고,
D/d, E/e에서 상인/상반 꼴(한명은 DE/de, 다른 한 명은 De/dE)이 되면 됩니다.
이때, A/a, B/b에서 부모의 대문자 수가 (1, 1)인 경우는 Ab/Ab, Ab/aB, aB/aB 등 만족하는 경우가 많습니다.

또한, D/d가 독립이고, A/a, B/b, E/e가 연관인 경우에도,

D/d는 부모 모두 (1, 1)이고, 3연관된 부분에서는 부모가 ABE/abe, abE/ABe 등인 경우도 가능합니다.

따라서 2연관 2연관일 때도 답이 되고, 3연관 1독립일 때도 답이 되어 결정되지 않습니다.

49 20학년도 10월 16번 | 정답 ⑤

문항 해설

1. 자료 해석

대문자 수가 6개인 아이 Ⅲ의 유전자형은 AABBDD이므로,
Ⅰ과 Ⅱ는 모두 A, B, D를 갖고 있음을 알 수 있습니다.
그런데 Ⅰ은 대문자 수가 3이므로 Ⅰ의 유전자형은 AaBbDd입니다.

Ⅱ에서 난자가 형성될 때, a, b, D를 모두 가질 확률이 $\frac{1}{2}$이므로 Ⅱ는 a, b, D를 가지고 있음을 알 수 있습니다.
따라서 Ⅱ의 유전자형은 AaBbD_ 인데, Ⅱ의 대문자 수는 4이므로 AaBbDD입니다.

또한, a, b, D를 모두 가질 확률이 $\frac{1}{2}$이므로 ab 연관, D 독립임을 알 수 있습니다.
(* A/a와 B/b가 독립되어 있다면 $\frac{1}{4}$ 입니다.)

Ⅰ (2, 0) (1, 0) × Ⅱ (2, 0) (1, 1) → (4, 2, 0) (2, 1) → (6, 5, 4, 3, 2, 1)

이므로 ㉠은 6이고, 대문자 수가 5개일 확률은 4+1만 가능하므로 $\frac{1}{4} \times \frac{1}{2} = \frac{1}{8}$입니다.

선지 해설

ㄱ ㄴ ㄷ

50 22학년도 10월 16번 | 정답 $\frac{1}{8}$

문항 해설

1. 자료 해석

(나)의 유전자형이 FF인 사람과 FG인 사람의 표현형이 같으므로 F>G입니다.
그림을 통해 (나)의 표현형 별로 (가)의 대문자 수를 나열하고, A/a, B/b의 대문자 수와 비율을 나열하면 다음과 같음을 알 수 있습니다.

GG 2, FG 1, EG 1, EF 0 (각 1) × 1, 2, 3, 4 (1, 3, 3, 1)

이때, 표현형이 ㉠과 같을 확률이 $\frac{3}{32}$ 인데, ㉠의 유전자형이 EG이므로
EG(1) × (A/a, B/b에서 대문자 수가 2개일 확률)은 반드시 포함됩니다.
그런데 위 확률은 $\frac{1}{4} \times \frac{3}{8} = \frac{3}{32}$이므로 나머지 GG, FG, EF는 EG와 표현형이 달라야 함을 알 수 있습니다.

GG는 G 표현형일 수밖에 없으므로 EG는 G 표현형이면 안 됩니다.
따라서 E>G이고, EF는 E 표현형이면 안 되므로 F>E입니다.
따라서 F>E>G임을 알 수 있습니다.

확률 구하기

F_ 1, 0
E_ 1 × 1 2 3 4
GG 2

위 그림과 같이 $\frac{1}{4}\times\frac{3}{8}+\frac{1}{4}\times\frac{1}{8}=\frac{1}{8}$임을 알 수 있습니다.

51 19학년도 7월 11번 | 정답 ②

문항 해설

1. 자료 해석

㉠, ㉢, ㉤은 DNA 상대량이 1과 2인 유전자가 있으므로 핵상이 2n입니다.

Ⅰ의 유전자형은 AABbddee 이므로 (가)에 대한 유전자 중 대문자 수가 3개임을 알 수 있습니다.

따라서 (가)~(마)에서 대문자 수는 3개여야 합니다.

㉡과 ㉣은 각각 (가)에 대한 대문자 수가 4개, 2개이므로 핵상이 n임을 알 수 있습니다.

Ⅴ의 유전자형은 AABBDDEe입니다.

따라서 정자와 난자는 각각 A, B, D, E / A, B, D, e 중 하나입니다.

㉠에서는 A, B, D를 만들 수 없으므로 Ⅰ과 Ⅱ 중 Ⅱ가 수정되었음을 알 수 있습니다.

이때, ㉡에 E가 있으므로 Ⅱ의 유전자형은 AaBbDdEE임을 알 수 있습니다.

(* Ⅴ의 (나)에 대한 표현형이 Ee이기 때문에 부모는 EE나 ee여야 합니다.)

㉢에서는 e를 줄 수 없으므로 Ⅲ과 Ⅳ 중 Ⅳ가 수정되었음을 알 수 있습니다.

따라서 Ⅳ의 유전자형은 AaBbDdee입니다.

선지 해설

ㄱ. Ⅱ와 Ⅳ가 교배하여 Ⅴ가 태어났습니다.

ㄴ.

ㄷ. $\frac{2+0}{2+1}=\frac{2}{3}$ 입니다.

(* 문제에서 '세포' ㉠, ㉡, ㉢, ㉣이 갖는 DNA 상대량을 물어봤습니다.)

comment

검토진 : 이처럼 형태가 복잡한 문제일 경우 어느 정보를 먼저 파악할지를 정해두는 훈련을 미리 해두시는 것은 상당히 도움이 됩니다. 저는 각 세포에 존재하는 유전자, DNA 상대량에 대한 그래프가 나오면 핵상이 2n일 수밖에 없는 세포를 먼저 파악한 뒤 다른 조건들을 통해 세부 정보들을 채워나가는 편입니다. 복잡한 형태의 문제일 경우 조건 파악만 잘해도 쉽게 문제 풀이 방향이 정해지는 경우가 많으므로, 당황하지 않고 풀이를 진행해 나갈 수 있는 본인만의 문제 풀이 순서를 정하시길 바랍니다.

52 18학년도 4월 15번 | 정답 ③

문항 해설

1. 자료 해석

BB와 BE의 표현형이 같으므로 B>E입니다.

DD와 DE의 표현형이 같으므로 D>E입니다.

따라서 B, D>E인데 표현형이 4가지이므로 B=D>E 임을 알 수 있습니다.

AaBD × AaBD에서 표현형이 4가지이므로 연관임을 알 수 있습니다.

(* 독립이라면 표현형은 2×3 = 6가지여야 합니다.)

이때 부모의 연관 상태가 동일하다면 자가 교배와 같으므로 자손의 표현형은 최대 3가지여야 합니다.
(* 한 쌍의 염색체 중 하나를 ⓟ, 다른 하나를 ⓠ라 할 때, 자가 교배 결과 자손이 가질 수 있는 염색체 구성은 ⓟⓟ, ⓟⓠ, ⓠⓠ 중 하나입니다. ⓟⓟ, ⓟⓠ, ⓠⓠ인 개체들의 표현형이 모두 달라도 표현형은 최대 3가지만 가능합니다.)
따라서 한 명은 A와 B가 연관되어 있고, 다른 한 명은 A와 D가 연관되어 있음을 알 수 있습니다.

선지 해설

ㄱ
(나)는 한 쌍의 대립유전자에 의해 결정되므로 단일 인자 유전입니다.

ㄷ

53 〉 14학년도 10월 11번 | 정답 ⑤

문항 해설

1. 자료 해석

(나)는 복대립 유전이므로 대립유전자가 3개 이상이어야 합니다.
그런데 (가)와 (나)를 결정하는 대립유전자가 5개이므로 (나)의 대립유전자는 3개임을 알 수 있습니다.
(* 4개라면, (가)를 결정하는 대립유전자가 1가지인데, 표현형이 3가지일 수 없습니다.)

㉠에서 A와 B가 있는 염색체는 서로 상동 염색체이므로 A와 B는 대립유전자입니다.
㉡에서 C와 B가 있는 염색체도 서로 상동 염색체이므로 C와 B는 대립유전자입니다.
따라서 A, B, C가 서로 대립유전자이므로 복대립 유전 (나)를 결정하는 대립유전자임을 알 수 있습니다.
또한, ㉠과 ㉡의 (나)에 대한 표현형이 같으므로 B>A, C임을 알 수 있습니다.

남은 D/E는 (가)를 결정하는 유전자이고, 표현형이 3가지여야 하므로 (가)는 중간 유전임을 알 수 있습니다.

선지 해설

ㄱ

ㄴ (가)에 대해 나타날 수 있는 유전자형은 DD, DE, EE 3가지이고,
(나)에 대해 나타날 수 있는 유전자형은 AC, AB, CB, BB 4가지이므로
자손이 가질 수 있는 유전자형은 최대 $3\times 4 = 12$가지입니다.
따라서 12가지 중 하나가 맞습니다.

ㄷ (가)는 D=E이므로 표현형이 3가지입니다.
(나)는 B>A, C이므로 AB, CB, BB는 B_ 표현형입니다. AC는 A_인지 C_인지 알 수 없으나 표현형은 2가지입니다.
자손이 가질 수 있는 표현형은 최대 $3\times 2 = 6$가지이므로 6가지 중 하나가 맞습니다.

54 〉 21학년도 7월 16번 | 정답 ①

문항 해설

1. 자료 해석

㉠과 ㉡에 대한 표현형은 최대 20가지인데,
㉠에서 나타날 수 있는 표현형은 최대 5가지이므로 4가지는 ㉡의 표현형 최대 가짓수임을 알 수 있습니다.
(* ㉠에 대한 표현형은
A/a에서 대문자 수 : 2, 1, 0
B/b에서 대문자 수 : 2, 1, 0
이므로 4, 3, 2, 1, 0 → 최대 5가지입니다.)

따라서, EE / EG / FE / FG의 표현형이 모두 달라야 함을 알 수 있습니다.

선지 해설

ㄱ. ㉠이라는 형질 하나를 2쌍(A/a, B/b)이 결정하므로 다인자 유전입니다.

~~ㄴ.~~

~~ㄷ.~~ ㉠에 대한 대문자 수가 2개이며, 유전자형이 EF일 확률을 구하면 됩니다.

㉠에 대한 대문자 수가 2개일 확률 : $\frac{{}_4C_2}{2^4} = \frac{3}{8}$

㉡의 유전자형이 EF일 확률 : $\frac{1}{4}$

이므로 $\frac{3}{32}$ 입니다.

55 〉 16학년도 9월 11번 | 정답 ⑤

문항 해설

1. 자료 해석

㉡에서 EE와 EF인 사람의 표현형이 같으므로 E〉F입니다.
FG와 GG인 사람의 표현형도 같으므로 G〉F입니다.
따라서 E, G〉F임을 알 수 있습니다.

DD*EF × DD*FG에서 표현형이 12가지입니다.
12 = 3×4 인데, ㉠에서 나타날 수 있는 표현형은 최대 3가지이므로 ㉠에서 3가지, ㉡에서 4가지임을 알 수 있습니다.
(* ㉠에서 자손이 가질 수 있는 유전자형 구성은 DD, DD*, D*D*밖에 없으므로 최대 3가지입니다.)
따라서 D=D*입니다.

EF, EG, FF, FG의 표현형이 모두 달라야하는데
E, G〉F 이므로 각각의 표현형은 E_, ?, FF, G_입니다.
?는 E_나 G_면 안 되므로 E=G임을 알 수 있습니다.
따라서 E=G〉F입니다.

선지 해설

~~ㄱ.~~ 형질이 한 쌍의 대립유전자에 의해 결정되므로 단일 인자 유전입니다.

ㄴ. ㉠은 중간 유전이므로 다릅니다.

ㄷ. ㉠에 대해 같은 표현형일 확률 : $\frac{1}{2}$

㉡에 대해 같은 표현형일 확률 : $\frac{1}{2}$

이므로 $\frac{1}{2} \times \frac{1}{2} = \frac{1}{4}$ 입니다.

56 〉 18학년도 6월 12번 | 정답 ④

문항 해설

1. 자료 해석

붉은색 × 갈색 → 붉은색, 갈색, 회색이 태어났으므로 붉은색, 갈색 〉 회색입니다.
붉은색 × 붉은색 → 붉은색, 갈색이 태어났으므로 붉은색 〉 갈색입니다.
따라서 붉은색 〉 갈색 〉 회색이므로,
B=붉은색, C=갈색, D=회색입니다.
(* 복대립 교배 문제의 경우 대부분 문자와 한글 표현형 매칭이 핵심입니다.)

선지 해설

~~ㄱ.~~ 한 쌍의 대립유전자에 의해 결정되므로 단일 인자 유전입니다.

ㄴ. BC의 경우 B_ 표현형이므로 붉은색입니다.

ㄷ. 제일 열성 표현형인 회색 DD가 태어났으므로 부모는 모두 D를 갖고 있어야 합니다.
따라서 ㉠은 B와 D를 갖고 있으므로 BD입니다.

57 〉 23학년도 3월 13번 | 정답 ④

문항 해설

1. 자료 해석

표현형이 4가지이므로 딱봐도 특정 경우에 우열이 불분명함을 알 수 있습니다.

AA와 AB의 표현형이 같으므로 A〉B입니다.
AD와 DD인 사람의 표현형이 서로 다르므로 A=D 또는 A〉D입니다.

AB × BD에서 아버지와 같을 확률과 어머니와 같을 확률이 각각 $\frac{1}{4}$입니다.
이때, 자녀의 유전자형은 AB, AD, BB, BD가 가능한데 AB(A_)는 아버지와 같은 표현형일 수밖에 없으므로
AD, BB, BD는 AB와 다른 표현형이어야 합니다. 따라서 AD는 A_ 표현형이면 안 되므로 A=D입니다.

또한, BD는 어머니와 같은 표현형일 수밖에 없으므로 BB는 BD와 다른 표현형이어야 합니다.
따라서 D〉B 또는 B=D입니다. 그런데 B=D가 되면 표현형 가짓수가 4보다 커지므로 D〉B입니다.

정리하면 A=D〉B입니다.

마지막 조건에서, BD와 AD 사이에서 태어난 아이는 표현형이 A_, D_, AD, D_로 3가지입니다.
따라서 ⓐ=3입니다.

선지 해설

ㄱ ㄴ̸ ㄷ

comment

개념 설명 페이지를 열심히 학습한 학생이라면,
A=B>D 꼴의 복대립 유전에서,
표현형 4가지 : AD × BD
표현형 3가지 : AB × (이형 접합성)
이 유일함은 알고 계셔야 합니다.

이 내용을 알고 계셨다면 ⓐ는 당연히 3입니다.

58 〉 24학년도 9월 13번 | 정답 $\frac{1}{8}$

문항 해설

1. 자료 해석

AaBb와 AaBB 사이에서 (가)와 (나)에 대한 표현형이 최대 3가지여야 합니다.
독립일 경우 4가지이므로 (가)와 (나)는 연관임을 알 수 있습니다.

그런데 ⓐ는 AABBFF일 수 있으므로 P는 AB/ab 연관, Q는 AB/aB 연관임을 알 수 있습니다.
또한 (가)~(다)의 표현형이 모두 Q와 같을 확률이 $\frac{1}{8}$인데, (가)와 (나)의 표현형이 Q와 같을 확률은 $\frac{1}{2}$이므로 (다)에 대한 표현형이 Q와 같을 확률은 $\frac{1}{4}$입니다.

ⓐ의 유전자형이 FF일 수 있으므로 P와 Q는 F를 가지고 있고, (다)에 대한 표현형이 Q와 같을 확률에서 분모가 4이므로 P와 Q 모두 (다)에 대한 유전자형이 이형 접합성임을 알 수 있습니다.
(* 동형 접합성일 경우 분모는 4일 수 없습니다. 이 논리는 자주 쓰이므로 꼭 알아두시기 바랍니다.)
그런데 P와 Q의 유전자형이 □F로 같다면, 표현형이 Q와 같을 확률은 $\frac{3}{4}$이 되므로 서로 유전자형이 달라야 함을 알 수 있습니다.
따라서 한 명은 DF이고, 다른 한 명은 EF인데 D〉E〉F이므로 P가 DF이고, Q는 EF입니다.
(* 추론해도 금방 알 수 있지만, 우열 관계가 분명할 때 비율 관계

는 외워두시는 게 바람직합니다.)

선지 해설

(가)와 (나)의 표현형이 P와 같을 확률 : $\frac{1}{4}$

(다)의 표현형이 P와 같을 확률 : $\frac{1}{2}$

이므로 $\frac{1}{4}\times\frac{1}{2} = \frac{1}{8}$입니다.

59 24학년도 수능 13번 | 정답 $\frac{1}{32}$

문항 해설

1. 자료 해석

AAbbFF인 사람과 표현형이 같을 확률이 0이 아니므로 Q는 b와 F를 가져야 합니다.
따라서 Q의 (나)에 대한 유전자형은 bb입니다.
(* 조건에서 P와 Q는 (나)에 대한 표현형이 다르다고 제시되어 있습니다.)

또한, AAbbFF인 사람과 표현형이 같을 확률이 $\frac{3}{32}$인데, (나)에 대한 표현형이 같을 확률은 $\frac{1}{2}$이므로

(가)와 (다)에 대한 표현형이 같을 확률은 순서 없이 $\frac{3}{4}\times\frac{1}{4}$입니다.
분모가 각각 4이므로 Q의 (가)와 (다)에 대한 유전자형은 이형 접합성입니다.
그러면 (가)에 대한 유전자형은 Aa이므로 (가)에 대한 표현형이 같을 확률이 $\frac{3}{4}$이고,
Q의 유전자형은 DF 또는 EF입니다.

그런데 P와 Q 사이에서 (가)와 (나)에 대한 표현형이 P와 같을 확률은 $\frac{3}{4}\times\frac{1}{2}$이므로

(다)에 대한 표현형이 같을 확률은 $\frac{1}{2}$입니다. 따라서 Q의 유전자형은 EF입니다.

(* Q의 유전자형이 DF라면 $\frac{3}{4}$이 됩니다.)

따라서 Q의 유전자형은 AabbEF입니다.

선지 해설

해당 조건은 표현형이 아닌 "유전자형"이 같을 확률입니다.
따라서 $\frac{1}{4}\times\frac{1}{2}\times\frac{1}{4} = \frac{1}{32}$입니다.

60 20학년도 4월 10번 | 정답 ④

문항 해설

1. 자료 해석

ABEeFfGg × BDEeFfGg → 아이가 ㉠과 표현형이 같을 확률 $\frac{5}{64}$ 입니다.

(나)에 대한 표현형이 같을 확률은 $\frac{{}_6C_3}{2^6} = \frac{5}{16}$이므로

AB×BD에서 AB일 확률이 $\frac{1}{4}$임을 알 수 있습니다.

AB×BD에서 자손이 가질 수 있는 유전자형은 AB, AD, BB, BD이므로
AB와 AD/BB/BD 표현형은 달라야 합니다.

선지 해설

ㄱ. ㉠은 AB, ㉡은 BD이므로 다릅니다.

ㄴ. 2^4=16가지입니다.

ㄷ. 자손이 가질 수 있는 (가)에 대한 유전자형은 AB, AD입니다.
AB와 AD의 표현형이 다름은 알고 있으므로 (가)에 대한 표현형은 최대 2가지입니다.
(나)에 대해 자손이 가질 수 있는 유전자형은 _ e F f _ g입니다.
빈 칸 2개는 대문자일 수도 있고, 소문자일 수도 있으므로 자

손이 가질 수 있는 대문자 수는 1, 2, 3입니다.
따라서 (나)에 대해 자손이 가질 수 있는 표현형은 최대 3가지입니다.

따라서 (가)와 (나)에 대해 가질 수 있는 표현형은 최대 2×3 = 6가지입니다.

61 〉 16학년도 7월 8번 | 정답 ①

문항 해설

1. 자료 해석

해설의 편의를 위해 C는 A, C^{h}는 B, C^{ch}는 D, C^{+}는 E로 표시하겠습니다.

표에서 EE, EB, EA, ED인 경우는 모두 몸 전체가 갈색 털입니다.
따라서 E〉B, A, D임을 알 수 있습니다.

AA는 전체 흰색, BB는 말단부 검은색/나머지 흰색, DD는 몸 전체 회색입니다.
그런데 AD는 몸 전체 '옅은' 회색이므로 A와 D 사이에는 우열이 불분명하고,
BD는 말단부 검은색, 나머지 회색이므로 B와 D 사이에도 우열이 불분명함을 알 수 있습니다.

마지막 조건에서,
EB × BA → 자손의 표현형이 2가지이며, 비율이 1:1입니다.
자손이 가질 수 있는 유전자형은 EB, EA, BB, BA이므로
EB와 EA는 E_ 표현형입니다.
따라서 BB와 BA의 표현형이 같아야 하므로 B〉A임을 알 수 있습니다.

이런 식으로 우열을 깔끔하게 정리할 수 없는 경우가 가끔 있습니다.
(* 평가원 시험에서는 한 번도 없었습니다.)

이런 경우 오른쪽 그림처럼
유전자형을 모두 나열한 후, 같은 표현형끼리 묶거나
본인만의 표시를 해두시는 게 제일 덜 헷갈립니다.

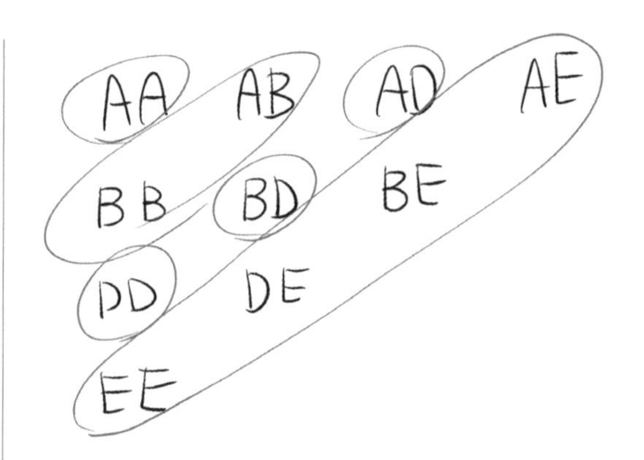

선지 해설

ㄱ) BB와 BA의 표현형은 같으므로 맞습니다.

ㄴ) 털색은 한 쌍의 대립유전자에 의해 결정되므로 단일 인자 유전입니다.

ㄷ) A와 D 사이의 우열은 불분명합니다.

62 〉 17학년도 수능 14번 | 정답 $\frac{1}{4}$

문항 해설

1. 자료 해석

(나)에서 유전자형이 EG인 사람과 EE인 사람의 표현형이 같으므로 E〉G입니다.
FG인 사람과 FF인 사람의 표현형도 같으므로 F〉G입니다.
따라서 E, F〉G인데, (나)의 표현형이 4가지이므로 E=F〉G임을 알 수 있습니다.

유전자형이 AaBbDdEF인 부모 사이에서 자녀가 가질 수 있는 표현형이 최대 9가지인데,
(나)에 대한 표현형이 EE, EF, FF로 3가지이므로 다인자에서 3개가 나옴을 알 수 있습니다.

2연관 1독립임을 이미 알고 있으므로 부모 모두 상반 연관입니다.

확률 구하기

다인자 유전 : $\frac{1}{2}$ (* 왜인지 모르겠다면 문제편 개념 설명 부분을 다시 읽어주세요.)

복대립 유전 : EE, EF, FE, FF 중 EF여야 하므로 $\frac{1}{2}$

$\frac{1}{2} \times \frac{1}{2} = \frac{1}{4}$입니다.

63 〉 23학년도 4월 16번 | 정답 ①

문항 해설

1. 자료 해석

P와 Q 사이에서 ⓐ의 표현형은 최대 9가지이므로 (가)에서 표현형 3가지, (나)에서 표현형 3가지가 나와야 함을 알 수 있습니다.
(가)에서 표현형이 3가지가 나와야 하므로 Q는 Ⅲ 입니다.
(* Ⅳ는 DD로 (가)에 대한 유전자형이 동형 접합성이므로 표현형이 3가지가 태어날 수 없습니다.
동형 접합성일 경우 만들어지는 생식세포의 유전자형이 1가지이므로 최대 2가지만 태어날 수 있습니다.)
또한, AB와 BD 사이에서는 표현형이 2가지이므로, P는 Ⅱ 임을 알 수 있습니다.
(* 개념 설명 페이지를 열심히 학습한 학생이라면, A〉B〉D 꼴일 때, 표현형이 3가지가 나오려면 AD × BD가 유일함은 사전에 알고 계셔야 합니다.)

따라서 R과 S는 각각 Ⅰ과 Ⅳ 입니다.
R과 S 사이에서 태어나는 아이는, (가)의 표현형을 최대 2가지, (나)의 표현형을 최대 4가지 가질 수 있으므로 ⓐ의 표현형은 최대 2×4 = 8가지입니다. 따라서 ㉠=8입니다.
(* (나)에 대한 유전자형 중 이형 접합성인 유전자의 수가 3이므로 표현형 가짓수는 4입니다.
이 부분이 이해가 되지 않는다면 개념 설명 페이지를 참고해주시기 바랍니다.)

선지 해설

㉠ (가)는 형질 (가)를 결정하는 유전자가 A/B/D 1쌍이므로 단일 인자 유전입니다.

ㄴ

ㄷ AB × DD → A_일 확률 : $\frac{1}{2}$,

EeFf × EeFF → 대문자 2개일 확률 : $\frac{{}_3C_1}{2^3} = \frac{3}{8}$ 또는 이형 접합성인 유전자가 3개이므로 비율은 1:3:3:1이고, 최솟값은 1이므로 대문자 2개일 확률은 $\frac{3}{8}$

따라서 $\frac{1}{2} \times \frac{3}{8} = \frac{3}{16}$입니다.

☑ comment

ㄷ 선지에서 A_일 확률이 $\frac{1}{2}$이므로, ㄷ 선지가 맞으려면 다인자에서 확률이 $\frac{3}{4}$이어야 합니다.
일반적인 다인자 유전에서 1을 제외하면 가장 큰 확률이 $\frac{1}{2}$이므로 딱 봐도 틀린 선지임을 알 수도 있습니다.

64 〉 23학년도 10월 13번 | 정답 $\frac{3}{16}$

문항 해설

1. 자료 해석

(가)는 일반적인 다인자 유전이고, (나)는 E=F〉G이고, 독립입니다.

AaBbDdEF인 P와 Q에서 아이의 (가)와 (나)의 표현형이 최대 8가지입니다.
E=F〉G 꼴은 이미 외워둔 경우입니다.
P의 유전자형이 EF인데 표현형 가짓수가 3의 배수가 아니므로 Q의 유전자형은 동형 접합성입니다.

(* 무슨 말인지 모르겠다면, 개념 설명 페이지를 다시 보세요.)
Q의 유전자형이 뭐든 (나)에 대한 자녀의 표현형은 2가지이므로 (가)에 대한 표현형은 4가지입니다.
따라서 (가)에 대한 유전자형 중 이형 접합성인 유전자는 3개여야 하는데 이미 P에서 3개가 나왔으므로 Q는 모두 동형 접합성입니다.

ⓐ의 표현형이 E_와 F_일 수 있으므로 (나)의 유전자형은 GG임을 알 수 있습니다.
(* (나)의 유전자형이 EE거나 FF일 경우 두 표현형 중 하나는 태어날 수 없습니다.)

또한 대문자 수가 6개인 아이가 태어날 수 있어야 하므로, Q의 유전자형은 AABBDD입니다.
(* 위에서 이미 Q의 유전자형이 동형 접합성이어야 함은 밝혔습니다.)

선지 해설

(가)에 대한 표현형이 같을 확률 : $\frac{{}_3C_1}{2^3} = \frac{3}{8}$ 또는 이형 접합성인 유전자가 3개이므로 비율은 1:3:3:1이고, 최솟값은 3이므로 대문자 4개일 확률은 $\frac{3}{8}$

(나)에 대한 표현형이 같을 확률 : $\frac{1}{2}$

따라서 $\frac{3}{8} \times \frac{1}{2} = \frac{3}{16}$

65 〉 20학년도 6월 15번 | 정답 ⑤

문항 해설

1. 문자 우열 정하기

AD인 개체와 BD인 개체의 몸 색이 서로 같으므로 D〉A, B입니다.
AE, BB, BE인 개체의 몸 색이 모두 다른데, BB인 개체의 몸 색은 B색이므로 BE인 개체는 E 색이어야 합니다. 따라서 E〉B입니다.
AE인 개체는 A 색이어야 하므로 A〉E입니다.
이를 정리하면, D〉A〉E〉B임을 알 수 있습니다.

2. 표현형 비 해석

1) 회색 × 검은색 → 검은색:붉은색 = 1:1
자손들 중 몸 색이 회색인 자손이 없습니다.
그런데 붉은색인 자손이 있으므로 붉은색〉회색임을 알 수 있습니다.

붉은색 자손이 태어나기 위해선 부모 중 한 명 이상 붉은색 유전자를 가지고 있어야 하는데,
회색은 가질 수 없으므로 검은색이 갖고 있었음을 알 수 있습니다.

검은색의 유전자형은 '검붉'인데 검은색이므로 검〉붉입니다.
따라서 검〉붉〉회입니다.
(* 처음 봤을 때는 지금처럼 생각해서 푸는 게 맞습니다. 다만 이제는 외워놓고 보자마자 나와야합니다.)

2) 갈색 × 붉은색 → 붉은색:회색:갈색 = 2:1:1
붉〉갈〉회임을 앞선 기출 문제(39번)를 통해 학습했으므로 할 게 없습니다.

1)과 2)를 통해 검〉붉〉갈〉회임을 알 수 있습니다.
따라서 D=검 〉 A=붉 〉 E=갈 〉 B=회입니다.

선지 해설

ㄱ̸ ㉠은 BB이므로 회색입니다.

ⓛ 회색(BB)인 자손이 태어났으므로 부모 모두 B를 갖고 있어야 합니다.
따라서 붉은색 몸 수컷인 ㉡은 AB입니다.

ⓒ ⓐ인 수컷의 유전자형은 AE나 AB 중 하나입니다.

1) ⓐ에서 AE일 확률 : $\frac{1}{2}$

AE × DE → A_ 일 확률 : $\frac{1}{4}$

$\frac{1}{2} \times \frac{1}{4} = \frac{1}{8}$

2) ⓐ에서 AB일 확률 : $\frac{1}{2}$

AB×DE → A_일 확률 : $\frac{1}{4}$

$\frac{1}{2} \times \frac{1}{4} = \frac{1}{8}$

이므로 $\frac{1}{8} + \frac{1}{8} = \frac{1}{4}$ 입니다.

☑ comment

검토진 : 저는 '우열이 분명한 복대립 유전' 문제를 풀 때 '항상, 큰>항상>신규>도태' 라는 매뉴얼을 가지고 있습니다. '항상'은 부모에게 나타난 표현형이 자손에게도 나타난 것을, '신규'는 부모에게 나타나지 않던 표현형이 자손에게 나타난 것을, '도태'는 부모에게 나타난 표현형이 자손에게 나타나지 않는 것을 뜻합니다. '항상' 중에서도 위 문제 두 번째 표현형 비 조건의 붉은색처럼 자손에게서 그 비율이 다른 것에 비해 높은 표현형을 '항상, 큰'이라고 정했습니다. 이 매뉴얼을 외우고 있다면 우열이 분명한 문제에서는 어떤 복대립 유전 문제가 출제되어도 빠르게 해결할 수 있으니 적용해 보시는 것을 추천합니다. (우열이 분명하지 않다면 문제의 조건에 따라 논리적으로 추론해 가는 것이 좋습니다.)

66 20학년도 9월 14번 | 정답 $\frac{1}{4}$

문항 해설

1. 자료 해석

표현형이 11가지입니다.

11가지는 곱셈으로 나타낼 수 없으므로 ㉠과 ㉡이 연관되었음을 알 수 있습니다.

(* 독립이라면 ㉡에서 표현형이 2가지이므로, 표현형 가짓수는 2의 배수여야 합니다.)

그런데 자손 중 유전자형이 aabbddee인 개체가 있으므로 연관은 상인 연관임을 알 수 있습니다.

표현형이 11가지이기 위해선, 염색체가 최소한 2쌍은 있어야 하므로

1) 3연관 1독립

2) 2연관 2연관

3) 2연관 1독립 1독립

중 하나임을 알 수 있습니다.

그런데 자손의 유전자형을 통해 '연관'인 유전자는 부모 모두 상인 연관임을 알고 있습니다.

따라서 '자가 교배'라고 생각하고 풀어도 큰 문제가 없습니다.

자가 교배를 할 경우, 한 쌍의 염색체에서 나올 수 있는 표현형 가짓수는 최대 3가지이므로

염색체가 2쌍이면 안됨을 알 수 있습니다.

(* 한 쌍의 염색체 중 하나를 ⓟ, 다른 하나를 ⓠ라 할 때, 자가 교배 결과 자손이 가질 수 있는 염색체 구성은 ⓟⓟ, ⓟⓠ, ⓠⓠ 중 하나입니다. ⓟⓟ, ⓟⓠ, ⓠⓠ인 개체들의 표현형이 모두 달라도 표현형은 최대 3가지만 가능합니다.)

(* 염색체가 2쌍일 경우 표현형은 최대 3*3으로 9가지입니다. 대문자 수가 중복되어 표현형 가짓수가 9 이하일 순 있어도, 9 초과일 순 없습니다.)

따라서 염색체가 최소한 3쌍 필요하므로 2연관 1독립 1독립임을 알 수 있습니다.

확률 구하기

부　　　모

(1, 0)　　(1, 0)

(1, 0)　　(1, 0)

일반 유전이 연관된 부분에서,

㉡에 대한 표현형이 E_일 때 대문자 수는 2개나 1개이고,

㉡에 대한 표현형이 ee일 때 대문자 수는 0개입니다.

이때, ㉠과 ㉡에 대한 표현형이 부모와 같을 확률이므로 E_ 면서 대문자 수가 3개일 확률을 구해야 합니다.

1) E_에서 대문자 수가 2개일 확률 : $\frac{1}{4}$

독립된 부분에서 대문자 수가 1개일 확률 : $\frac{{}_4C_1}{2^4} = \frac{1}{4}$

따라서 $\frac{1}{4} \times \frac{1}{4} = \frac{1}{16}$

2) E_에서 대문자 수가 1개일 확률 : $\frac{1}{2}$

독립된 부분에서 대문자 수가 2개일 확률 : $\frac{{}_4C_2}{2^4} = \frac{3}{8}$

$\frac{1}{2} \times \frac{3}{8} = \frac{3}{16}$

$\frac{1}{16} + \frac{3}{16} = \frac{1}{4}$ 입니다.

67 〉 20학년도 수능 13번 | 정답 ①

문항 해설

1. 우열 정리

표에서 AA, AB, AD, AE의 표현형이 모두 같으므로 A〉B, D, E임을 알 수 있습니다.
마찬가지로 BB와 BE의 표현형이 같으므로 B〉E,
DD와 DE의 표현형이 같으므로 D〉E 임을 알 수 있고,
BD는 B_와 D_ 표현형이 모두 아니므로 B=D임을 알 수 있습니다.
따라서 A〉B=D〉E이고, B_는 황색, BD는 회색입니다.

2. 표현형 비 해석

1) 회색 × 녹색 → 자주색:황색 = 1:1

BD × 녹? → ? : B_ = 1:1이므로 자주색은 D를 갖고 있는 개체입니다.
따라서 BD나 D_ 중 하나여야 하는데, BD는 회색이므로 자주색은 D_입니다.
자손들 중 녹색인 자손이 태어나지 않았으므로 녹색은 EE입니다.
(* 녹색이 A라면, A는 가장 우성이므로 녹색인 자손이 있어야 합니다.)
남은 A_는 갈색입니다.

(다른풀이 : BD × 녹색 → ?? : B_ = 1:1인데,
회색(BD)인 자손이 태어나지 않았으므로 녹색은 B나 D를 갖고 있을 수 없습니다.
자손들 중 녹색인 자손이 없으므로 녹색은 A일 수 없습니다.
따라서 녹색은 EE이고, 자손들은 각각 BE, DE이므로 자주색이 D_입니다.)

2) 황색 × 갈색 → 갈색:자주색:회색 = 2:1:1

황색이 BB로 동형 접합성이라면 자손의 표현형이 3가지일 수 없으므로 황색의 유전자형은 BE입니다.
자손들 중 자주색(D_)인 개체가 있으므로 갈색의 유전자형은 AD입니다.

선지 해설

㉠

✓ BD×EE에서 태어난 자손들이므로 BB인 개체는 없습니다.

✓ ㉡에서 ⓐ인 개체의 유전자형은 AB나 AE 중 하나이고, ⓑ인 개체의 유전자형은 DE입니다.
이때 황색(B_)이 태어나려면 ⓐ에서 유전자형이 AB인 개체가 교배되어야 합니다.

ⓐ에서 유전자형이 AB인 개체일 확률 : $\frac{1}{2}$

AB×DE → B_일 확률 : $\frac{1}{4}$

이므로 $\frac{1}{2} \times \frac{1}{4} = \frac{1}{8}$ 입니다.

68 〉 21학년도 9월 11번 | 정답 $\frac{3}{16}$

문항 해설

1. 자료 해석

해설의 편의를 위하여 A*는 a로, B*는 b로 표기하겠습니다.

① AaBbDE × AaBbFG → 12 = 2×3×2 이므로 D, E 〉 F, G 또는 D, E 〈 F, G임을 알 수 있습니다.
(* 이 부분이 이해가 되지 않는다면 개념 설명 페이지를 다시 확인해주세요.)

② AABbDF × AaBBDE → 어머니와 같은 표현형일 확률 $\frac{3}{8} = 1 \times \frac{1}{2} \times \frac{3}{4}$이므로

DF × DE에서 $\frac{3}{4}$이 나와야 합니다. 따라서 D〉E, F임을 알 수 있습니다.
(* 이 부분이 이해가 되지 않는다면 개념 설명 페이지를 다시 확인해주세요.)

D〉E, F 이므로 ①에서 D, E 〉 F, G임을 알 수 있습니다.
따라서 D〉E〉F, G입니다. F와 G 사이의 우열 관계는 해당 조건만으로는 결정할 수 없습니다.

확률 구하기

㉠의 표현형은 A_BbD_입니다.

(가)에 대한 표현형이 같을 확률 : $\frac{3}{4}$

(나)에 대한 표현형이 같을 확률 : $\frac{1}{2}$

(다)에 대한 표현형이 같을 확률 : $\frac{1}{2}$

이므로 $\frac{3}{4} \times \frac{1}{2} \times \frac{1}{2} = \frac{3}{16}$입니다.

comment

해당 문항처럼 우열 관계가 결정되지 않는 문항도 출제될 수 있음을 인지해주세요.
또한, '유전자형이 ☆인 아버지와 ★인 어머니 사이에서' 식의 표현이 있을 때, 생각보다 아버지의 유전자형을 ★이라고 잘못 읽는 학생이 많습니다. 주의하시기 바랍니다.
마지막으로 위 문항은 유의미한 조건은 아래 두 조건인데, 풀이 순서는 아래 조건을 해석한 후 위의 조건을 해석하는 게 합리적입니다.
이처럼 복대립 문항에서는 아래의 어떤 조건을 먼저 해석할지도 중요하므로 순서대로 푼다면, 결정되지 않을 것 같을 때 다음 조건으로 내려가는 연습도 하시기 바랍니다.

69 〉 21학년도 수능 13번 | 정답 ④

문항 해설

1. 자료 해석

1) BB*DF × BB*EF → (가)~(다) 표현형 최대 12가지 + 아버지와 표현형 같을 확률 $\frac{3}{16}$

(나)에 대한 표현형 가짓수는 3가지이므로 12=1×3×4 또는 2×3×2임을 알 수 있습니다.
그런데 우열 관계가 분명할 때, 복대립에서 표현형이 4가지가 나올 수는 없으므로 2×3×2임을 알 수 있습니다.

개념 설명 페이지에서 정리한 것과 같이 공통된 문자인 F는 제일 열성이 아님을 알 수 있습니다.
F〉D, E 또는 DorE 〉 F 〉 EorD임을 알 수 있습니다.
(* F가 제일 열성이라면 표현형은 3가지입니다.)

2) AA*BBDE × A*A*BB*DF → 어머니와 표현형 같을 확률 $\frac{1}{16}$

(가)에 대해 같을 확률 : $\frac{1}{2}$

(나)에 대해 같을 확률 : $\frac{1}{2}$

이므로 (다)에 대해 같을 확률이 $\frac{1}{4}$ 임을 알 수 있습니다.

개념 설명 페이지에서 정리한 것과 같이
공통된 문자인 D가 제일 열성이며, 이때 비율이 2:1:1인데 어머니와 같을 확률이 $\frac{1}{4}$ 이어야 하므로
E〉F〉D임을 알 수 있습니다.
(* F〉D〉E라면 어머니와 같을 확률은 $\frac{2}{4}$ 가 됩니다.)

따라서 1)에서 (다)에 대해 아버지(F_)와 같은 표현형일 확률이 $\frac{1}{2}$ 이므로
(가)에 대해 아버지와 같은 표현형일 확률은 $\frac{3}{4}$ 이고, 아버지와 어머니의 유전자형이 AA*임을 알 수 있습니다.

선지 해설

ㄱ. 아닙니다.

ㄴ. 부모의 유전자형이 모두 AA*이므로 AA, AA*, A*A* 3가지가 가능합니다.

ㄷ. 아버지의 표현형은 A_BBE_ 표현형이므로,

(가)에 대해 같을 확률 : $\frac{1}{2}$

(나)에 대해 같을 확률 : $\frac{1}{2}$

(다)에 대해 같을 확률 : $\frac{1}{2}$

이므로 $\frac{1}{2} \times \frac{1}{2} \times \frac{1}{2} = \frac{1}{8}$ 입니다.

comment

보통 먼저 준 조건에서 경우의 수를 줄여주고, 다음에 준 조건들로 확정시키는 경우가 많습니다.
따라서 처음에 5번째 조건을 보고 확정할 수 없음을 알았다면, 바로 다음 조건으로 내려가야 합니다.

또한, 5번째 조건에서 유전자형은 (나)와 (다)에 대해 제시해주었지만,
표현형과 확률은 (가)~(다)에 대해 제시해 주었음은 꼭 인지해둡시다.
실제로 이 부분을 제대로 해석하지 못하여 말린 친구들이 많았습니다.
(* 추가적으로, 우열 관계가 뚜렷할 때 한 쌍의 유전자에서 표현형은 최대 3가지임도 챙기시면 좋습니다.)

70 〉 23학년도 9월 17번 | 정답 $\frac{1}{16}$

문항 해설

1. 자료 해석

㉠의 표현형은 AA인 사람과 AD인 사람이 같고, BB인 사람과 BD인 사람이 같으므로 A, B 〉 D입니다.
그런데 ㉠의 표현형은 4가지이므로 A=B〉D입니다.

표현형 12가지는 4×3×1일 수도 있고, 3×2×2일 수도 있습니다.

1) 4×3×1일 경우
㉠에서 표현형이 4가지가 나와야 하므로, 부모의 유전자형은 각각 AD, BD입니다.
이를 만족하는 경우는 Ⅱ&Ⅲ 또는 Ⅱ&Ⅳ입니다.

㉡에서 표현형이 3가지가 나와야 하므로 부모의 유전자형은 모두 EE*여야 하는데
Ⅱ의 유전자형이 E*E*이므로 이는 불가능합니다.

2) 3×2×2일 경우
Ⅱ와 Ⅲ에는 FF가 있으므로 불가능합니다.
따라서 Ⅰ과 Ⅳ입니다.

확률 구하기
ABEEFF* × BDEE*F*F* → ABEEF_ 표현형일 확률이므로
$\frac{1}{4} \times \frac{1}{2} \times \frac{1}{2} = \frac{1}{16}$ 입니다.

comment

① 위와 같이 접근하는 것도 괜찮지만, 사실 그냥 전부 해보는 게 훨씬 빠릅니다.

② 복대립 유전에서 우열 관계가 A=B > D 꼴일 때,
표현형 4가지 : AD × BD
표현형 3가지 : AB × (이형 접합성)
만 가능함은 사전에 알고 계시는 게 좋습니다.

71 〉 20학년도 9월 17번 | 정답 ④

문항 해설

1. 자료 해석
DD인 사람과 DE인 사람의 표현형이 같으므로 D〉E입니다.
FF인 사람과 EF인 사람의 표현형이 같으므로 F〉E입니다.
D, F〉E인데 ㉢의 표현형이 4가지이므로 D=F〉E임을 알 수 있습니다.

AA*BB*DE × AA*BB*EF에서 ㉠~㉢의 유전자형이 모두 이형 접합성일 확률이 $\frac{3}{16}$ 입니다.

AA*와 AA* 사이에서 유전자형이 이형 접합성일 확률은 $\frac{1}{2}$ 입니다.

BB*와 BB* 사이에서 유전자형이 이형 접합성일 확률도 $\frac{1}{2}$ 입니다.

DE와 EF 사이에서 유전자형이 이형 접합성일 확률은 $\frac{3}{4}$ 입니다.

이정도에서 그냥 다 곱하면 $\frac{3}{16}$ 이니까 모두 독립이다. 하고 푸는 게 제일 쉬운 풀이입니다.

굳이 추론을 한다면, $\frac{3}{16}$ 에서 분자 3을 만들기 위해선 복대립이 독립일 수 밖에 없음을 알 수 있습니다.
(* 만약 복대립유전자가 ㉠이나 ㉡과 연관되어 있다면, 이형 접합성일 확률이 $\frac{2}{4}$ 이하가 되어야 합니다. 따라서 분자 3이 나올 수 없습니다.)
그러면, ㉠과 ㉡에서 이형 접합성일 확률이 $\frac{1}{4}$ 이어야 하는데 독립일 때만 가능하므로 ㉠과 ㉡은 독립입니다.
따라서 모두 독립입니다.

선지 해설

ㄱ. D=F〉E 이므로 DE는 D_ 표현형, DF는 DF 표현형입니다.
따라서 다릅니다.

ㄴ.

ㄷ. ㉠에서 A_와 A*A*로 2가지 표현형이 가능하고,
㉡에서 BB, BB*, B*B*로 3가지 표현형이 가능하고,
㉢에서 D_, DF, E_, F_로 4가지 표현형이 가능합니다.
따라서 2×3×4=24가지입니다.

72 〉 22학년도 수능 16번 | 정답 ⑤

문항 해설

1. 조건 정리

표 (가)를 통해 ㉠은 A=a 또는 A〉a임을 알 수 있습니다.
표 (나)를 통해 ㉡은 B=b 또는 B〉b임을 알 수 있습니다.

㉢은 DE인 사람과 EE인 사람의 표현형이 같으므로 E〉D이고,
DF인 사람과 FF인 사람의 표현형이 같으므로 F〉D입니다.
그런데 표현형이 4가지이므로 E=F〉D임을 알 수 있습니다.

2. 자료 해석

P × Q에서 ㉠~㉢ 중 '한 가지만' 표현형이 부모와 같을 확률은 $\frac{3}{8}$ 입니다.
일단, P와 Q의 ㉠~㉢에 대한 표현형이 서로 같은데, Q의 B/b에 대한 유전자형이 동형 접합성이라면
우성 동형 접합성일 수밖에 없으므로 분모가 8이 나올 수 없습니다.
따라서 Q의 B/b에 대한 유전자형은 Bb입니다.

B〉b일 경우

$\frac{3}{4}$×(㉠, ㉢의 표현형이 모두 다를 확률) + $\frac{1}{4}$×(㉠과 ㉢의 표현형 중 한 가지만 같을 확률) = $\frac{6}{16}$

임을 알 수 있습니다.

㉠과 ㉢의 표현형이 모두 다른 경우가 없다면, ㉠과 ㉢의 표현형 중 한 가지만 같을 확률이 $\frac{6}{4}$ 이어야 하는데,

이는 불가능하므로 ㉠과 ㉢의 표현형이 모두 다른 경우가 있어야 함을 알 수 있습니다.

P에서 AD가 연관되어 있고, aF가 연관되어 있으므로 ㉠과 ㉢의 표현형이 모두 다르려면 A=a여야 함을
알 수 있습니다.
또한, F 표현형이 나오지 않는 경우도 있어야 하므로 Q의 유전자형은 AaDF로 확정되고, ㉠과 ㉢의 표현형이
모두 다르려면 오른쪽 그림과 같아야 함을 추론할 수 있습니다.
(* 과정 : ㉠과 ㉢의 표현형이 모두 다르려면 P에서 AD가 수정되어야 하는데, Q에서도 AD가 수정되어야 함)

P: A|a, D|F, B|b
Q: A|a, D|F, B|b

그런데 이때는

$\frac{3}{4}$×(㉠, ㉢의 표현형이 모두 다를 확률) + $\frac{1}{4}$×(㉠과 ㉢의 표현형 중 한 가지만 같을 확률)

= $\frac{3}{4}×(\frac{1}{4}) + \frac{1}{4}×(\frac{1}{4}) = \frac{1}{4}$ 이므로 모순됩니다.

따라서 B=b입니다.
B=b일 경우, ㉡에 대한 표현형이 부모와 같을 확률과 다를 확률이 모두 $\frac{1}{2}$ 이므로

$\frac{1}{2}$×(㉠, ㉢의 표현형이 모두 다를 확률) + $\frac{1}{2}$×(㉠과 ㉢의 표현형 중 한 가지만 같을 확률)

= $\frac{1}{2}$×(㉠, ㉢의 표현형이 모두 다를 확률 + ㉠과 ㉢의 표현형 중 한 가지만 같을 확률)

= $\frac{1}{2}$×(1 − ㉠과 ㉢의 표현형이 모두 같을 확률)

= $\frac{3}{8}$

이므로 ㉠과 ㉢이 부모와 같을 확률이 $\frac{1}{4}$ 인 경우가 답입니다.

A〉a라면 Q의 유전자형이 AA일 경우 항상 A_ 표현형이므로 복대립 유전자만 고려하면 되는데,

이때 F_ 표현형일 확률이 $\frac{1}{4}$ 일 수 없으므로 Q의 유전자형은 Aa여야 합니다.
그런데 이때도, A_ 표현형일 때 복대립 유전자가 최대 3가지가 나오게 되는데,
이때 아래 그림처럼 F가 2번 이상 포함될 수밖에 없으므로 모순됩니다.

P Q

A | a A | a
D | F □ | △

B | b B | b

(* A_일 때 복대립 유전자는, □D, △D, □F가 나오게 되는데, □와 △ 중 적어도 하나는 F이므로 F가 2번 이상 포함될 수밖에 없습니다.)

따라서 A=a임을 알 수 있고, Aa일 때 F_가 한 번만 나타나야 하므로 아래가 정답인 케이스임을 알 수 있습니다.

P Q

A | a A | a
D | F F | D

B | b B | b

선지 해설

㉠

ㄴ A와 D는 연관되어 있지 않으므로 형성될 수 없습니다.

㉢ ㉠과 ㉢이 연관된 염색체에서 최대 4가지, ㉡에서 최대 3가지가 나오므로 최대 12가지가 맞습니다.

comment

해설지다 보니 풀이가 길어졌지만, 위의 과정들은 빠르게 처리할 수 있어야 합니다.
(* 사실 대다수의 수험생들은 선지 배열을 통해 B=b로 찍고 풀었다고 합니다.)
특히 해설 과정에서, 특정 염색체에 어떤 유전자가 있어야 하는지를 추론하는 과정은 굉장히 중요합니다.
다양한 문제들을 풀어보며 연습해보세요!

73 17학년도 10월 13번 | 정답 ③

문항 해설

1. P1 자가 교배

표현형 가짓수 6 = 3×2입니다.
2연관 2연관임을 이미 알고 있으므로 상반 / 상인임을 알 수 있습니다.

A_B_D_ee : aaB_ddE_ = 3:2입니다.
상인 연관에서 비율은 3:1, 상반 연관에서 비율은 2:1:1임을 알고 있어야 합니다.
aaB_ddE_ 의 비율이 2이므로 B_E_가 상반 연관이고 A_D_는 상인 연관입니다.
(* 이 부분은 PART 2 문제를 안 풀어봤다면 이해가 잘 안 되는 게 정상입니다.
많이 풀다보면 기본적인 비율 관계들이 외워져 A_B_D_ee = 3×1, aaB_ddE_ = 1×2 라서 3:2임을 쉽게 알 수 있습니다.
지금 단계에서 이 문제가 너무 어렵다면 PART 2를 푼 후에 다시 풀거나,
E_가 aa나 dd와 연관일 경우, aaB_ddE_을 통해 P1은 상인 연관이 있을 수 없음을 통해 찾으셔도 괜찮습니다.
예를 들어, E_가 aa와 연관일 경우, aaE_가 있으므로 A/a와 E/e는 상반 연관, B_dd가 있으므로 B/b와 D/d는 상반 연관이 됩니다.
그런데 이미 상인 연관이 있어야 함을 알고 있으므로 모순됩니다.)

2. P2 자가 교배

표현형 가짓수 4 = 2×2이므로 상인 / 상인임을 알 수 있습니다.
이때 비율이 9:1이므로 ⓐ는 A_B_D_E_, ⓑ는 aabbddee임을 알 수 있습니다.
(* 상인 연관에서 표현형 비가 3:1이므로, 9를 3×3으로 볼 수 있습니다.)

선지 해설

㉠ A_D_일 확률 : $\frac{3}{4}$, B_E_일 확률 $\frac{1}{2}$ 이므로 $\frac{3}{4} \times \frac{1}{2} = \frac{3}{8}$ 입니다.

따라서 $400 \times \frac{3}{8}$ = 150이므로 맞습니다.

ⓛ

P1 P2

A|a D|d × A|a D|d → 2가지) 6가지

B|b e|E B|b E|e → 3가지

A/a와 D/d가 있는 염색체는 P1, P2 모두 상인 연관이므로 표현형 가짓수는 2가지,
B/b와 E/e가 있는 염색체는 P1은 상반, P2는 상인이므로 표현형 가짓수는 3가지입니다.
따라서 2×3 = 6가지입니다.

ㄷ ㉠에서 ⓐ와 ㉡에서 ⓑ를 정리하면 다음과 같습니다.

㉠에서 ⓐ ㉡에서 ⓑ

A|A D|D, A|a D|d a|a d|d
(1) (2)

B|b e|E b|b e|e

(* 분홍색은 비율입니다.)

3가지 형질에 대한 유전자형이 이형 접합성이어야 하는데, B/b와 E/e가 연관된 염색체에서는 어떤 경우든 이형 접합성이 1가지'만' 나옴을 알 수 있습니다.
따라서 A/a와 D/d가 연관된 염색체에서 이형 접합성이 2가지 나올 확률을 구해야 합니다.

1) ㉠에서 ⓐ인 개체의 유전자형이 AADD일 확률 :
$\frac{1}{3}$, AADD × aadd → 이형 접합성이 2개일 확률 : 1
따라서 $\frac{1}{3} \times 1 = \frac{1}{3}$
2) ㉠에서 ⓐ인 개체의 유전자형이 AaDd일 확률 :
$\frac{2}{3}$, AaDd × aadd → 이형 접합성이 2개일 확률 : $\frac{1}{2}$
따라서 $\frac{2}{3} \times \frac{1}{2} = \frac{1}{3}$

이므로 $\frac{1}{3} + \frac{1}{3} = \frac{2}{3}$ 입니다.

PART 2

01

문항 해설

1. 유전자형이 AABbDd인 아버지와 aaBbDd인 어머니 사이에서 태어난 아이의 유전자형은 Aa□□□□임을 알 수 있습니다. (* □는 대문자인지 소문자인지 확정할 수 없어서 비워둔 유전자입니다.)

   그런데 대문자 수가 ⓨ개 이상일 확률이 $\frac{1}{16}$이므로, ⓨ는 5임을 알 수 있습니다.

   (* $\frac{{}_4C_4}{2^4} = \frac{1}{16}$이기 때문입니다.)

2. 유전자형이 AaBbDD인 아버지와 AaBbDd인 어머니 사이에서 태어난 아이의 유전자형은 □□□□D□임을 알 수 있습니다.

   그런데 대문자 수가 ⓧ개 미만일 확률이 $\frac{3}{16} = \frac{6}{32}$이므로 ⓧ는 3임을 알 수 있습니다.

   (* 대문자 수가 1개일 때 분자 : ${}_5C_0 = 1$ / 대문자 수가 2개일 때 분자 : ${}_5C_1 = 5$

   1+5 = 6이므로 대문자 수가 0~2개일 때 표현형 (가)입니다.

   ⓧ개 '미만'일 때가 (가)이므로 ⓧ는 3입니다.)

선지 해설

ㄱ. ⓐ를 결정하는 3쌍의 유전자들은 각각 대립유전자를 2종류만 가지므로 복대립 유전이 아닙니다.

ㄴ. ⓧ+ⓨ = 3 + 5 = 8입니다.

ㄷ. 아버지는 대문자 수가 4개이므로 표현형이 (나)입니다.
따라서 대문자 수가 3개일 확률 + 4개일 확률을 구하면 됩니다.
따라서 $\frac{{}_5C_2 + {}_5C_3}{2^5} = \frac{5}{8}$입니다.

02

문항 해설

1. 표현형을 표로 정리하면 다음과 같습니다.

A_B_D_	①
A_B_dd	②
A_bb	③
aa	④

2. 아버지의 표현형이 ①이므로 아버지의 유전자형은 A□B□D□이고,
   어머니의 표현형이 ④이므로 어머니의 유전자형은 aa□□□□입니다.

   그런데 표현형이 A_B_dd인 아이가 태어날 수 있어야 하므로 아버지와 어머니는 모두 d를 갖고 있어야 합니다.
   따라서 아버지의 유전자형은 A□B□Dd, 어머니의 유전자형은 aa□□□d입니다.

3. A_B_dd인 아이가 태어날 확률이 $\frac{3}{8}$이므로 이는 $1 \times \frac{1}{2} \times \frac{3}{4}$꼴임을 알 수 있습니다.

   dd일 확률은 $\frac{1}{2}$ 또는 $\frac{1}{4}$이므로 $\frac{1}{2}$이어야 합니다. 따라서 어머니의 유전자형은 dd입니다.

   $\frac{3}{4}$은 Bb×Bb → B_ 일 때만 나올 수 있으므로 아버지와 어머니의 B/b에 대한 유전자형은 모두 Bb입니다.

   남은 1은 A/a에서 나와야 하므로 아버지의 A/a에 대한 유전자형은 AA입니다.

   따라서 아버지의 유전자형은 AABbDd, 어머니의 유전자형은 aaBbdd입니다.

〈확률 구하기〉
표현형이 ③인 아이가 태어날 확률을 구해야 하므로 D/d는 고려

할 필요가 없습니다.
따라서 표현형이 ③인 ㉠의 유전자형은 Aabb입니다.

$Aa \times Aa \rightarrow A\_ : \frac{3}{4}$, $bb \times Bb \rightarrow bb : \frac{1}{2}$

이므로 $\frac{3}{8}$입니다.

03

문항 해설

1. (가)~(다)의 표현형이 3가지이므로 3×1임을 알 수 있습니다.
   따라서 BD×BE에서 표현형이 3가지이고, 우열 관계는 D, E〉B입니다.
   (* BD×BE 꼴일 때 표현형이 3가지면 D, E〉B임은 기출된 내용이므로 나열해서 찾는 게 아니라 바로 나와야 합니다.)

   문제에서 D〉E임을 제시해주었으므로, 각 대립유전자 사이의 우열 관계는 D〉E〉B입니다.

2. (가)~(다)의 유전자형이 모두 이형 접합성일 확률이 $\frac{3}{16}$입니다.
   염색체가 2쌍 있으므로 $\frac{3}{4} \times \frac{1}{4}$임이 자명합니다.

   그런데 부모 중 한 명이라도 유전자형에서 동형 접합성이 포함된 경우
   이형 접합성일 확률은 1 / $\frac{1}{2}$ / 0만 가능하므로 $\frac{3}{4}$이 BD/BE에서 나왔고,
   나머지 두 유전자가 같은 염색체에 있어서 $\frac{1}{4}$이 나왔음을 알 수 있습니다.

3. 아버지의 (가)에 대한 유전자형이 AA면 (가)에 대한 유전자형이 이형 접합성일 수 없고, aa면 (가)에 대한 유전자형은 '항상' 이형 접합성이므로 (가)를 고려할 필요가 없어집니다.
   그러면 (다)에 대해 이형 접합성일 확률이 1 / $\frac{1}{2}$ / 0만 가능하므로 불가능합니다.

   따라서 아버지의 (가)에 대한 유전자형은 Aa이고,
   어머니의 (다)에 대한 유전자형도 위와 같은 논리로 G□임을 알 수 있습니다.
   (* □는 G가 아닌 다른 대립유전자입니다.)

   그런데 □가 G보다 우성일 경우 (다)에 대한 표현형이 1가지보다 많게 되므로
   □는 G보다 열성인 유전자여야 합니다.
   (* A/a와 F/G/H가 연관된 염색체에서 표현형은 1가지가 나와야 합니다.)

   따라서 G보다 열성인 유전자가 존재하는데,
   F〉G이므로 □는 H임을 알 수 있고, 각 대립유전자 사이의 우열 관계는 F〉G〉H입니다.

선지 해설

ㄱ. (가)와 (다)를 결정하는 유전자가 같은 염색체에 존재합니다.
ㄴ. 아닙니다.
ㄷ.

아버지 | 어머니
A|a G|G × A|A G|H → $1 \times \frac{1}{2} = \frac{1}{2}$
B|D B|E
$\frac{1}{2}$

04

문항 해설

1. ⓑ에 대한 표현형이 아버지와 같을 확률이 $\frac{3}{8}$ 입니다.

   분모가 4보다 크므로 D/d 와 E/e가 서로 다른 염색체에 있는 유전자임을 알 수 있습니다.
   또한 다인자 유전에서 독립인 상황이므로 분모 8을 보고 아버지의 유전자형이 DdEe임도 알 수 있습니다.

2. A*를 편의상 a로 작성하겠습니다.
   D/d와 E/e 중 하나는 A/a와 연관되어야 합니다.

   1) A/a와 D/d가 연관인 경우
   A_ 일 때 자녀가 가질 수 있는 D의 수 : 2, 1
   aa 일 때 자녀가 가질 수 있는 D의 수 : 2, 1

   자녀가 가질 수 있는 E/e의 수 : 2, 1, 0
   이므로

   A_ 일 때 자녀가 가질 수 있는 D, E의 수 : 4, 3, 2, 1
   aa 일 때 자녀가 가질 수 있는 D, E의 수 : 4, 3, 2, 1
   로 표현형이 8가지입니다.

   2) A/a와 E/e가 연관인 경우
   ① 어머니에서 A와 E가 연관인 경우
   A_ 일 때 자녀가 가질 수 있는 E의 수 : 2, 1
   aa 일 때 자녀가 가질 수 있는 E의 수 : 1, 0

   자녀가 가질 수 있는 D/d의 수 : 2, 1

   A_ 일 때 자녀가 가질 수 있는 D, E의 수 : 4, 3, 2
   aa 일 때 자녀가 가질 수 있는 D, E의 수 : 3, 2, 1
   로 표현형이 6가지입니다.

   ② 어머니에서 A와 e가 연관인 경우
   A_ 일 때 자녀가 가질 수 있는 E의 수 : 1, 0
   aa 일 때 자녀가 가질 수 있는 E의 수 : 2, 1

   자녀가 가질 수 있는 D/d의 수 : 2, 1

   A_ 일 때 자녀가 가질 수 있는 D, E의 수 : 3, 2, 1
   aa 일 때 자녀가 가질 수 있는 D, E의 수 : 4, 3, 2
   로 표현형이 6가지입니다.

   따라서 A/a와 D/d가 연관임을 알 수 있습니다.

다른 풀이

아래의 내용은 어느 정도 실력이 쌓이지 않으면 이해가 불가능합니다.
당장 이해가 되지 않는다면 나중에 어느 정도 시간이 지난 후 다시 봐주세요.

D/d와 E/e 각각에서 자손이 가질 수 있는 대문자 수를 고려하면,
D/d에서 자손이 가질 수 있는 대문자 수는 2/2/1/1이고
E/e에서 자손이 가질 수 있는 대문자 수는 2/1/1/0입니다.

A/a와 E/e가 같은 염색체에 있고 D/d가 독립된 유전자라면,
D/d에서 표현형이 2가지가 나타날 수 있으므로
A/a와 E/e에서는 표현형이 4가지가 나와야 하고
A/a에 대한 표현형이 같을 때 겹치는 대문자 수가 없어야 합니다.

그런데 2/1/1/0을 적당히 2개씩 나누고, 2와 1을 더할 때,
하나도 안 겹치는 게 불가능함은 자명하므로 A/a와 D/d가 연관이어야 합니다.

〈확률 구하기〉
아버지의 ⓐ와 ⓑ에 대한 표현형은 aa + 대문자 수 2개입니다.

A_ 일 때 자녀가 가질 수 있는 D의 수 : 2, 1
aa 일 때 자녀가 가질 수 있는 D의 수 : 2, 1

자녀가 가질 수 있는 E/e의 수 : 2, 1(2), 0
(* 색으로 표시한 건 비율입니다. 비율이 1인 경우는 따로 표시하지 않았습니다.)

자녀의 표현형이 aa 일 때

1) D가 2개 + E가 0개
2) D가 1개 + E가 1개
두 경우가 가능합니다.

1) $\frac{1}{4} \times \frac{1}{4} = \frac{1}{16}$
2) $\frac{1}{4} \times \frac{1}{2} = \frac{1}{8}$
이므로 1) + 2) = $\frac{1}{16} + \frac{1}{8} = \frac{3}{16}$ 입니다.

05

문항 해설

1. 표를 통해
   대문자가 3개나 4개일 때 표현형은 ⓐ,
   대문자나 2개일 때 표현형은 ⓑ,
   대문자가 1개나 0개일 때 표현형은 ⓒ
   임을 알 수 있습니다.

2. ㉠의 표현형이 3가지이기 위해선 대문자 수가 3개 이상인 경우가 나올 수 있어야 합니다.
   따라서 어머니의 유전자형은 Aabb나 aaBb입니다.
   (* 어머니가 aabb일 경우 ㉠이 가질 수 있는 대문자 수는 최대 2가지입니다.)
   그런데 ㉠의 유전자형이 AAbb일 수 있어야 하므로 어머니의 유전자형은 Aabb입니다.

   따라서 ㉠의 유전자형은 ???b인데,
   대문자 수가 3개일 수 있어야 하므로 아버지의 유전자형은 AaBb입니다.

선지 해설

ㄱ. (가)의 유전은 복대립 유전이 아닙니다.
ㄴ. 아버지의 유전자형은 AaBb이고, 어머니의 유전자형은 Aabb입니다.
ㄷ. ㉠의 표현형이 ⓒ일 확률은 대문자 수가 0개나 1개일 확률이므로 $\frac{{}_3C_0 + {}_3C_1}{2^3} = \frac{1}{2}$ 입니다.

06

문항 해설

1. 표현형이 8가지입니다.
   어느 정도 공부를 한 학생이라면 다인자 유전에서 3개가 연관되어 있을 때
   (3, 0) × (2, 1) → (5, 4, 2, 1)로 표현형이 4가지임을 이미 알고 있습니다.

   하지만 이렇게 될 경우 아버지(대문자 수 3개)와 표현형이 같을 확률이 0이므로 불가능함을 알 수 있습니다.
   따라서 (가)를 결정하는 유전자와 (나)를 결정하는 유전자가 연관되어 있음을 알 수 있습니다.

   구체적으로 어떤 유전자들이 연관되어 있는지는 알 수 없으므로 해설의 편의상 A/a, B/b, D/d가 같은 염색체에 있고 E/e가 독립되었다는 전제하에 해설하겠습니다.

2. 아버지와 어머니의 연관된 염색체에서 유전자 구성은 아래의 경우만 가능함을 알 수 있습니다.
   B/b와 D/d의 경우 대문자 수가 중요하므로 숫자만 적겠습니다.

   아버지 : A 2 / a 0 (* A에 대문자 2개, a에 대문자 0개 연관)
   (* 아버지에게서 정자가 형성될 때, 이 정자가 A, B, D, E를 모두 가질 수 있기 때문에 확정됩니다.)

   어머니
   1) A 2 / a 0 (* A에 대문자 2개, a에 대문자 0개 연관)
   2) A 0 / a 2 (* A에 대문자 0개, a에 대문자 2개 연관)
   3) A 1 / a 1 (* A에 대문자 1개, a에 대문자 1개 연관)

1) A2/a0 × A2/a0

A_ 일 때 B, D 수 : 4, 2 / aa 일 때 B, D 수 : 0

E/e에서 대문자 수 : 2, 1, 0

A_ 일 때 B, D, E 수 : 6, 5, 4, 3, 2 → 5가지

aa 일 때 B, D, E 수 : 2, 1, 0 → 3가지

이므로 8가지입니다.

2) A2/a0 × A0/a2

A_ 일 때 B, D 수 : 4, 2, 0 / aa 일 때 B, D 수 : 2

E/e에서 대문자 수 : 2, 1, 0

A_ 일 때 B, D, E 수 : 6, 5, 4, 3, 2, 1, 0 → 7가지

aa 일 때 B, D, E 수 : 4, 3, 2 → 3가지

이므로 10가지입니다.

3) A2/a0 × A1/a1

A_ 일 때 B, D 수 : 3, 1 / aa 일 때 B, D 수 : 1

E/e에서 대문자 수 : 2, 1, 0

A_ 일 때 B, D, E 수 : 5, 4, 3, 2, 1 → 5가지

aa 일 때 B, D, E 수 : 3, 2, 1 → 3가지

이므로 8가지입니다.

3. 표현형 가짓수 조건은 1)과 3)이 만족하므로 각각의 확률 조건으로 확정할 수 있음을 알 수 있습니다.

1)의 경우 A_ + 대문자 수 3개일 확률은 $\frac{2}{4} \times \frac{2}{4} = \frac{1}{4}$

3)의 경우 A_ + 대문자 수 3개일 확률은 $\frac{2}{4} \times \frac{1}{4} + \frac{1}{4} \times \frac{1}{4}$

$= \frac{3}{16}$ 입니다.

따라서 A2/a0 × A1/a1 임을 알 수 있습니다.

선지 해설

ㄱ. 같은 염색체에 있습니다.

ㄴ. B/b, D/d에서 나올 수 있는 대문자 수의 조합은 3, 1이고 E/e에서 나올 수 있는 대문자 수의 조합은 2, 1, 0이므로 ㉠의 대문자 수는 5, 4, 3, 2, 1이 가능합니다.
따라서 (나)의 표현형은 최대 5가지입니다.

ㄷ. aa면서 대문자 수가 3개일 확률을 구하면 됩니다.

A_ 일 때 B, D 수 : 3, 1

aa 일 때 B, D, 수 : 1

E/e에서 대문자 수 : 2, 1, 0

이므로 $\frac{1}{4} \times \frac{1}{4} = \frac{1}{16}$ 입니다.

07 〉

문항 해설

1. A와 B는 모두 D와 E에 대해 완전 우성이므로 A, B 〉 D, E입니다.
유전자형이 DE인 사람과 EE인 사람의 (가)에 대한 표현형이 같으므로 E〉D입니다.
따라서 A, B 〉 E 〉 D인데 (가)의 표현형이 5가지이므로 A=B〉E〉D임을 알 수 있습니다.

2. 아버지와 어머니 모두 표현형이 ⓐ인데 ㉠에게서 나타날 수 있는 표현형이 최대 3가지이므로 ⓐ는 유전자형이 AB일 때 발현되는 표현형임을 알 수 있습니다.
따라서 표현형 ⓑ는 A_ 또는 B_ 표현형입니다.

이는 대칭이므로 구분할 수 없습니다.
따라서 해설의 편의를 위해 ⓑ 표현형을 B_라는 전제하에 해설하겠습니다.

3. 표현형이 ⓑ인 아버지와 ⓒ인 어머니 사이에서 나타날 수 있는 표현형이 3가지인데, ⓓ인 자녀가 태어날 수 있어야 합니다.
표현형 ⓒ가 A_ 표현형이라면,
아버지의 유전자형을 Bⓧ, 어머니의 유전자형을 Aⓨ라 할 때,
Bⓧ × Aⓨ → AB, Bⓨ, Aⓧ, ⓧⓨ인 자녀들이 태어날 수 있으므로
표현형은 최대 4가지가 됩니다.
(* 혹시라도 ⓧ가 B거나 ⓨ가 A라면 동형 접합성이므로 자녀의 표현형은 최대 2가지가 됩니다.)

따라서 ⓒ가 A_는 아님이 자명하므로 대립유전자 A에 대해서는 전혀 고려할 필요가 없습니다.
따라서 B>E>D일 때, 표현형이 ⓑ인 아버지와 ⓒ인 어머니 사이에서 자녀가 가질 수 있는 표현형이 최대 3가지임과 같은 상황입니다.
따라서 ⓒ가 E_이고, ⓓ가 DD임을 알 수 있습니다.

ⓓ가 태어날 수 있어야 하므로 아버지의 유전자형은 BD이고, 어머니의 유전자형은 DE입니다.
남은 ⓔ는 A_ 표현형입니다.

선지 해설

ㄱ. ⓒ입니다.
ㄴ. DE입니다.
ㄷ. DD × BE → 표현형이 DD일 확률 : 0

08

문항 해설

1. Sol1) 유전자형이 aabbDdee인 아이가 태어날 수 있으므로, 부모 중 abDe와 abde를 갖는 사람이 있음을 알 수 있습니다.
따라서 부모의 대문자 수 범위는 1~4가지인데, ⓐ의 표현형이 최대 7가지여야 하므로 대문자 수는 3개 또는 4개임을 알 수 있습니다.
(* 부모의 대문자 수가 2개로 같을 경우, 표현형은 0, 1, 2, 3, 4로 최대 5가지만 가능합니다.)

따라서 3개인 경우와 4개인 경우로 케이스를 나눈 후 풀면 쉽게 풀립니다.

Sol2) ⓐ의 대문자 수가 4개일 확률이 $\frac{3}{16}$이므로 부모 중 A/a와 B/b 또는 D/d와 E/e에 대한 유전자형이 동형 접합성으로만 구성된 사람이 없음을 알 수 있습니다.
(* 부모 중 한 명이라도 유전자형이 동형 접합성일 경우, 표현형은 최대 2가지이며 표현형이 2가지일 때 비율은 1:1, 표현형이 1가지일 때 비율은 1이므로 분모가 16일 수 없습니다.)

2. 유전자형이 aabbDdee일 확률이 $\frac{1}{8}$이므로 부모의 유전자형과 연관 관계가 다음과 같음을 알 수 있습니다.

a | a |
b | b |

D | d |
e | e |

이때 유전자형이 aabb일 확률이 $\frac{1}{2}$이라면 부모 중 한 명은 aabb로 유전자형이 동형 접합성일 수밖에 없으므로 불가능합니다.

따라서 Ddee일 확률이 $\frac{1}{2}$이어야 하는데, 부모 모두 동형 접합성이면 안 되므로 아래의 경우만 가능함을 알 수 있습니다.

a | a |
b | b |

D | d d | D
e | e e | e

3. D/d, E/e에서 대문자 수가 1개이므로 A/a, B/b에서 대문자 수는 1개 또는 2개여야 합니다.
(* 0개일 경우 aabb가 되므로 동형 접합성이 포함되므로 불가능합니다.)

Sol1)에서와 같은 이유로, 부모의 전체 대문자 수는 3개 또는 4개여야 하므로
3개로 확정됨을 알 수 있습니다.

따라서 부모의 유전자형은 모두 AaBbDdee입니다.

〈확률 구하기〉

A/a, B/b : (2, 0) × (2, 0) → (4, 2, 0)

D/d, E/e : (1, 0) × (1, 0) → (2, 1, 0)

이므로 대문자 수가 3개일 확률은 $\frac{4}{16} = \frac{1}{4}$ 입니다.

09

문항 해설

1. ㉮에게서 나타날 수 있는 표현형이 8가지인데,
   P의 ㉡에 대한 유전자형이 bb이므로
   ㉠과 ㉢에 대한 표현형 : 4가지
   ㉡에 대한 표현형 : 2가지
   가 나타남을 알 수 있습니다.

   따라서 Q의 ㉡에 대한 유전자형은 Bb이고,
   표에서 ⓐ가 '일치하지 않음', ⓑ가 '일치함'임을 알 수 있습니다.

   따라서 DD와 DF의 표현형이 같아야 하므로 D>F이고,
   EE와 EF의 표현형이 달라야 하므로 F>E입니다.
   이를 정리하면 ㉢의 우열 관계는 D>F>E임을 알 수 있습니다.

2. P의 ㉢에 대한 유전자형이 DE이고, Q의 ㉢에 대한 유전자형이 DF이므로,
   DD, DF, DE로 D_ 표현형은 3번, EF로 F_ 표현형은 한 번 나타납니다.

   따라서 ㉠과 ㉢에 대한 표현형이 4가지가 나오려면
   D_ 표현형이 세 번 나올 때, 각각에서 A/a의 표현형이 모두 달라야 함을 알 수 있습니다.
   따라서 AA, Aa, aa가 나와야 하며 각각의 표현형이 달라야 하므로 ㉠은 A=a이고, ㉡은 B>b입니다.

   또한 AA와 aa가 나올 수 있어야 하므로 Q의 유전자형은 Aa가 되며,
   P에서 A와 E가 연관되어 있으므로 Q에서 A와 D가 연관되어 있어야 합니다.
   따라서 다음과 같음을 알 수 있습니다.

P		Q	
A	a	A	a
E	D	D	F
b	b	B	b

선지 해설

ㄱ. ⓐ는 '일치하지 않음'입니다.

ㄴ. 아닙니다.

ㄷ. (㉡에 대한 표현형이 P와 같을 확률) × (㉠과 ㉢ 모두 다를 확률)
+
(㉡에 대한 표현형이 P와 다를 확률) × (㉠과 ㉢ 중 한 가지만 같을 확률)

인데, ㉡에 대한 표현형이 P와 같을 확률과 다를 확률이 모두 $\frac{1}{2}$ 이므로

$\frac{1}{2}$ × (㉠과 ㉢ 모두 다를 확률 + ㉠과 ㉢ 중 한 가지만 같을 확률)을 구하면 됩니다.

(㉠과 ㉢ 모두 다를 확률 + ㉠과 ㉢ 중 한 가지만 같을 확률)은
1 − (㉠과 ㉢ 모두 같을 확률)이므로, $1 - \frac{1}{4} = \frac{3}{4}$ 입니다.

따라서 $\frac{1}{2} \times \frac{3}{4} = \frac{3}{8}$ 입니다.

10

문항 해설

1. 유전자형이 AABBDDEE인 사람이 태어났으므로 P와 Q의 염색체 구성이 그림과 같음을 알 수 있습니다.

A| A|
B| B|

D| D|
E| E|

그런데 AABBDDEE일 확률이 $\frac{1}{8}$이므로 네 쌍의 염색체 중 한 쌍만 동형 접합성임을 알 수 있습니다.
(* 모두 동형 접합성이 아니라면 $\left(\frac{1}{2}\right)^4 = \frac{1}{16}$이고, 두 쌍 이상 동형 접합성이라면 $\frac{1}{8}$보다 큰 수가 나오게 됩니다.)

2. 대문자 수가 4개일 확률이 $\frac{3}{8}$입니다.
위에서 네 쌍 중 한 쌍이 동형 접합성임을 판단했으므로, 대문자 2개는 확정적으로 가지게 됩니다.
따라서 남은 세 쌍 중 대문자 2개를 줄 확률이 $\frac{3}{8}$이라는 말과 같습니다.

세 쌍 중 대문자 2개를 주는 경우는
① 1+1+0
② 2+0+0
으로 두 가지 경우의 수가 있습니다.

이때, ①의 경우 남은 세 쌍에서 대문자 수 구성이
(2, 1) / (2, 1) / (2, 0)인데, 이 경우 이미 표현형이 5가지이므로 모순됩니다.
(* 2, 3, 4, 5, 6으로 5가지입니다.)

따라서 ②이므로 남은 세 쌍의 대문자 수 구성이 (2, 0) / (2, 0) / (2, 0)임을 확정할 수 있습니다.
(* (2, 2)는 위에서 동형 접합성이 한 쌍만 있음을 밝혔으므로 고려할 필요 없습니다.)

3. P에서 A의 상대량이 D의 상대량보다 크다 했으므로 아래와 같음을 알 수 있습니다.

P　　Q
A|A　A|a
B|B　B|b

D|d　D|d
E|e　E|e

선지 해설

ㄱ. (가)의 유전은 다인자 유전입니다.
ㄴ. P의 (가)에 대한 유전자형은 AABBDdEe입니다.
ㄷ. 대문자 수가 5개인 자녀가 태어날 수 없으므로, 확률은 0입니다.

11

문항 해설

0. 해설의 편의를 위해 A*는 a로, B*는 b로 표기했습니다.

1. Ⅰ과 Ⅱ 사이에서 ㉠의 표현형은 최대 12가지입니다.
이 12가지는 2×2×3 이므로 각각의 염색체 쌍에서 표현형이 2개, 2개, 3개가 나와야 함을 알 수 있습니다.
(* 4×3×1은 불가능합니다. 우열이 모두 뚜렷할 때 한 쌍의 유전자에서 표현형 4가지는 나올 수 없습니다.)

그런데 Ⅱ의 (나)에 대한 유전자형이 bb이므로 표현형 3가지가 (다)에서 나왔음을 알 수 있습니다.
따라서 Ⅰ의 (다)에 대한 유전자형은 이형 접합성입니다.
또한 Ⅰ의 (나)에 대한 유전자형은 Bb임을 알 수 있습니다.

2. ㉡의 유전자형이 Ⅰ과 같을 확률이 $\frac{1}{16}$입니다.

$\frac{1}{16} = \frac{1}{4} \times \frac{1}{4} \times 1$ 또는 $\frac{1}{4} \times \frac{1}{2} \times \frac{1}{2}$이 모두 가능하므로 확정이 불가능합니다.

따라서 다음 조건으로 넘어갑니다.

3. Ⅰ~Ⅳ의 (다)에 대한 유전자형이 모두 다르고, Ⅰ과 Ⅲ의 (다)에 대한 표현형이 같습니다.
(다)에 대한 대립유전자는 D, E, F 밖에 없으므로 가능한 이형 접합성은 DE, DF, EF밖에 없음을 알 수 있습니다.
그런데 이미 Ⅱ는 DF, Ⅲ은 DE이고, Ⅰ이 (다)의 유전자를 이형 접합성으로 가져야 함을 알고 있으므로 Ⅰ의 유전자형이 EF임을 확정할 수 있습니다.

또한, ㉠의 표현형 12가지 중 3가지가 (다)에서 나왔음을 고려하면,
DF × EF에서 표현형이 3가지가 나왔다는 뜻이므로 D, E〉F임을 알 수 있습니다.
Ⅰ과 Ⅲ의 (다)에 대한 표현형이 같으므로 E〉D, F임도 알 수 있습니다.
따라서 (다)에 대한 우열 관계는 E〉D〉F로 확정됩니다.

4. ㉡의 유전자형이 BbEF일 확률이 0이 아니므로 Ⅳ는 F를 갖고 있어야 합니다.
그런데 이미 유전자형이 이형 접합성인 경우는 모두 나왔으므로 Ⅳ는 동형 접합성이어야 합니다.
따라서 Ⅳ의 (다)에 대한 유전자형은 FF입니다.

따라서 $\frac{1}{16}$ 중 (다)에 대한 유전자형이 같을 확률이 $\frac{1}{2}$임을 알 수 있습니다.
따라서 A/a와 B/b에 대한 유전자형이 같을 확률은 $\frac{1}{4} \times \frac{1}{2}$로 확정됩니다.

그런데 Ⅰ의 (나)에 대한 유전자형이 이형 접합성이므로 $\frac{1}{4}$은 불가능함을 알 수 있습니다.
따라서 (가)에 대한 유전자형이 같을 확률이 $\frac{1}{4}$이고, (나)에 대한 유전자형이 같을 확률이 $\frac{1}{2}$입니다.

5. (가)에 대한 유전자형이 같을 확률이 $\frac{1}{4}$이므로 Ⅰ의 (가)에 대한 유전자형은 AA나 aa여야 하고, Ⅲ과 Ⅳ의 (가)에 대한 유전자형은 모두 Aa여야 합니다.
그런데 표현형이 2가지가 나와야 하므로 Ⅰ의 (가)에 대한 유전자형이 aa임을 확정할 수 있고, Ⅱ의 (가)에 대한 유전자형은 Aa임을 알 수 있습니다.

또한, (나)에 대한 유전자형이 같을 확률이 $\frac{1}{2}$이므로 Ⅲ의 (나)에 대한 유전자형은 Bb입니다.

이를 정리하면 다음과 같습니다.
Ⅰ : aaBbEF
Ⅱ : AabbDF
Ⅲ : AaBbDE
Ⅳ : AaBBFF

선지 해설

ㄱ. E가 D에 대해 완전 우성입니다.
ㄴ. (가)~(다)에 대한 표현형이 모두 다르므로 0가지입니다.
ㄷ. ㉠의 유전자형이 Ⅰ과 같을 확률 : $\frac{1}{2} \times \frac{1}{2} \times \frac{1}{4} = \frac{1}{16}$
㉡의 유전자형이 Ⅲ과 같을 확률 : $\frac{1}{2} \times \frac{1}{2} \times 0 = 0$
이므로 $\frac{1}{16}$입니다.

12 〉

문항 해설

1. P와 Q의 표현형이 같으므로 Q는 A, B, b를 갖고 있음을 알 수 있습니다.

2. ⓐ가 가질 수 있는 표현형이 최대 15가지인데 염색체가 2쌍 있으므로,

각각의 염색체에서 표현형이 4가지씩 나온 후 하나가 중복되었음을 알 수 있습니다.
(* 예를 들어 하나의 염색체 쌍에서는 표현형이 3가지가 나오고, 다른 염색체 쌍에서는 표현형이 4가지가 나온다면 3×4로 표현형은 최대 12가지가 됩니다. 이때 (가)와 (나)에 대한 표현형이 같을 때 (다)에 대한 대문자 수가 같은 경우가 있다면 표현형 가짓수는 중복된 만큼 빠지겠죠?)

3. 일단 A/a와 D/d인 부분에서 표현형이 4가지가 나오도록 맞춰야 합니다.
   그런데 Q의 A/a에 대한 유전자형이 AA일 경우, A/a는 우성 표현형만 나타나므로
   고려할 필요가 없어집니다.

   그러면 다인자 Dd × ??에서 표현형이 4가지가 나타나야 하는데,
   Q가 DD나 dd라면 동형 접합성이므로 불가능하고, Dd라면 대문자 수 2, 1, 0으로 3가지이므로 불가능합니다.
   따라서 Q의 A/a에 대한 유전자형이 이형 접합성임을 알 수 있습니다.

   P와 Q에서 A/a에 대한 조합은 AA, Aa, aA, aa가 나오게 되므로 A_일 때 D/d에 대한 대문자 수 조합도 3가지가 나오게 됩니다.
   이때 대문자 수가 모두 달라야 표현형이 4가지가 나올 수 있으므로 Q의 D/d에 대한 유전자형은 동형 접합성이면 안 됩니다. 따라서 Dd임을 알 수 있습니다.
   (* 동형 접합성일 경우 표현형은 최대 2가지만 가능합니다. A_일 때 대문자 수 조합이 3가지인데 D/d에 대한 표현형이 2가지라면 모두 다를 수 없으므로 불가능합니다. 혹시 동형 접합성일 때 표현형이 최대 2가지만 가능하다는 게 이해가 되지 않는다면 지금은 N제를 풀 때가 아니라 기출 문제를 푸셔야 할 때입니다!)

   이때 표현형이 4가지가 나와야 하므로 Q는 A와 d가 연관되어 있어야 합니다.
   (* Q에서도 A와 D가 연관되어 있다면, P와 Q의 A/a, D/d에 대한 유전자와 연관 상태가 완전히 동일해집니다. 이렇게 유전자형과 연관 상태가 완전히 동일한 경우 표현형은 최대 3가지만 가능함은 알고 계시는 게 좋습니다. 유전자형과 연관 관계가 동일하다 했으므로 염색체를 각각 ⓟⓠ라 할 때, ⓟⓠ인 사람과 ⓟⓠ인 사람 사이에서 자녀가 가질 수 있는 표현형 가짓수를 세는 것과 같습니다. 이때 자녀가 가질 수 있는 염색체 구성은 ⓟⓟ, ⓟⓠ, ⓠⓟ, ⓠⓠ인데 ⓟⓠ와 ⓠⓟ는 순서만 바뀐 거고 완전히 동일한 구성이므로 같은 표현형만 가능합니다. 따라서 표현형은 최대 3가지만 가능합니다.)

4. Q가 D를 1개 가짐을 알았으므로 E도 1개 가져야 합니다.
   따라서 Q의 B/b, E/e에 대한 유전자형은 BbEe입니다.

   유전자형과 연관 관계가 같을 때 표현형은 최대 3가지만 가능한데,
   4가지가 나와야 하므로 Q는 B와 e가 같은 염색체에 있음을 알 수 있습니다.
   (* 무슨 말인지 모르겠다면 3번 해설 마지막 괄호 부분 참고해주세요.)

P: A|a, D|d / B|b, E|e

Q: A|a, d|D / B|b, e|E

선지 해설

ㄱ. Aa입니다.
ㄴ. 아닙니다.
ㄷ. A_ 일 때 D의 수 : 2, 1, 0 / aa 일 때 D의 수 : 1

BB 일 때 E의 수 : 1
Bb 일 때 E의 수 : 2, 0
bb 일 때 E의 수 : 1

이고, 부모의 표현형은 A_Bb + 대문자 수 2개이므로
A_에서 대문자 2개 + Bb에서 대문자 0개 → $\frac{1}{4} \times \frac{1}{4} = \frac{1}{16}$
A_에서 대문자 0개 + Bb에서 대문자 2개 → $\frac{1}{4} \times \frac{1}{4} = \frac{1}{16}$
이므로 $\frac{1}{16} + \frac{1}{16} = \frac{1}{8}$ 입니다.

13

문항 해설

0. 이런 문항을 출제할 가능성은 매우 낮다고 생각합니다.
   다만 혹시라도 출제될 경우 굉장히 당황스러울 수 있기에 수록했습니다.

1. 해설의 편의를 위해 (㉠의 대문자 수, ㉡의 대문자 수)로 표기하겠습니다.
   예를 들어 (2, 1)면 ㉠에 대한 대문자 수가 2개, ㉡에 대한 대문자 수가 1개라는 뜻입니다.

   1) A/a와 D/d가 연관된 염색체에서 나올 수 있는 조합
   (2, 2) / (1, 1) / (0, 0)

   2) B/b와 E/e가 연관된 염색체에서 나올 수 있는 조합
   (2, 1) / (1, 2) / (1, 0) / (0, 1)

   1)과 2)를 합친 게 자손의 표현형이므로 이를 정리하면 다음과 같습니다.

   (4, 3)
   (3, 4) (3, 2)
   (2, 3) (2, 1)
   (1, 2) (1, 0)
   (0, 1)

   따라서 나타날 수 있는 표현형 가짓수는 최대 8가지입니다.
   (* 만약에 부모와 같을 확률을 물어봤다면, (2, 2)가 없으므로 0이겠죠?)

14

문항 해설

1. ⓐ에게서 나타날 수 있는 표현형이 최대 10가지이므로
   이는 염색체 쌍 각각에서 표현형이 4가지씩 나온 후 6개의 표현형이 겹쳤거나
   한 쌍에서는 표현형이 3가지, 다른 한 쌍에서는 4가지가 나온 후 2개의 표현형이 겹친 경우임을 알 수 있습니다.
   (* 예를 들어 하나의 염색체 쌍에서는 표현형이 3가지가 나오고, 다른 염색체 쌍에서는 표현형이 4가지가 나온다면 3×4로 표현형은 최대 12가지가 됩니다. 이때 (가)와 (나)에 대한 표현형이 같을 때 (다)에 대한 대문자 수가 같은 경우가 있다면 표현형 가짓수는 중복된 만큼 빠지겠죠?)

2. 다인자 유전만 연관되어 있는 E/e, F/f 부분이 판단하기 더 쉬우므로 먼저 해석합니다.
   P는 (2, 0)이고, Q는 (1, 1) 또는 (2, 0)인데 (1, 1)일 경우 동형접합성이므로 3가지 또는 4가지가 불가능합니다.
   따라서 (2, 0)임을 알 수 있습니다.

   따라서 E/e, F/f에서 자녀가 가질 수 있는 대문자 수의 합은 4, 2, 0만 가능하므로 표현형이 3가지임을 알 수 있습니다.

3. A/a, B/b, D/d가 연관된 염색체에서 표현형은 4가지가 나와야 합니다.
   일단 다인자 유전이 아닌 부분을 기준으로 정리하면
   Q에서 A와 B가 같은 염색체에 있을 수도 있고, A와 b가 같은 염색체에 있을 수도 있습니다.

   1) Q에서 A와 B가 같은 염색체에 있는 경우
   D까지 a, b와 같은 염색체에 있을 경우 유전자와 염색체 구성이 완전히 동일하므로 표현형은 최대 3가지만 가능합니다.
   (* 유전자형과 연관 상태가 완전히 동일한 경우 표현형은 최대 3가지만 가능함은 알고 계시는 게 좋습니다. 유전자형과 연관 관계가 동일하다 했으므로 염색체를 각각 ⓟⓠ라 할 때, ⓟⓠ인 사람과 ⓟⓠ인 사람 사이에서 자녀가 가질 수 있는 표현형 가짓수를 세는 것과 같습니다. 이때 자녀가 가질 수 있는 염색체 구성은 ⓟⓟ, ⓟⓠ, ⓠⓟ, ⓠⓠ인데 ⓟⓠ와 ⓠⓟ

는 순서만 바뀐 거고 완전히 동일한 구성이므로 같은 표현형만 가능합니다. 따라서 표현형은 최대 3가지만 가능합니다.)
따라서 D는 A, B와 같은 염색체에 있어야 합니다.

A_B_ 일 때 D의 수 : 2, 1, 0
aabb 일 때 D의 수 : 1

E/e, F/f에서 E와 F의 수 : 4, 2, 0
이므로

A_B_ 일 때 D, E, F의 수 : 6, 5, 4, 3, 2, 1, 0 → 7가지
aabb 일 때 D, E, F의 수 : 5, 3, 1 → 3가지
로 10가지입니다.

2) Q에서 A와 b가 같은 염색체에 있는 경우
이때 D가 A, b와 같이 있든 a, B와 같이 있든
완전히 대칭적인 경우이므로 표현형 가짓수가 같음을 알 수 있습니다.
(* 이해가 안 된다면 그냥 A, b, D가 같이 있는 경우와 a, B, D가 같이 있는 경우로 두 번 풀어도 괜찮습니다. 보이면 좋은 거고 안 보이면 한 번 더 해보면 됩니다.)
따라서 해설에서는 A, b, D가 같은 염색체에 있는 경우로만 해설하겠습니다.

A_B_ 일 때 D의 수 : 1, 0
A_bb 일 때 D의 수 : 2
aaB_ 일 때 D의 수 : 1

E/e, F/f에서 E와 F의 수 : 4, 2, 0
이므로

A_B_ 일 때 D, E, F의 수 : 5, 4, 3, 2, 1, 0 → 6가지
A_bb 일 때 D, E, F의 수 : 6, 4, 2 → 3가지
aaB_ 일 때 D, E, F의 수 : 5, 3, 1 → 3가지
로 12가지입니다.

따라서 Q에서 A와 B가 같은 염색체에 있음을 알 수 있습니다.

〈확률 구하기〉
A_B_ 일 때 D의 수 : 2, 1, 0
aabb 일 때 D의 수 : 1

E/e, F/f에서 E와 F의 수 : 4, 2(2), 0
(* 색으로 표시한 건 비율입니다. 비율이 1인 경우는 따로 표시하지 않았습니다.)

A_B_ + 대문자 수 3개가 아닐 확률은
1) A_B_ 일 때 D 2개일 확률 : $\frac{1}{4}$
2) A_B_ 일 때 D 1개 + E/F 4개나 0개일 확률 : $\frac{1}{4} \times \frac{1}{2} = \frac{1}{8}$
3) A_B_ 일 때 D 0개일 확률 : $\frac{1}{4}$
로 $\frac{1}{4}+\frac{1}{8}+\frac{1}{4} = \frac{5}{8}$입니다.

15

문항 해설

1. ⓐ의 대문자 수가 1일 확률이 $\frac{1}{8}$이므로

유전자형이 AaBbddee일 확률 $\frac{1}{4}$은 $\frac{1}{2} \times \frac{1}{2}$임을 알 수 있습니다.

(* ⓐ의 대문자 수가 1일 확률이 $\frac{1}{8}$인데, 분모가 8이라면 전체 경우의 수가 8 이상이라는 뜻이므로, 한 쌍의 염색체에서 대문자 수가 다른 염색체 쌍이 적어도 3쌍 존재함을 의미합니다.

예를 들어, A/a와 B/b가 독립일 때, AABB인 사람과 AaBb인 사람 사이에서 아이가 태어난다면,
AABB인 사람은 (1, 1) / (1, 1)이므로 경우의 수가 각각 1가지이고,
AaBb인 사람은 (1, 0) / (1, 0)이므로 경우의 수가 각각 2가지입니다.
따라서 전체 경우의 수는 1×1×2×2이므로 4입니다.)

그런데, 유전자형이 ddee일 확률이 $\frac{1}{2}$이라면, P와 Q 중 한 사람은 유전자형이 ddee임을 알 수 있습니다.

2. 유전자형이 AaBb일 확률이 $\frac{1}{2}$인 경우는 AB/ab와 Ab/aB를 어떻게 연관으로 잡는지에 따라

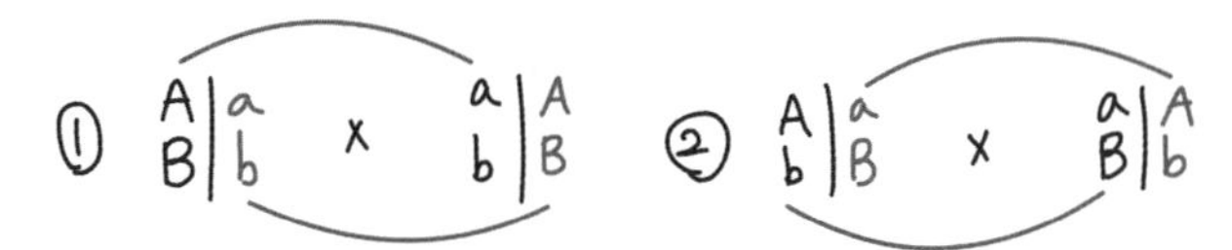

위에서 검은색 글씨처럼 쓸 수 있습니다.

이때 $\frac{1}{2}$이 나오는 경우는 2022학년도 6월 모의고사 14번 문항을 제대로 학습했다면,
위의 케이스를 바로 생각할 수 있습니다.
(* 대문자 수가 다른 염색체 쌍이 있어야 함을 고려하면, 처음 봤어도 금방 추론할 수 있습니다.)

이때, 대문자 수가 다른 염색체 쌍이 3개 이상 있어야 하므로, ②는 불가능함을 알 수 있습니다.
①의 경우 P와 Q의 표현형(대문자 수)이 같음을 만족할 수 없어 불가능합니다.

따라서 다른 케이스를 생각해보면,
AaBb가 두 번 나와야 하므로,
AB, ab를 받고, Ab, aB를 받으면 되므로

③ A|A B|b × a|a B|b
④ A|a B|B × A|a b|b

위와 같은 케이스가 가능함을 알 수 있습니다.
(* 색을 입힌 부분처럼 한 쪽을 동형으로 맞춘다고 생각하면 외우기 쉽습니다.)

이때 Q에서 A와 D의 DNA 상대량이 같고, P와 Q의 대문자 수가 같음을 고려하면 아래와 같음을 알 수 있습니다.

P: A|a B|B d|d e|e × Q: A|a b|b D|d E|e

선지 해설

ㄱ. P의 대문자 수는 3이므로 다릅니다.
ㄴ. Q의 (가)에 대한 유전자형은 AabbDdEe입니다.
ㄷ.

(2, 1) (0, 0) × (1, 0) (2, 0) → (3, 2, 1) (2, 0) $\frac{1}{8}$

comment

특정 유전자형일 확률이 $\frac{1}{2}$인 경우는 케이스를 정리해 두시는 게 좋습니다.

16

문항 해설

1. ⓐ의 표현형은 A_면서 대문자 수가 5개인 아이가 태어날 수 있어야 합니다.
그런데 P에서 B/b의 유전자형이 bb이므로 Q는 B를 갖고, DE가 연관되어 있어야 함을 알 수 있습니다.

또한 ⓐ에게서 나타날 수 있는 표현형이 최대 10가지이므로 Q는 b를 가져야 함을 알 수 있습니다.
(* Q가 BB라면 P와 Q 사이에서 B/b에 대한 대문자 수는 1로 고정됩니다.
이 경우 표현형 가짓수 10가지는 A/a에 대한 표현형 가짓수 2가지 × D/d, E/e 염색체에서 5가지가 나와야 하는데,

한 쌍의 염색체에서 표현형이 5가지가 나올 수는 없으므로 Bb입니다.)

2. ⓐ의 표현형이 10가지가 나와야 하므로
Q의 (가)에 대한 유전자형이 Aa 또는 aa임을 알 수 있습니다.

Q의 유전자형이 Aa라면 P의 B/b에 대한 유전자형이 bb이므로 P와 Q 사이에서 B/b에 대한 대문자 수는 1과 0만 나올 수 있음을 알 수 있습니다.

그러면 아래와 같음을 알 수 있습니다.

A_ : 1, 0
aa : 0 또는 1 중 하나

따라서 A/a, B/b에서 표현형이 3가지가 나오므로 D/d, E/e에서는 표현형이 4가지가 나와야 합니다.
(* D/d, E/e에서 표현형이 3가지가 나온다면, $3\times3=9$로 최대 9가지입니다.
D/d, E/e에서 표현형이 4가지가 나와야 $3\times4-2$로 10가지가 가능합니다.

* $3\times4-2$에서 '-2'는 다인자 유전에서 중복된 표현형 가짓수입니다.)

D/d, E/e에서 표현형이 4가지가 나오려면 4, 3, 2, 1만 가능한데
이때 표현형 가짓수는 9가지이므로 모순됨을 알 수 있습니다.
(* 라비다 기출문제집을 제대로 학습한 학생이라면, 한 쌍의 염색체에서 표현형이 4가지가 나오려면 차잇값이 달라야 함을 알 수 있습니다.
이미 P는 (2, 0)이고, Q는 (2, ?)였으므로, ?가 1임을 추론할 수 있고, 결과 4, 3, 2, 1입니다.)

따라서 Q의 유전자형은 aa입니다.

2. Q의 유전자형이 aaBb이므로 아래와 같아짐을 알 수 있습니다.

A_ : 1, 0
aa : 1, 0

D/d, E/e에 대한 유전자는
(2, 0) × (2, ?)인데, ?가 0일 경우 표현형은 12가지가 나오므로 ?는 1입니다.
(* 라비다 기출문제집을 제대로 학습한 학생이라면, A_일 때와 aa일 때 대문자 수의 차이가 1씩 나므로 대칭임을 알 수 있고, 각각에서 표현형이 5가지씩 나와 10가지 = 5+5임을 알 수 있습니다.
대문자 수가 1이 차이나는데 표현형이 5가지가 나오려면 D/d, E/e에서 표현형이 4가지가 나와야 하므로 (2, 0) × (2, 1)임을 바로 알 수도 있습니다.)

3. $\frac{\text{Q에서 a와 B의 DNA 상대량을 더한 값}}{\text{Q에서 d와 E의 DNA 상대량을 더한 값}}=1$임을 이용하여 그림으로 나타내면 다음과 같습니다.

P: A|a, b|b, D|d, E|e
Q: a|a, B|b, D|d, E|E

선지 해설

ㄱ. P와 Q의 (가)에 대한 표현형은 다릅니다.
ㄴ. Q의 (가)와 (나)에 대한 유전자형은 aaBbDdEE입니다.
ㄷ.

A_ 1, 0
aa 1, 0   4, 3, 2, 1 $\frac{1+1}{16}=\frac{1}{8}$

17 〉

문항 해설

1. 표 (가)와 (나)를 통해 A=a 또는 A〉a, B=b 또는 B〉b임을 알 수 있습니다.

2. ⓐ의 ㉠~㉢의 표현형 중 한 가지만 부모와 같을 확률이 $\frac{3}{4}$ 인데, 이는 $\frac{12}{16}$ 입니다.
   따라서 모두 다르거나, 2가지 또는 3가지 표현형이 같을 확률의 합은 $\frac{4}{16}$ 입니다.

   A〉a, B〉b라면 이미 ㉠과 ㉡에 대한 표현형이 부모와 같을 확률이 $\frac{9}{16}$ 이므로 $\frac{4}{16}$ 보다 커서 안 됩니다.
   A〉a, B=b나 A=a, B〉b일 때도, ㉠과 ㉡에 대한 표현형이 부모와 같을 확률이 $\frac{6}{16}$ 이므로 $\frac{4}{16}$ 보다 커서 안 됩니다.

   따라서 A=a, B=b입니다.

3. ㉠과 ㉡의 표현형이 부모와 같을 확률이 이미 $\frac{4}{16}$ 이므로 다른 모든 구성에서 ㉠~㉢ 중 한 가지의 표현형만 부모와 같아야 함을 알 수 있습니다.

   AA일 때 D의 수 + BB일 때 E의 수
   AA일 때 D의 수 + bb일 때 E의 수
   aa일 때 D의 수 + BB일 때 E의 수
   aa일 때 D의 수 + bb일 때 E의 수
   가 모두 2여야 합니다.

   따라서 AA와 aa일 때 D의 수가 1이고, BB와 bb일 때 E의 수가 1가 임을 알 수 있습니다.
   이를 통해 염색체 구성을 추론하면 다음과 같음을 알 수 있습니다.

P	Q
A|a	A|a
D|d	d|D
B|b	B|b
E|e	e|E

선지 해설

ㄱ. 맞습니다.
ㄴ. Q에서 A, d, B, E를 모두 갖는 난자가 형성될 수 없습니다.
B와 E가 같이 있을 수 없습니다.
ㄷ. AA : 1　　BB : 1
Aa : 2, 0　　Bb : 2, 0
aa : 1　　bb : 1

인데, AaBb일 때만 다인자 유전에서 대문자 수가 겹칠 수 있는데,
4, 2, 2, 0으로 2가 한 번 겹칩니다.

따라서 4×4 − 1 = 15가지입니다.

18 〉

1. P의 유전자형이 AaBbDdEe이므로 P와 Q의 표현형은 A_B_D_E_입니다.
   또한, 유전자형이 aabbDdEE인 아이가 태어났으므로
   P와 Q 중 한 명은 ab, DE를 갖고 있고,
   다른 한 명은 ab, dE를 갖고 있습니다.

   편의상 앞의 사람을 X, 뒤 사람을 Y라 하겠습니다.
   따라서 유전자형과 연관 관계를 간단히 나타내면 다음과 같음을 알 수 있습니다.

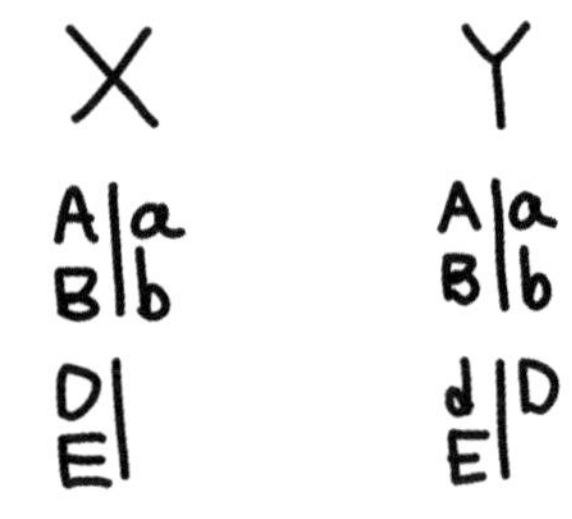

2. A, a, B, b가 있는 염색체에서 표현형이 2가지가 나오므로 D, d, E, e가 있는 염색체에서 표현형은 1가지여야 합니다.

그런데 Y의 (다)에 대한 유전자형이 Dd이므로
표현형이 1가지가 나오기 위해선 X의 (다)에 대한 유전자형이 DD여야 합니다.

P의 (다)에 대한 유전자형은 Dd이므로 Y가 P이고, X가 Q임을 알 수 있습니다.
따라서 P(Y)의 유전자형과 연관 관계는 AB/ab, dE/De이고, (라)에 대한 표현형이 1가지여야 하므로 위와 같은 논리로 Q(X)의 (라)에 대한 유전자형은 EE입니다.

이를 정리하면 다음과 같음을 알 수 있습니다.

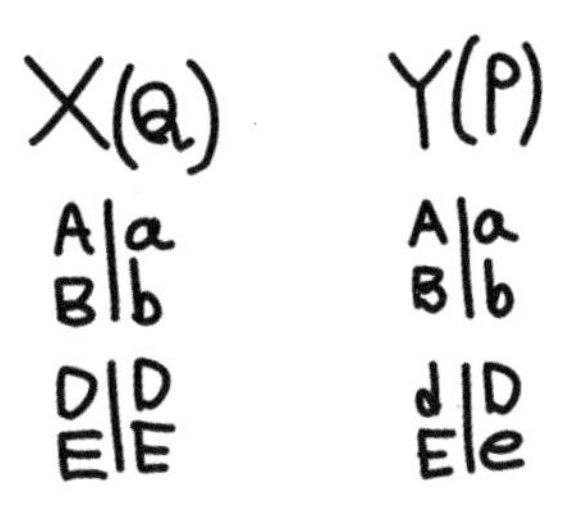

〈확률 구하기〉
(다)와 (라)에 대한 표현형은 부모와 항상 같을 수밖에 없습니다. 따라서 (가)와 (나) 중 하나는 같고, 다른 하나는 달라야 합니다. 이는 불가능하므로 확률은 0입니다.

19

1. (가)~(다)의 표현형은 3×2이고, 확률은 $\frac{3}{4} \times \frac{1}{2}$ 입니다.
우열 관계가 뚜렷하므로 표현형 3가지는 연관된 염색체에서 나와야 함을 알 수 있습니다.
또한, $\frac{3}{4}$은 표현형이 2가지일 때만 나올 수 있는 확률이므로 독립된 염색체에서 확률이 $\frac{3}{4}$, 연관된 염색체에서 확률은 $\frac{1}{2}$ 입니다.
독립된 염색체에서 확률이 $\frac{3}{4}$이므로 부모의 유전자형은 모두 Dd입니다.

2. 어머니가 AA 동형 접합성이라면 A_만 태어나게 되므로 연관된 염색체에서 표현형 가짓수를 구할 때 B/b만 고려하면 됩니다.
그런데 B/b만으로는 3가지 표현형이 불가능하므로 어머니의 유전자형은 Aa입니다.

또한, 아버지의 B/b에 대한 유전자형이 BB나 bb라면 위와 같은 논리로 A/a만으로 표현형이 3가지여야하는데 이는 불가능하므로 Bb입니다.
(* 예를 들어, 아버지가 bb라면 아버지와 어머니 모두 bb이므로 bb 표현형만 태어나게 됩니다. 따라서 A/a만으로 3가지 표현형이 나와야 하는데 이는 불가능합니다.)

3. 아버지와 같은 표현형일 확률이 $\frac{1}{2}$ 이어야 하는데, 아버지는 확실히 B_ 표현형이므로 아버지의 염색체 중 B가 있는 염색체가 수정되어야 합니다.
그런데 B가 있는 염색체가 수정될 확률이 $\frac{1}{2}$ 이므로 B가 있는 염색체가 어머니의 난자와 수정될 때 항상 아버지와 같은 표현형인 아이가 태어나야 합니다.
그런데 어머니는 A를 갖고 있는 염색체가 있으므로 아버지의 표현형은 A_B_임을 알 수 있고, 어머니가 a를 갖고 있는 염색체가 수정될 때도 A_B_여야하므로 아버지는 AB 연관입니다.
마지막으로 아버지가 AA라면 해설 2번 논리와 같은 이유로 불가능하므로 Aa입니다.

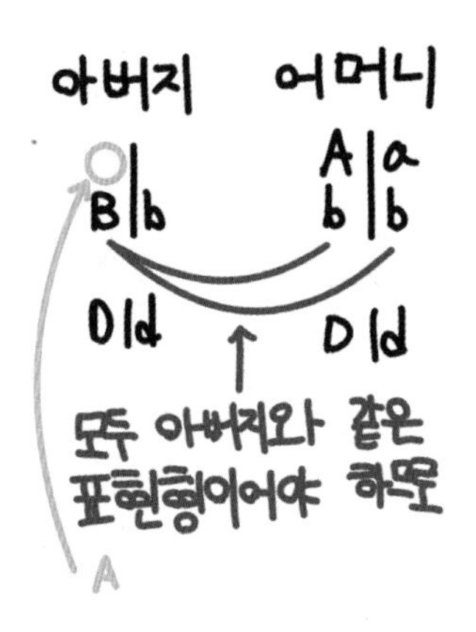

〈확률 구하기〉

(㉢ 표현형 같을 확률)×(㉠과 ㉡이 모두 아버지와 다른 표현형일 확률)

$\frac{3}{4} \times \frac{1}{4} = \frac{3}{16}$

(㉢ 표현형 다를 확률)×(㉠, ㉡ 중 ㉠만 같을 확률 + ㉠, ㉡ 중 ㉡만 같을 확률)

$\frac{1}{4} \times (\frac{1}{4}+0) = \frac{1}{16}$

이므로 $\frac{3}{16}+\frac{1}{16} = \frac{1}{4}$ 입니다.